多媒体技术与应用

主编　龚　毅

编委　（按姓氏笔画排序）

马　瑞　叶　飞　李姜昀

吴元君　杨富宝　徐新星

合肥工业大学出版社

图书在版编目(CIP)数据

多媒体技术与应用/龚毅主编.—合肥:合肥工业大学出版社,2007.8

ISBN 978-7-81093-605-7

Ⅰ.多… Ⅱ.龚… Ⅲ.多媒体技术 Ⅳ.TP37

中国版本图书馆 CIP 数据核字(2007)第 118403 号

多媒体技术与应用

主编 龚 毅 **责任编辑** 陆向军

出　版	合肥工业大学出版社	**版　次**	2007 年 8 月第 1 版
地　址	合肥市屯溪路 193 号	**印　次**	2009 年 1 月第 2 次印刷
邮　编	230009	**开　本**	787×1092　1/16
电　话	总编室:0551-2903038	**印　张**	13.75
	发行部:0551-2903198	**字　数**	334 千字
网　址	www.hfutpress.com.cn	**印　刷**	合肥创新印务有限公司
E-mail	press@hfutpress.com.cn	**发　行**	全国新华书店

ISBN 978-7-81093-605-7　　定价:20.00 元

如果有影响阅读的印装质量问题,请与出版社发行部联系调换。

前　言

多媒体技术是20世纪80年代发展起来的一门综合技术，它改变了人们的生产和生活方式。当前，多媒体技术已成为计算机科学的一个重要研究方向。

本书重点讲解多媒体技术实践应用的操作，主要内容包括声音处理、图像处理、视频处理、动画制作、多媒体作品制作以及多媒体创作。在传授知识的同时，强调实际技能和综合能力的培养，使读者能够综合运用所学的知识解决多媒体实际应用问题，在实践中理解和丰富理论知识。本书由安徽财贸职业学院龚毅担任主编，负责本书编写大纲的整理和统稿工作。参加编写的有蚌埠电子职业技术学院马瑞（第1章）、李姜昀（第8章），六安职业技术学院叶飞（第2章），安徽财贸职业学院吴元君（第3章、第4章）、徐新星（第6章、第7章），安徽工业经济职业技术学院杨富宝（第5章）。

本书由长期从事计算机多媒体教学的一线计算机专业教师编写，内容通俗易懂，以实际工作中的实例说明理论，重点突出，概念表达严谨，知识结构逻辑性强，既便于教学又便于自学。

本书适用于面向实用型人才培养的高等职业技术学校、高等专科学校的相关课程。

由于作者水平有限，加之时间仓促，书中的错误和不足之处在所难免，恳请广大读者批评指正。也可以通过电子邮件与我们联系，E-mail:gyzwxah@163.com。

编　者

2007年8月

目　录

第 2 章 多媒体计算机

第 3 章 多媒体数据

第4章　多媒体数据压缩技术

第5章　多媒体数据制作技术

第 6 章　多媒体中的视频技术

第 7 章　多媒体创作工具

第8章　多媒体作品存储和发布技术

第 1 章　多媒体基础知识

【本章要点】

本章主要介绍有关多媒体技术的基础知识，包括：多媒体的定义，多媒体硬件系统，软件系统，常见的外部设备以及基础技术等。

【核心概念】

多媒体　多媒体技术　多媒体计算机(MPC)硬件系统　软件系统　多媒体计算机的外部设备　数据压缩技术

1.1　概　述

现代信息产业发展的方向是数字化和多媒体化，宽带多媒体技术已成为信息产业技术创新和业务发展的源泉和动力。目前，政府主管部门鼓励运营商、多媒体核心技术提供商以及终端厂商携手开展技术与应用合作，形成良性循环的宽带多媒体产业链，一方面开发有自主知识产权的产品与技术，一方面适应市场需求共同加强产品市场化与应用，使宽带多媒体产业成为信息产业发展的一支生力军。

多媒体技术的应用是人类获取信息手段的一个突破，它的出现极大地改变了人类的信息交流方式，为人类提供了更快捷、更丰富、更有效的信息服务。

1.1.1　多媒体技术的形成

多媒体技术的形成主要取决于多媒体计算机技术的不断完善与发展。多媒体计算机系统是一个由复杂的硬件、软件有机结合的综合系统。它把音频、视频等媒体与计算机系统融合起来，并由计算机系统对各种媒体进行数字化处理。与计算机系统类似，多媒体计算机系统由多媒体硬件系统和多媒体软件系统组成，其组成结构如图 1－1 所示。

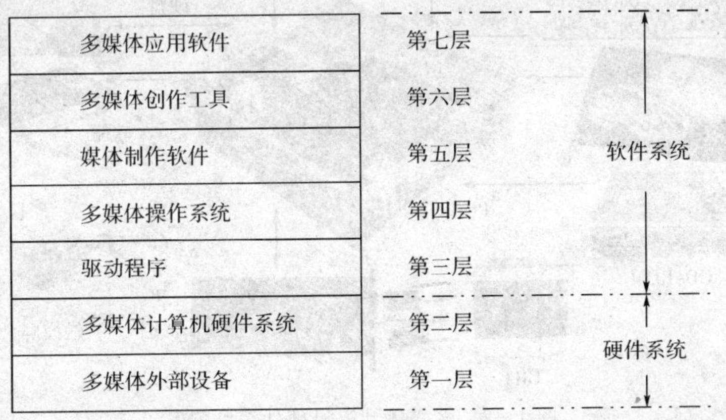

图 1－1　多媒体计算机系统层次结构

第一层　多媒体外部设备，它包括各种媒体的输入/输出设备。

第二层　多媒体计算机硬件系统，包括多媒体计算机的主要配置和各种外部设备的控制接口卡，它们必须符合 MPC 的标准。由于实时性要求高，有些系统还使用了以专用集成电路为核心的多媒体实时压缩和解压缩电路卡。

第三层　驱动程序，是多媒体输入/输出驱动控制及接口层，该层的主要功能是完成驱动和控制多媒体设备及插卡，提供软件接口，以便高层软件调用。

第四层　具有多媒体功能的操作系统，它是多媒体软件的核心。它对多媒体设备进行管理，对各种媒体信息进行处理和调度，还管理多媒体信息间的同步等。现在广泛使用的系统是 Windows 2000/NT/XP。

第五层　媒体制作工具软件，设计者可以利用该层提供的工具，采集制作各种媒体数据。常用的工具软件有：图像设计与编辑系统，二维、三维动画制作系统，声音采集与编辑系统，视频采集与编辑系统，多媒体共用程序与数字剪辑艺术系统等。

第六层　多媒体创作、编辑工具。

第七层　多媒体应用软件层，其内容是面向用户合作的多媒体应用系统。用户可以通过简单操作，直接进入和使用该系统。

第一、二层构成多媒体硬件系统，第三层至第七层构成多媒体软件系统。

1. 多媒体计算机硬件系统

多媒体计算机硬件系统除了需要较高配置的计算机主机硬件外，通常还需要音频、视频处理设备，光盘驱动器和各种媒体输入/输出设备等。图 1-2 给出了一套比较完整的多媒体计算机硬件系统配置。由图 1-2 可以看出，多媒体硬件系统主要由以下三部分组成：

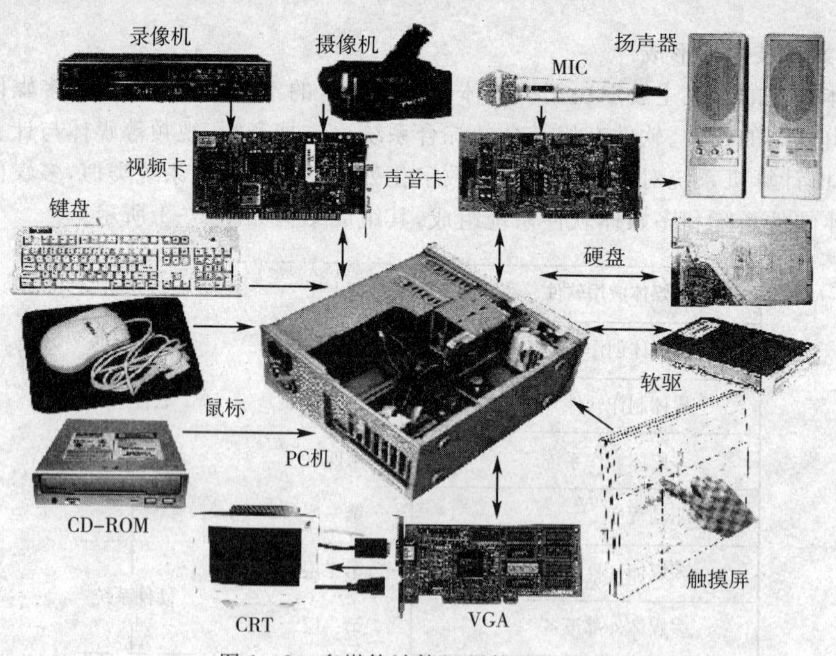

图 1-2　多媒体计算机硬件系统配置

(1)主机

多媒体计算机的主机可以是大、中型机，也可以是工作站，目前普遍使用的是多媒体个人计算机。

(2)多媒体接口卡

编辑音频或视频的多媒体接口卡需要插接在计算机上,以解决声音和视频媒体数据的输入输出问题。它们是建立、制作和播放多媒体应用程序工作环境中必不可少的硬件设施。

①视频卡　它是多媒体计算机获取摄像处理功能的关键接口部件。视频卡产品有三种:视频捕捉卡(又称视频采集卡)、视频回放卡(如解压卡、电影卡)和电视信号转换卡。

②声卡(音频卡)　它是使多媒体计算机具有声音功能的主要接口部件,声卡的品种较多,产品特性范围广、档次不等。

(3)多媒体外部设备

多媒体外部设备十分丰富,按其功能可以分为以下四类:

①视频、音频输入设备:摄像机、录像机、扫描仪、传真机等。

②视频、音频播放设备:电视机、投影电视、音响等。

③人机交互设备:键盘、鼠标、触摸屏、显示器和光笔等。

④存储设备:磁盘、光盘等。

通常,开发多媒体应用程序时,对硬件环境的要求比运行多媒体应用程序时要高。主要要求是:设备运行速度更快,功能更强,外部设备更好。

2. 多媒体计算机软件系统

多媒体计算机软件系统的核心是多媒体系统软件。包括驱动程序、多媒体设备接口程序、多媒体操作系统、多媒体素材制作软件、多媒体应用软件等。

(1)驱动程序

这类程序也称为驱动模块。它直接与计算机硬件打交道,主要完成以下工作:设备初始化,设备操作,设备的打开和关闭,基于硬件的压缩/解压缩,图像快速交换及功能调用。一种多媒体硬件需要一个相应的驱动程序,驱动程序常驻内存。常用的驱动程序有:视频子系统,音频子系统,视频/音频信号获取子系统等。

(2)多媒体设备接口程序

该程序是多媒体操作系统与驱动程序之间的接口,为操作系统建立虚拟设备。

(3)多媒体操作系统

它是多媒体软件系统的核心,主要任务是完成多媒体环境下多任务的调度;提供对多媒体信息的各种基本操作与管理;支持对多媒体设备的管理等。

(4)多媒体素材制作软件

这层软件提供了制作各种媒体素材的工具。利用这些工具,可以获得多媒体应用程序所需要的各种多媒体素材。

常用的多媒体素材制作软件有:工具软件 Painter Brush;图像处理软件 Photoshop;三维动画制作软件 3DS Max;音频处理软件 Cool Edit;视频编辑软件 Premiere 等。

(5)多媒体应用软件

这类软件是由用户和软件开发人员共同协作完成的,适用于不同的应用领域,例如多媒体教学软件、电子图书和培训软件等。这类产品大多是以光盘的形式面世。

3. 数据压缩技术

多媒体信息包括了文本,数据,声音,动画,图形,图像以及视频等多种媒体信息。虽然经过数字化处理，但其数据量是非常大的，如果不进行数据压缩处理，计算机系统就无法对它进行存储和交换。图像、音频和视频这些媒体信息具有很大的压缩潜力，多媒体数据中存在着空间冗余，时间冗余，结构冗余，知识冗余，视觉冗余，图像区域的相同性冗余，纹理的统计冗余等。它们为数据压缩技术的应用提供了可能的条件。

1.1.2 多媒体技术的发展

多媒体技术最早起源于20世纪80年代中期。1984年，美国Apple公司率先在Macintosh机上引入了位图(Bitmap)的概念，为了增加图形处理功能，改善人机交互界面，创造性地使用了视窗(Windows)和图标(Icon)等技术，最早应用图形用户界面(GUI)取代计算机用户接口(CUI)，用鼠标和菜单取代了键盘操作，从而深受用户欢迎，使人们告别了计算机枯燥无味的黑白显示风格，大大方便了人们操作计算机，使计算机的应用领域越来越广泛。

1985年，美国Commodore公司推出了世界上第一台真正的多媒体系统Amiga。该系统采用高性能的CPU，并配有3个专用芯片——图形处理芯片、音响处理芯片和视频处理芯片。Amiga多媒体系统有专用的操作系统，能处理多任务，并具有下拉式菜单，以其功能完备的视听处理能力、大量丰富的实用工具以及性能优良的硬件，使全世界看到了多媒体技术的美好未来。

1986年，荷兰Philips公司和日本Sony公司联合推出了交互式紧凑光盘系统CD－I，同时公布了CD－ROM文件格式，并成为ISO国际标准。该系统将高质量的声音、文字、计算机程序、图形、动画及静止图像等都以数字的形式存储在650MB的只读光盘上。用户可以通过读取光盘上的数字化信息来进行多媒体播放。

1987年，RCA公司首次公布了交互式数字视频系统DVI(Digital Video Interactive)技术的科研成果。它以计算机技术为基础，用标准光盘片来存储和检索静止图像、动画图像、音频和其他数据。1988年Intel公司将其技术购买，并于1989年与IBM公司合作，将DVI技术产品化，在国际市场上推出了第一代DVI技术产品，随后又在1991年推出了第二代DVI技术产品。

多媒体技术真正的发展得益于美国微软公司推出的多任务图形窗口操作系统——Windows操作系统。Windows使用图形菜单，用户界面友好，便于人机交互，内置了多个处理多媒体数据的软件和一系列支持多媒体设备的驱动程序。它的出现是微型机操作系统发展史上的一个里程碑。1990年5月，微软推出第一个Windows成熟版本Windows 3.0，从此使Windows技术与产品成为微软公司的发展核心。Windows操作系统发展十分迅猛，从Windows 3.X、Windows 95、Windows 98、Windows NT、Windows 2000到Windows XP，功能不断增强。伴随Windows操作系统的不断发展，多媒体技术也取得了长足进步。

随着多媒体技术的迅速发展，特别是多媒体技术向产业化的发展，为了建立相应的标准，1990年11月，在Microsoft公司的主持下，Microsoft、IBM、Philips、NEC等较大的多媒体计算机公司成立了“多媒体计算机市场协会”，进行多媒体计算机标准的制订。根据当时的计算机发展水平，于1991年制订了多媒体个人计算机(MPC)的第一个标准MPC1，使全球计算机企业共同遵守该标准规定的各项内容，促进了MPC的生产、销售，使其很快成为新的流行趋势。随后又颁布了多媒体计算机标准MPC2、MPC3，声音、视频播放技术更加成熟和规范。

1991年,在第六届国际多媒体和CD－ROM大会上宣布了扩展结构体系标准CD－ROM/XA,从而填补了原有标准在音频方面的缺陷。经过几年的发展,CD－ROM技术日趋完善和成熟。而整机价格的下降,为多媒体技术的应用化提供了可靠的保证。

1992年,正式公布MPEG－1数字电视标准,它是由活动图像专家组(Moving Picture Expert Group)开发制定的。

1993年,"多媒体计算机市场协会"又推出了MPC的第二个标准MPC2,其中包括全动态的视频图像,并将音频信号数字化的采样量化位数提高到16位。1995年6月,"多媒体计算机市场协会"(现已更名为"多媒体PC工作组")公布了MPC的第三个标准MPC3,进一步实现了产业化,规范了多媒体个人计算机的市场。

可以看出,自20世纪90年代以来,多媒体技术逐渐成熟,已经从研究开发走向了应用发展。

我国多媒体技术的应用和发展始于20世纪80年代末。1989年开始,主要工作是在声霸卡和视霸卡上开发多媒体应用系统。1992年初,我国的多媒体技术研究逐渐升温,多媒体硬件产品(主要是板卡级产品)开发进入市场,通过C语言编程可以很容易地实现一些简单的多媒体应用系统。1993年以后,随着应用水平的提高,多媒体技术进一步得到推广。关键的压缩/解压缩技术、多媒体设计平台技术、多媒体数据库技术逐渐成熟,产品开始走向市场。1994年底,随着MPEG、JPEG技术及相关产品的推广,CD－ROM、VCD等产品的广泛普及,多媒体技术以前所未有的速度进入家庭。进入21世纪后,点播电视系统的开发,信息高速公路和多媒体网络通信技术在国内的迅速发展,标志着多媒体技术在我国已进入一个高速发展阶段。

1.1.3　多媒体技术概念

经过20多年的不懈努力,与早期用来进行数值计算的计算机相比,多媒体技术的发展使得计算机技术逐渐走向成熟。不断推出的新产品令人目不暇接,产品更新的周期越来越短,特别是与通信技术、数字化音像技术的结合,使得多媒体技术呈现出更加广阔的发展前景,并成为20世纪90年代最活跃的计算机热点技术之一。

1. 媒体

媒体(medium)有两重含义:一是指存储信息的实体,如磁盘,光盘和磁带等;二是指传递信息的载体,如数字、文字、声音、图形和图像等。英文medium一词为"介质","中间"之意。因此,媒体可理解为人与人或人与外部世界之间进行信息沟通及交流传递的中介物,其表现形式为文字、图像、图形、动画、声音或影像等,并直接作用于人们的感官产生感觉(听觉、视觉、触觉、味觉和嗅觉)。

按照ITUT(国际电信联盟)的建议,可以将媒体划分成以下五种类型:感觉媒体、表示媒体、显示媒体、存储媒体和传输媒体。

国际电信联盟对多媒体含义的描述是:使用计算机交互综合技术和数字通讯网技术处理多种表示媒体,使多种信息建立逻辑连接,集成为一个交互系统。

另一种较为全面的定义为:多媒体(multimedia)是指能够同时获取、处理、编辑、存储和显示两个以上不同类型信息媒体的技术,这些信息媒体包括文本、音频、视频、图形、图像、动画等。

2. 多媒体技术

多媒体技术是指使用计算机综合处理文本、声音、图形、图像、动画、视频等多种不同类型媒体信息，并集成为一个具有交互性的系统的技术，其实质是通过进行数字化采集、获取、压缩/解压缩、编辑、存储等加工处理，再以单独或合成形式表现出来的一体化处理技术。这说明多媒体技术是一种与计算机处理相关的技术，是一种信息处理的技术，是一种人机交互的技术，是一种关于多种媒体和多种应用手段集成的技术。

多媒体技术的主要特性包括信息载体的多样性、集成性、交互性和实时性。

(1)多样性

信息载体的多样性是对计算机而言的，主要指的是表示媒体的多样性，体现在信息采集、传输、处理和显示的过程中，要涉及多种表示媒体的相互作用。例如，多媒体常用的媒体元素有简单的文本，有与空间相关联的图形和图像，有与时间相关联的音频信息，还有与时间、空间同时关联的视频信息等。这一特性使计算机变得更加人性化，不仅使计算机所能处理的信息空间、时间范围扩展和放大，而且使人与计算机的交互具有更广阔的、更加自由的空间。

人类接受信息利用的感觉是：听觉、视觉、嗅觉和味觉。目前的多媒体，大多只利用了人的视觉(可见光部分)和听觉，“虚拟现实”中也只用到了触觉。随着技术的进步，多媒体的发展，多媒体的含义和范围还将扩展，如利用味觉、嗅觉和视觉的不可见光部分等。

(2)集成性

集成性是指将不同的媒体信息有机地组合在一起，形成一个整体。主要表现在两个方面：一方面是指把单一的、零散的媒体信息(如文字、图形、图像、音频和视频等)有效地集成在一起，即信息媒体的集成。它使计算机信息空间得到相对的完善，并能得到充分利用。另一方面，集成性还表现在存储、处理这些媒体信息的物理设备的集成，即多媒体的各种设备应该集成在一起成为一个整体。

(3)交互性

交互性是指向用户提供更加有效地控制和使用信息的手段。人们可以使用键盘、鼠标、触摸屏、声音和数据等设备，通过计算机程序去控制各种媒体的播放。

(4)实时性

实时性是指在人的感觉系统允许的情况下进行多媒体信息的处理和交互，多媒体信息中的音频信息和视频信息都是与时间密切相关的，在加工、存储和播放它们时，需要充分考虑时间特性，这就决定了多媒体技术必须支持实时处理。比如，在播放视频和音频文件时，应该保证视频图像和声音是同步的和连续的，这就是多媒体信息的实时性。实时性对存取数据的速度、解压缩的速度以及最后播放的速度提出了很高的要求。对于具有时间要求的媒体进行处理时，不能保证实时性，就没有任何应用价值。

3. 媒体元素

多媒体中的媒体元素是指多媒体应用中可提供给用户的媒体形式，主要有文本、图形、图像、声音、动画和视频等。这些媒体元素有各自的特点和性质，不同类型的媒体元素有机地结合与互补，才能充分发挥多媒体集成的优势。

尽管媒体元素种类不少，表现形式繁多，但并非毫无目的地将不同形式的媒体元素用各种方式拼凑在一起就是多媒体，只有按设计要求进行创意和精心的组织与安排，充分发挥各媒体元素所长，才能制作成一个高质量的、完美的多媒体应用节目。

1.1.4　多媒体计算机的配置标准

1990 年 Microsoft 等公司筹建了“多媒体计算机市场协会”(Multimedia PC Marketing Council)，并在 1991 年发布了第一代多媒体 MPC 的规格，在 1995 年推出了 MPC 2.0。随着技术的不断发展，1996 年又发布了 MPC 4.0 的技术标准及后来的 MPC 5.0 等。MPC 的标准规范还在不断升级，并且出现了将多媒体和通信功能集成到 CPU 芯片中的 MMX 技术，形成了专用的多媒体微处理器，支持 DVD、具有 TV 功能及集成化网络接口等。就目前来说，普通的 MPC 配置已完全超过了这一标准，并还在加速发展。凡符合或超过这种规格的系统以及能在该系统上运行的软、硬件可以用“MPC”标识。

1.1.5　多媒体创作常用硬件设备

要进行多媒体创作，特别是专业的多媒体创作，下面的设备一般来说是必不可少的。

1. 平板式扫描仪

平板式扫描仪又称台式扫描仪，是目前家庭及办公的主流产品。专业规格的产品其扫描质量可以满足一般的印刷和多媒体设计的需要。

台式扫描仪光学分辨率一般在 300dpi 到 2400dpi 之间，色彩位数在 24 位到 48 位之间。高质量的扫描仪可以使多媒体作品中素材图像更加“保真”，大大降低修改图像所花费的时间，提高创作效率。

2. 底片扫描仪

底片扫描仪也称为胶片扫描仪，是专门用来扫描胶片中图像的产品。它的光学分辨率很高，最低也在 1000dpi 以上，最高可达 4000dpi，绝大多数产品都在 2700dpi 左右。

目前也有些台式扫描仪具有底片扫描的功能，但其扫描的质量要比这种专业的胶片扫描仪低得多，分辨率不够，层次也损失很大，不能用于专业用途。

3. 图形输入板

在数码影像制作中，图形输入板已成为影像编辑制作专家，游戏、动画和漫画创作家，网页设计、电脑绘图创作者的首选工具。

图形输入板与普通的手写输入板之间最大的区别在于专业的图形输入板带有压力感应，并且有较高的压感级数。压感级数反映了图形输入板对力度感应的精度，形象地说就是反映使用者用笔的力度。设计者借助压感级数更高的图形输入板，可以更自由地表现自己的感觉，画出有个性的线条。

4. 数码相机

数码相机是一种采用电耦合器件 CCD 或互补金属氧化物半导体 CMOS 作为感光器件，将客观景物以数字方式记录在存储器中的照相机。数码相机中所存储的照片不是实际的影像，而是一个个数字文件；其存储体不是传统的底片，而是数字化存储器件。

使用数码相机拍摄的照片，可以直接在照相机本身内部对图像进行简单编程，再直接把图像输入到电脑中，进行更高层次的编辑处理，这就为更快速地发布图像带来了时间上的优势。除了这些基本的功能，有的数码相机可以直接连接到网络、电视机或打印机上，快速地发送或输出照片。

5. 光盘刻录机

CD－RW 驱动器，又称光盘刻录机，是可读写光盘数据的驱动器，非常适于存储大量的数据文件。根据刻录机是否安装在计算机主机箱中，分为内置式刻录机和外置式刻录机。

在需要大容量存储的多媒体设计领域，光盘刻录机越来越受欢迎，逐步成为多媒体系统的标准装备。使用这种设备可以将完成的作品记录到 CD－R/CD－RW 光盘上，拿到任何一台配有光驱的计算机中就可使用。

1.1.6 多媒体产品及其制作过程

多媒体产品，其实更像艺术作品。好的表现形式能很好地使主题趋于完美，使人产生极深的印象。同样，表现形式精彩的多媒体作品，可以使人如饮甘霖，从而对其所表现的内容印象深刻。

多媒体产品的最大特点是交互性，那么，什么是交互性呢？我们通常看的电视节目、电影、录像、VCD 光盘也是多种媒体（文本、图像、动画、声音等）的组合，但你无法参与进去，只能根据编剧和导演编制完成的节目去听去看，这叫顺序播放。多媒体产品不同，它可以让你参与，可以通过操作去控制整个过程，可以打乱顺序任意选择，这种操作就叫交互。由此可见：交互就是要求用户通过有意或无意的操作，来改变某些音频或视频元素的特征，交互就是用户在某种程度上的参与。所以说，交互性是影视作品和多媒体作品的主要区别。从另一个角度讲，多媒体作品是通过硬件和软件及用户的参与这三项来共同实现的。

多媒体产品的制作分四个阶段。每个阶段完成一个或几个特定的任务。各个阶段的工作如下：

1. 产品创意

(1)确定产品在时间轴上的分配比例、进展速度和总长度。

(2)撰写和编辑信息内容，其中包括教案、讲课内容、解说词等。

(3)规划用何种媒体形式表现何种内容，其中包括：界面设计、色彩设计、功能设计等项内容。

(4)界面功能设计。内容包括：按钮和菜单的设置、互锁关系的确定、视窗尺寸与相互之间的关系等。

(5)统一规划并确定媒体素材的文件格式、数据类型、显示模式等。

(6)确定使用何种软件制作媒体素材。

(7)确定使用何种平台软件。如果采用计算机高级语言编程，则要考虑程序结构、数据结构、函数命名及其调用等问题。

(8)确定光盘载体的目录结构、安装文件以及必要的工具软件。

(9)将全部创意、进度安排和实施方案形成文字资料，制作脚本。

2. 素材加工与媒体制作

(1)录入文字，并生成纯文本格式的文件，如“.txt”格式。

(2)扫描或绘制图片，并根据需要进行加工和修饰，然后形成脚本要求的图像文件。

(3)按照脚本要求制作规定长度的动画或视频文件。在制作动画过程中要考虑声音与动画的同步、画外音区段内的动画节奏、动画衔接等问题。

(4)制作解说和背景音乐。按照脚本要求，将解说词进行录音，背景音乐可直接从光盘上经数据变换得到。在进行解说音和背景音混频处理时，要慎重，保证恰当的音强比例和准确的时间长度。

(5)利用工具软件，对所有素材进行检测。对于文字内容，主要检查用词是否准确、有无疏漏、概念描述是否严谨等；对于图片，则侧重于画面分辨率、显示尺寸、彩色数量、文件格式等的检查；对于动画和音乐，主要检查两者时间长度是否匹配、数字声频信号是否有爆音、动画的画面调度是否合理等项内容。

(6)数据优化。这是针对媒体素材进行的，其目的有三：其一，减少各种媒体素材的数据量；其二，提高多媒体产品的运行效率；其三，降低光盘数据存储的负荷。

(7)对制作素材备份。

3. 编制程序

(1)设置菜单结构。主要确定菜单功能分类、鼠标点击菜单模式等。

(2)确定按钮操作方式。

(3)建立数据库。

(4)界面制作。其中包括：窗体尺寸设置、按钮设置与互锁、媒体显示位置、状态提示等。

(5)添加附加功能。例如，趣味习题、课间音乐欣赏、一简单小工具、文件操作功能等。

(6)打印输出重要信息。

(7)帮助信息的显示与联机打印。

4. 成品制作及包装

(1)确认各种媒体文件的格式、名字及其属性。

(2)进行程序标准化工作。其中包括：确认程序运行的可靠性、系统安装路径自动识别、运行环境自动识别、打印接口识别等。

(3)系统打包。所谓“打包”，是指把全部系统文件进行捆绑，形成若干个集成文件，并生成系统安装文件和卸载文件。

(4)设计光盘目录的结构、规划光盘的存储空间分配比例。如果采用文件压缩工具压缩系统数据，还要规划释放的路径和考虑密码的设置问题。

(5)制作光盘。需要低成本制作时，可采用 5 英寸的 CD－R 激光盘片；CD－RW 可读写激光盘片的成品略高于 CD－R 盘片，但由于 CD－RW 盘片可重新写入数据，因此为经常修改程序或数据提供了方便。

(6)设计包装。任何产品都需要包装，它是所谓“眼球效应”的产物。现今社会越来越重视包装的作用，包装对产品的形象有直接影响，甚至对产品的使用价值也起到不可低估的作用。设计优秀的包装并非易事，需要专业知识和技巧。

(7)编写技术说明书和使用说明书。技术说明书主要说明软件系统的各种技术参数，其中包括：媒体文件的格式与属性、系统对软件环境的要求、对计算机硬件配置的要求、系统的显示模式等；使用说明书主要介绍系统的安装方法、寻求帮助的方法、操作步骤、疑难解答、作者信息以及联系方式等。

1.2 信息处理技术基础

1.2.1 声音媒体的数字化处理

声音是振动波,波形声音实际上已经包含了所有的声音形式,是声音的最一般形态。语音:人的说话声不仅是一种波形声音,更重要的是它还包含丰富的语言内涵,是一种特殊的媒体。音乐:音乐与语音相比,形式更为规范一些,音乐是符号化的声音,也就是乐曲。乐谱:是乐曲的规范表达形式。

声音是人耳所感知的空气振动。声音信号通常用连续的随时间变化的波形来表示,是模拟信号。

(1)声音信号的基本参数频率和带宽

声音信号的基本参数频率信号是指每秒钟变化的次数,单位是 Hz。频率高,则音调高,频率低,则音调低。人耳可感受的声音信号频率范围为 20Hz~20000Hz。这个范围内的声音信号称为音频(Audio)信号。一般来说,频率范围(带宽)越宽,声音质量越高。CD 质量(Super Hi Fi)音频带宽为 10Hz~20000Hz。

(2)周期:相邻声波波峰间的时间间隔。

(3)幅度:表示信号强弱的程度。幅度决定信号的音量。

(4)复合信号:音频信号由许多不同频率和幅度的信号组成。在复音中,最低频率为基音,其他频率为谐音,基音和谐音组合起来,决定了声音的音色。

对音频的质量上来说,数字音频通过模数/数模转换后,越接近模拟音质就越好。但是,数字化技术在音频的编辑、合成、效果处理,存储、传输和网络化,以及在价格等方面,有极大的优势。半导体技术高速发展的今天,在专业音频领域,仍旧需要采用电子管器件,如电子管话筒、电子管前置放大器和压缩器,以及功率放大器。为了与数字化音频系统配合使用,不少最新的音频专业电子管产品带有数字接口。所以,数字化时代的音频技术,并不是弃模变数,而是两者有机地结合,取长补短,用数字化技术去追求模拟的音质,用数字化手段来弥补传统音频设备的缺陷。

PCM 脉码调制数字音频格式是 20 世纪 70 年代末发展起来的,记录媒体之一的 CD,80 年代初由飞利浦和索尼公司共同推出。PCM 的音频格式也被 DVD－A 所采用,它支持立体声和 5.1 环绕声,1999 年由 DVD 讨论会发布和推出。

PCM 的比特率,从 14bit 发展到 16bit、18bit、20bit 直到 24bit;采样频率从 44.1kHz 发展到 192kHz。

近年来飞利浦和索尼公司再次联手,共同推出一种称为直接流数字编码技术 DSD 的格式,其记录媒体为超级音频 CD 即 SACD,支持立体声和 5.1 环绕声。

1.2.2 视觉信息的数字化处理

在计算机里,可视信息是以一个大的比特阵列的形式存放的,每个比特对应一个微小的电子门,门可以打开,也可以关闭(事实上,半导体门的两个状态分别对应一个高电平和一个低电平,从软件的角度看,只有两个状态,通常称之为 1 态和 0 态)。图像上的每一个点对应计算机存储器内的一个或多个比特，以这种方式存储或显示的图像叫位图图像，或简单地称之为位图。通过改变计算机缓冲区各位的状态，可以控制显示的内容。显示硬件解释显示缓冲区的内容，从而在显示器屏幕上显示图像。

屏幕的水平和垂直解析度对所显示的图像质量有很大的影响，视频硬件的颜色解析度对图像质量的影响也是非常大的。通常所称的标准 VGA 显示模式是 8 位显示模式，即在该模式下能显示 256 种颜色；而高彩色(HI Color)显示是 16 位显示模式，能显示 65536 种颜色，也称 64K 色；还有一种真彩色(True Color)显示模式是 24 位显示模式，能显示 1677 万种颜色，也称 16M 色，这是现在一般 PC 机所能达到的最高颜色显示模式，在该模式下看到的真彩色图像的色彩已和高清晰度照片没什么差别了。

数字视频是将传统模拟视频(包括电视及电影)片段捕获转换成电脑能调用的数字信号，较常见的 VCD 就是一种经压缩的数字视频，因为视频是我们利用摄像机直接从实景中拍摄的，比较容易取得，经过编辑再创作后成为我们需要的数字视频，也就是电影文件，数字视频总能使多媒体作品变得更加生动、完美，而其制作难度一般低于动画创作。

1.3　多媒体制作常用处理工具

1.3.1　多媒体处理工具的分类

我们在开发多媒体产品时，经常要对文字、图形图像、声音、视频和动画进行处理，好的素材效果能为多媒体产品增色不少。如果素材处理得不好，结果可能会适得其反。所以多媒体素材的处理在多媒体产品的开发中显得尤为重要。

多媒体制作常用处理工具软件有很多。根据处理的种类不同可分为九大类，包括：图像处理工具、矢量图处理工具、二维动画制作和处理工具、三维动画制作和处理工具、多媒体链接软件、自然媒体绘画工具、音频播放和处理工具、视频播放转换及处理工具、产品发布工具。

1.3.2　图像处理工具

目前图像处理工具使用最多的是 ADOBE 公司的 PhotoShop 和友立公司的 PhotoImpact 图像处理软件。

Adobe Photoshop 软件作为专业的图像编辑工具，可帮助用户提高工作效率，可多次修改，而不会失去精确度或可编辑性，可制作适用于打印、Web 和其他用途的高品质的图像。

PhotoImpact 是友立公司推出的集图形、图像处理和动画制作于一体的软件。它可以快速改善图像至最佳效果，拥有独特的智慧 HDR 工具，可自动进行图像合成，让作品看起来专业细致。此外，PhotoImpact 不需要了解复杂的程序与命令，就可轻松制作出交互式的 Java 网页与多种花样类型的 2D 与 3D 绘图对象。

1.3.3　矢量图处理工具

在矢量图处理方面采用最多的处理工具是 ADOBE 公司的 Illustrator 和 Corel 公司的 CorelDraw 矢量图形处理软件。

CorelDraw 是 Corel 公司出品的矢量图形制作工具软件，它既是一个大型的矢量图形制作工具软件，也是一个大型的工具软件包。CorelDraw 提供了对特征符的支持，可在特定的物体中使用特征符，使创建的文件更小。

ADOBE 公司的 Illustrator 也是一款较为流行的矢量图形制作和编辑工具，它具有一流的绘图工具并提供了许多全新的设计工具，方便美术设计师使用。用户不需要强记快捷键，便可以很快使用 Illustrator 的所有功能。同时，用户也可随意编辑键盘的快捷键、不同的预设模式及不同的显示设定。以往 Illustrator 只集中处理矢量图及 2D 平面图，对于点阵图的特殊效果制作通常都有限制。不过 Illustrator CS 加强了对点阵图的处理功能，除了可利用变形工具把任何点阵图随意变形外，还可把整个图片作为 Illustrator CS 内的 Symbol 笔刷，即时通过 Illustrator CS 复制工具，在画面上使用相同的图片，进行更精彩的美术设计。

1.3.4 二维动画制作和处理工具

在二维动画制作方面采用最多的处理工具是 Macromedia 公司（现已被 ADOBE 公司合并）的 Flash 二维动画制作软件。

Flash 是运用最广泛的动态网页制作工具。它解决了网页动画互动性与网络带宽之间的矛盾，体现了互联网的新概念——快捷、生动。

Flash 动画是由交互式矢量图形组成的动画，所以下载速度很快，并且动画大小可随用户的屏幕大小而自如缩放。Flash 可以创建互动性网页，并在网页中加入声音。它还可以生成亮丽夺目的图形和界面，使文件体积不会过大，它能独立于浏览器之外进行播放。

1.3.5 三维动画制作和处理工具

三维图形图像处理软件，除在专业图形工作站上运行的外，在 PC 机上比较有名的就有 AutoDesk 公司的 AutoCAD、3D Studio 和 3DS Max 等。不过这些软件的操作要求用户有比较专业的三维建模和造型知识，对一般用户来说，有点可望而不可即。因此，一些公司推出了面向非专业用户的三维制作软件，尽管它们的功能比专业 3D 图像处理软件简单得多，但其界面友好、操作简洁，仍然受到了一般非专业用户的欢迎。在这些非专业 3D 图像处理软件中，比较受青睐的有 Ulead 公司的 Cool 3D。

Cool 3D 是 Ulead 公司出品的一个专门制作文字 3D 效果的软件，我们可以用它方便地生成具有各种特殊效果的 3D 动画文字。可以制作出接近专业效果的动画，可以用关键帧来进行动画设计，动画的变化特性可以是对象的各个特性，例如位置、大小、变形（如扭曲和爆炸）或颜色等。Cool 3D 的主要用途是制作主页上的动画，它可以把生成的动画保存为 GIF 和 AVI 文件格式用于多媒体素材。

3DS Max，目前世界上应用最广泛的三维建模、动画、渲染软件，可以满足制作高质量动画、最新游戏、设计效果等领域的需要。

1.3.6 多媒体链接软件

Authorware 是美国 Macromedia 公司的产品，是国际上十分流行的基于流程图的可视化多媒体开发工具软件之一，已成为多媒体创作工具事实上的国际标准。

Authorware 是以图标为基础，以流程线为编辑模式的多媒体链接工具，任意链接对象均可选择一个图标与之对应。这就给多媒体制作带来了极大的方便，也避免了进行多媒体开发必须使用 VB、VC 等编程语言的不方便。也就是说，Authorware 为多媒体制作提供了无需编程而自动生成多媒体源程序的创作环境。Authorware 的特点是：基于图标流程的创作方式；提供有关图、文、动画的直接创作处理能力；具有多种交互作用的功能；具有动态链接功能；提供库和模块功能；提供多平台支持；提供网络支持。

1.3.7　自然媒体绘画工具

Corel 公司推出的 Painter 自然绘画软件是目前比较完善的电脑手工绘画和图像处理软件之一，它以其独特的“Natural－Media”仿天然绘画技术为代表，首次将传统绘画艺术和现代电脑高科技结合起来，形成了其独特的绘画和造型效果，如油画、水彩画、蜡笔、粉彩笔、铅笔、炭笔、彩色笔、喷枪等等，并可以模拟各种不同的颗粒纹理的画布画纸，以及设定不同的画笔、笔触、颜料的浓淡度等任何想得到的传统的绘画效果。该软件可使画家在电脑上直接挥洒笔墨，淋漓尽致地发挥自己的长项，使画面生动活泼、栩栩如生，电脑和传统艺术浑然一体，相得益彰。可以说，Painter 是目前世界上真正的“绘画”意义上的电脑美术软件。

1.3.8　音频播放和处理工具

声音是多媒体的又一重要方面，它除了给多媒体带来令人惊奇的效果外，还最大限度地影响展示效果。声音可使电影从沉闷变得热闹，从而引导、刺激观众的兴趣。著名的音频编辑工具包括 CoolEdit 及 GoldWave。

CoolEdit 是为音乐人、音响编辑、多媒体设计师、游戏音效设计师、音响工程师和其他一些需要做音乐或音效的人士开发的。为了适应不同的需要，CoolEdit 提供了大量看起来完全不同的功能，虽然这样一来会令普通用户无法立即学会操作，但是一旦学会，用户就会发现这套软件提供了强大的编辑音频的功能。

GoldWave 是一款相当棒的数码录音及编辑软件，除了附有许多的效果处理功能外，它还能将编辑好的文件存成 WAV、MP3、WMA、RAW、AFC 等格式，而且若用户的 CD－ROM 是 SCSI 接口方式，它可以不经由声卡直接抽取 CD－ROM 中的音乐来录制编辑。

1.3.9　视频播放、转换及处理工具

数字视频是将传统模拟视频(包括电视及电影)捕获转换成电脑能调用的数字信号，较常见的 VCD 就是一种压缩的数字视频。数字视频可以利用数码摄像机直接从实景中拍摄获取，也可以通过视频采集卡从模拟信号获取，经过编辑再创作后成为用户需要的数字视频，也就是电影文件。

Adobe Premiere 在多媒体制作的领域扮演着举足轻重的角色。它能使用多轨的影像与声音作合成，可以生成 avi、mov 等动态影像格式。Premiere 兼顾了广大视频用户的不同需求，提供了一个低成本的视频编辑方案。

1.3.10　产品发布工具

Nero 是一款非常出色的刻录软件，支持数据光盘、音频光盘、视频光盘、启动光盘、硬盘

备份以及混合模式光盘刻录，操作简便并提供多种可以定义的刻录选项。

Nero 拥有简单易用界面。可以使用轻松快速的方式发布多媒体作品所要烧录的资料 CD、音乐 CD、Video CD、Super Video CD、DDCD 或是 DVD，所有的程序都是一样的，使用鼠标将档案从档案浏览器拖至编辑窗口中，开启烧录对话框，然后激活烧录作业。通过和刻录机的配合使用，可以快速地对多媒体作品进行发布。

1.4　多媒体技术应用领域

多媒体技术把电视的视听信息传播能力与计算机交互控制功能结合起来，创造出集文、图、声、像于一体的新型信息处理模型，使计算机具有数字化全动态、全视频的播放、编辑和创作多媒体信息功能。数字声、像数据的使用与高速传输已成为一个国家技术水平和经济实力的象征。多媒体技术的应用领域主要包括以下几个方面：

1.4.1　语音识别

语音识别长久以来一直是人们的美好梦想，让计算机听懂人说话是发展人机语音通信和新一代智能计算机的主要目标。随着计算机的普及，越来越多的人在使用计算机，如何给不熟悉计算机的人提供一个友好的人机交互手段，是人们感兴趣的问题，而语音识别技术就是其中最自然的一种交流手段。

自从 20 世纪 80 年代中期以来，新技术的不断出现使语音识别有了实质性的进展。特别是隐马尔可夫模型（HMM）的研究和广泛应用，推动了语音识别的迅速发展，陆续出现了许多基于 HMM 模型的语音识别软件系统。

当前，语音识别领域的研究方兴未艾。在这方面的新算法、新思想和新的应用系统不断涌现。同时，语音识别领域也正处在一个非常关键的时期，世界各国的研究人员正在向语音识别的最高层次应用——非特定人、大词汇量、连续语音的听写机系统的研究和实用化系统进行冲刺，人们所怀有的语音识别技术实用化的梦想很快就会变成现实。

1.4.2　文语转换

目前，世界上已研制出汉、英、日、法、德等语种的文语转换系统，并在许多领域得到了广泛应用。

DECTalk 文语转换系统：这是 DEC 公司在 MIT 的 Klatt 教授研制的语音合成器的基础上开发的语音生成系统，用于英语文语转换。

AT&T Bell 文语转换系统：这是美国 AT&T 贝尔实验室研制的文语转换系统，它最初用于英语的文语转换，现在正扩展到其他语种。

Sonic 文语转换系统：这是清华大学计算机系基于波形编辑的汉语文语转换系统。该系统利用汉语词库进行分词，并且根据语音学研究的成果建立了语音规则，对汉语中的某些常见语音现象进行了处理。系统采用 PSOLA 算法修改超音段语音特征，提高了言语输出的质量。

1.4.3 多媒体数据库和基于内容检索的应用

多媒体信息检索技术的应用使多媒体信息检索系统、多媒体数据库、可视信息系统、多媒体信息自动获取和索引系统等应用逐渐变为现实。基于内容的图像检索、文本检索系统已成为近年来多媒体信息检索领域中最为活跃的研究课题,基于内容的图像检索是根据其可视特征,包括颜色、纹理、形状、位置、运动、大小等,从图像库中检索出与查询描述的图像内容相似的图像,利用图像可视特征索引,可以大大提高图像系统的检索能力。

随着多媒体技术的迅速普及,Web 上将出现大量多媒体信息,例如,在遥感、医疗、安全、商业等部门中每天都不断产生大量的图像信息。这些信息的有效组织管理和检索都依赖于图像内容的检索。目前,这方面的研究已引起了广泛的重视,并已有一些提供图像检索功能的多媒体检索系统软件问世。例如,由 IBM 公司开发的 QBIC 是最有代表性的系统,它通过友好的图形界面为用户提供了颜色、纹理、草图、形状等多种检索方法;美国加州大学伯克利分校与加州水资源部合作进行了 Chabot 计划,以便对水资源部的大量图像提供基于内容的有效检索手段。此外还有麻省理工学院的 Photobook,可以利用 Face、Shape、Texture、Photobook 分别对人脸图像、工具和纹理进行基于内容的检索,在 Virage 系统中又进一步发展了将多种检索特征相融合的手段。

1.4.4 多媒体著作工具的应用

多媒体创作工具是电子出版物、多媒体应用系统的软件开发工具,它提供组织和编辑电子出版物和多媒体应用系统各种成分所需要的重要框架,包括图形、动画、声音和视频的剪辑。制作工具的用途是建立具有交互式的用户界面,在屏幕上演示电子出版物及制作好的多媒体应用系统,以及将各种多媒体成分集成为一个完整而有内在联系的系统。

多媒体著作创作工具可以分成:基于时间的创作工具;基于图符(Icon)或流线(Line)的创作工具;基于卡片(Card)和页面(Page)的创作工具;以及以传统程序语言为基础的创作工具。它们的代表软件是 Action、Authorware、IconAuthor、ToolBook、Hypercard、北大方正开发的方正奥斯和清华大学开发的 Ark 创作系统。

在多媒体著作创作中,还必须借助一些用于文本、音视频及图像处理的软件系统。对于不同的媒体素材,采用的软件也不同。

用多媒体创作工具可以制作各种电子出版物及各种教材、参考书、导游和地图、医药卫生、商业手册及游戏娱乐节目,主要包括多媒体应用系统;演示系统或信息查询系统;培训和教育系统;娱乐、视频动画及广告;专用多媒体应用系统;领导决策辅助系统;饭店信息查询系统;导游系统;歌舞厅点歌结算系统;商店导购系统;生产商业实时监测系统以及证券交易实时查询系统等。

1.4.5 多媒体通信及分布式多媒体技术的应用

人类社会逐渐进入信息化时代,社会分工越来越细,人际交往越来越频繁,群体性、交互性、分布性和协同性将成为人们生活方式和劳动方式的基本特征,其间大多数工作都需要群体的努力才能完成。但在现实生活中影响和阻碍上述工作方式的因素太多,如打电话时对方却不在。即使电话交流也只能通过声音,而很难看见一些重要的图纸资料,要面对面地交流讨论，又需要费时的长途旅行和昂贵的差旅费用，这种方式造成了效率低、费时长、开销大的缺点。今天，随着多媒体计算机技术和通信技术的发展，两者相结合形成的多媒体通信和分布式多媒体信息系统较好地解决了上述问题。

多媒体通信和分布式多媒体技术涉及：计算机支持的协同工作（CSCW）、多媒体会议系统、视频点播（VOD）等。

1. 计算机支持的协同工作（CSCW）

通信技术、计算机技术以及网络技术的融合，产生了新的研究领域——计算机支持的协同工作（Computer Supported Cooperative Work，CSCW），简称计算机协同工作。1984年由美国MIT的Irene Greif和DEC的Paul Cashman提出。

计算机协同工作（CSCW）是指，地域分散的一个群体借助计算机及网络技术，共同协调与协作来完成一项任务。它包括群体工作方式研究和支持群体工作的相关技术研究、应用系统的开发等部分。通过建立协同工作的环境，改善人们进行信息交流的方式，消除或减少人们在时间和空间上的相互分隔的障碍，从而节省工作人员的时间和精力，提高群体工作质量和效率。在计算机支持的环境下，特别是在网络环境下，一个群体协同完成一项共同的任务，它的目标是设计出支持各样协同工作的工具、环境与应用系统。

计算机支持的协同工作系统（CSCW）系统具有非常广泛的应用领域，它可以应用到远程医疗诊断系统、远程教育系统、远程协同编著系统、远程协同设计制造系统以及军事应用中的指挥和协同训练系统等。

2. 多媒体会议系统

随着计算机网络和通信技术的发展，人们不再满足于传统的网络应用，如文件传输、电子信箱、远程登录等，集音频、视频和共享数据于一身的多媒体应用成为新型应用的热点。多媒体会议系统是新型多媒体应用的典型代表，它所涉及的关键技术是多媒体应用的共同基石。

多媒体会议系统具有传统网络应用所没有的特殊要求。首先，它要求多媒体数据的传输是实时的。其次，它要求多媒体数据流的传输基于IP组播（multicast）。再次，多媒体数据的海量特性，需要研究多媒体数据的编码和存贮技术。计算机分组网络是建立在尽力而为（Best Effort）服务模型之上的，无法提供传输延时的上限和带宽的最低保证，完全是动态随机变化的。为了解决分组网络上多媒体会议系统应用的要求，IETF（Internet 工程任务组）先后制定了许多协议，如网络层的IP组播及依赖于它的RSVP协议、传输层的RTP协议和会话层的SAP和SIP协议等。

多媒体会议系统，是一种实时的分布式多媒体软件应用的实例，它参与实时音频和视频这种现场感的连续媒体，可以点对点通信，也可以多点对多点的通信，而且还充分利用其他媒体信息，如图形标注、静态图像、文本等计算数据信息进行交流，对数字化的视频、音频及文本、数据等多媒体进行实时传输，利用计算机系统提供的良好的交互功能和管理功能，实现人与人之间的“面对面”的虚拟会议环境，它集计算机交互性、通信的分布性以及电视的真实性为一体，具有明显的优越性，是一种快速高效、日益增长、广泛应用的新的通信业务。

3. 视频点播（VOD）

VOD（Video On Demand）和交互电视（ITV）系统：它是根据用户要求播放节目的视频点播系统，具有提供给单个用户对大范围的影片、视频节目、游戏、信息等进行几乎同时访问的能力。对于用户而言，只需配备响应的多媒体电脑终端或者一台电视机和机顶盒，一个视频点播遥控器，“想看什么就看什么，想什么时候看就什么时候看”，用户和被访问的资料之间高度的交互性使它区别于传统的视频节目的接收方式。它是多媒体数据压缩解压技术，综合了计算机技术、通信技术和电视技术的一门综合技术。

在这些VOD应用技术的支持和推动下，网络在线视频、在线音乐、网上直播为主要项目的网上休闲娱乐、新闻传播等服务得到了迅猛发展，各大电视台、广播媒体和娱乐业公司纷纷推出其网上节目。虽然目前由于网络带宽的限制，视频传输的效果还远不能达到人们所预期的满意程度，但还是受到了越来越多的用户的青睐。

VOD和交互电视(ITV)系统的应用，在某种意义上讲，是视频信息技术领域的一场革命，具有巨大的潜在市场，具体应用在电影点播、远程购物、游戏、卡拉OK服务、点播新闻、远程教学、家庭银行服务等方面。

1.4.6　CAI及远程教育系统

根据一定的教学目标，在计算机上编制一系列的程序，设计和控制学习者的学习过程，使学习者通过使用该程序，完成学习任务，这一系列计算机程序称为教育多媒体软件或称为CAI(Computer Assist Instruction，计算机辅助教学)。

网络远程教育模式依靠现代通信技术及多媒体技术的发展，大幅度地提高了教育传播的范围和时效，使教育传播不受时间、地点、国界和气候的影响。CAI的应用，使学生真正打破了明显的校园界限，改变了传统的“课堂教学”的概念，突破时空的限制，接受到来自不同国家、教师的指导，可获得除文本以外更丰富、直观的多媒体教学信息，共享教学资源。它可以按学习者的思维方式来组织教学内容，也可以由学习者自行控制和检测，使传统的教学由单向转向双向，实现了远程教学中师生之间、学生与学生之间的双向交流。

1.4.7　地理信息系统(GIS)

地理信息系统(GIS)获取、处理、操作、应用地理空间信息，主要应用在测绘、资源环境的领域。与语音图像处理技术比较，地理信息系统技术的成熟相对较晚，软件应用的专业程度相对也较高，随着计算机技术的发展，地理信息技术逐步形成为一门新兴产业。

除了大型GIS平台之外，设施管理、土地管理、城市规划、地籍测量的专业应用多媒体技术也层出不穷。

1.4.8　多媒体监控技术

随着社会的发展与信息时代的到来，人们对工作环境、工作方式以及工作条件都提出了新的要求，用大量的人力对远端工作现场进行经常的巡视、检修的工作方式必将被淘汰。人们需要一种在工作室里就可以对远端现场进行监视控制的产品出现。而且，在安全部门中，由于工作性质的特殊需求，更需要有先进的手段来完成监视与控制。

多媒体监控系统可广泛地应用于安全部门、电力部门、煤炭部门、石油部门、交通部门、港口码头、银行金融部门、军事要地、边防以及某些特殊环境地区。

多媒体监控技术以图像处理、声音处理、检索查询等多媒体技术综合应用到实时报警系统中，改善了原有的模拟报警系统。它能够及时发现异常情况，迅速报警，同时将报警信息存储到数据库中以备查询，并交互地综合图、文、声、动画多种媒体信息，使报警的表现形式更为生动、直观，人机界面更为友好。

习 题

1. 名词解释：

多媒体　多媒体技术　多媒体计算机　数据压缩

2. 多媒体计算机系统可以分成几个层次？分别进行说明。

3. 简述多媒体技术的特征。

4. 简述多媒体产品开发的步骤。

5. 简述多媒体系统的关键技术。

第 2 章　多媒体计算机

【本章要点】

本章主要介绍了多媒体计算机的基本结构，重点介绍了 MPC 架构的多媒体计算机的标准结构。此外还详细介绍了多媒体计算机的基本硬件设备和常用的扩展设备的构造原理与性能指标。

【核心概念】

多媒体计算机系统　显卡　触摸屏　投影仪　MPC　CD－ROM　CCD　CMOS

2.1　多媒体计算机的基本概念

2.1.1　多媒体计算机的组成

1. 多媒体计算机系统

多媒体计算机在硬件上和普通计算机具有相同的结构体系，但是由于多媒体计算机在数据处理技术上的要求，其结构体系具有特殊之处。在多媒体计算机的发展史上，曾经出现过多种多媒体计算机系统，如：

(1)Macintosh 多媒体系统：又称 MAC 系统，由美国苹果公司研制的集通信、视频、音频处理与数值计算功能于一体的多媒体系统。

(2)DVI(Digital Video Interactive)多媒体系统：由美国 Intel 和 IBM 公司联合开发，采用开放系统，利用固化功能和可编程功能芯片组，系统中使用了先进的数字音频、视频数据压缩解码算法。

(3)多媒体工作站：以 POSIX 和 XPG3 工业标准构建的多媒体系统。

(4)Power PC 多媒体系统：一种采用 RISC 标准优化性能的多媒体计算机结构。

(5)MPC 多媒体计算机：随着个人计算机性能的提高，在个人计算机上已经可以实现声音、图像、图形、文本等各种信息和多任务的工作，通过在个人计算机上加载多媒体软、硬件，就可以实现多媒体升级，实现计算机的多媒体化。

多媒体计算机系统是一套由复杂的硬件、软件有机结合的综合系统，它把音频、视频等媒体与计算机系统融合起来，并由计算机系统对各种媒体进行数字化处理。与计算机系统类似，多媒体计算机系统由多媒体硬件和多媒体软件构成。

多媒体硬件系统由主机、多媒体外部设备接口卡和多媒体外部设备构成。

多媒体计算机的主机可以是大/中型计算机，也可以是工作站，用的最多的还是微机。

多媒体外部设备接口卡根据获取、编辑音频、视频的需要插接在计算机上。常用的有声卡、视频卡、VGA/TV 转换卡、视频捕捉卡等。

多媒体外部设备十分丰富，按功能分为视频/音频输入设备、视频/音频输出设备、人机交互设备、数据存储设备四类。视频/音频输入设备包括摄像机、录像机、影碟机、扫描仪、话筒、录音机、激光唱盘和 MIDI 合成器等；视频/音频输出设备包括显示器、电视机、投影电视、扬声器、立体声耳机等；人机交互设备包括键盘、鼠标、触摸屏和光笔等；数据存储设备包括 CD－ROM、磁盘、打印机、可擦写光盘等。

随着个人计算机性能的提高，MPC 系统已逐渐成为市场普及的多媒体系统。为此，本章只以 MPC 系统作为多媒体计算机的代表来介绍多媒体计算机的系统结构。

2. MPC 多媒体计算机的基本配置（及可选配置）

一般来说，多媒体个人计算机（MPC）的基本硬件结构可以归纳为七部分：

(1)至少一个功能强大、速度快的中央处理器（CPU）；(2)可管理、控制各种接口与设备的配置；(3)具有一定容量（尽可能大）的存储空间；(4)高分辨率显示接口与设备；(5)可处理音响的接口与设备；(6)可处理图像的接口设备；(7)可存放大量数据的配置等。

这样提供的配置是最基本 MPC 的硬件基础，它们构成 MPC 的主机。

除此以外，MPC 还包括一些外围设备，主要分为输入设备、输出设备及外存设备等。

(1)输入设备的功能是将 MPC 多媒体计算机主机处理的数据及控制命令输入主机内部存储器，常用的输入设备有：鼠标、键盘、扫描仪等。

键盘是计算机的标准配置设备，它完成绝大多数的用户输入操作，如图 2－1 所示。

图 2－1　键盘

(2)输出设备的功能是对多媒体计算机主机处理的数据进行各种形式的输出。常用的输出设备有显示器、打印机和多媒体音箱等。

显卡和显示器构成 MPC 的显示输出系统，为人们呈现计算机世界里的丰富多彩的视觉效果。多媒体音箱已经成为目前计算机的必备输出设备，它与声卡一起构成输出声音信号系统，实现人与计算机听觉上的交流。

2.1.2　多媒体计算机的主要特征

MPC 多媒体计算机具有以下基本特征：

1. 有 CD－ROM 驱动器

MPC 多媒体计算机一般都要求有可驱动具有大容量存储能力光盘片的 CD－ROM 驱动器。

2. 有高质量的数字音响

MPC 多媒体计算机系统提供语音变成数字信号和数字信号变成语音的 A/D 和 D/A 转换功能，并可以把数字信号记录到硬盘和从硬盘重放。MPC 还有音乐合成器和乐器接口 MIDI 合成器，用来增加播放复合音乐的能力。而 MIDI 又可以外接电子乐器从而使 MPC 不仅能播放来自光盘的音乐，而且还能编辑乐曲。

3. 有高分辨率的图形、图像显示

MPC 的图形显示适配器允许在同一画面上显示清晰的图形图像，它还能显示来自光盘的动画、视频图像。对于配备有视频采集的 MPC 系统，还可以在计算机上观看摄像机、录像机、视频光盘机的电视图像，并可以把数字化信息存储到计算机中。

4. 有处理多媒体数据的软件

2.1.3　多媒体计算机对数据的处理

多媒体计算机的重要功能就是处理多种类型的媒体数据，其中主要的有以下几个方面的数据处理能力：

1. 图像处理

对图像的处理包括图像获取、编辑和变换，计算机中的图像是数字化的，分为矢量图和点阵图两大类。图像一般通过扫描仪、数码相机等设备输入到计算机或者使用软件在计算机上人工绘制。

2. 声音的处理

声音的数字化方法是采样，采样频率越高，保真度就越高。声音的采样频率有三个标准：44.1kHz，22.05 kHz，11.025kHz。采样后的数字化位数越高，音质越好。8位的采样把每个样本分为256等分，16位的采样把每个样本分为65536等分，声音的处理分为单声道和立体声两种。

3. MIDI乐器数字接口

“MIDI”，是英文musical instrument digital interface（乐器的数字化接口）的缩写，是电脑多媒体技术在音频领域中的又一应用。整个MIDI系统包括合成器，电脑音乐软件，音源，电脑，MIDI连线，调音台，数码录音机等周边设备。电脑可以将来源于键盘乐器的声音信息转化为数字信息存入电脑。

MIDI文件可以理解为一个乐队的“总谱”，上边记录的是每种乐器的音高、节奏、强弱等，通过声卡将这个乐谱识出来，并用已经存放在声卡或者软件中的音色库把对应的声音播放出来。

4. 动画处理

根据动画反映的空间范围，动画分为：二维动画和三维动画。二维动画即平面动画，只能在同一视角观看，而三维动画可以提供多角度全方位的视觉感受。

5. 多媒体数据的存储

多媒体数据的存储主要解决的问题有：存储介质的容量要大，速度要快。常用的存储设备有：

(1)硬磁盘介质。硬盘设备随着技术的发展，已经进入到大容量、高速度的时代，从最初的几百MB容量发展到现在几百GB，平均存取时间从最初的10ms～28ms发展到10ms以内，内部数据传输率也达到400MB/s～800MB/s。

(2)光盘介质。光盘分为CD－ROM、CD－ROM/RW，DVD－ROM，DVD－ROM/RW等类型，其存取速度比硬盘慢(110MB/s～130 MB/s)

(3)磁带介质：磁带是早期使用较为普遍的一种存储介质，其特点是价格便宜，容量大，但是由于采用顺序存储，所以速度慢，目前市场上已不多见。

6. 信息传递

MPC多媒体计算机之间的信息传递方法有以下几种：

(1)可移动式硬盘：常用的是USB接口硬盘。

(2)可移动式光盘：包括CD－ROM，DVD－ROM等。

(3)网络通信：通过网络设备连接计算机通信，如电子邮件系统，局域网，互联网等。

(4)串口通信：通过计算机的串口直接连接通信。

2.1.4 MPC 多媒体计算机的标准

1990 年 Microsoft 公司制订了多媒体计算机标准 MPC1.0，1993 年 IBM 和 INTEL 等数十家软硬件公司组成的“多媒体个人计算机市场协会”MPMC 发布了多媒体计算机性能标准 MPC2.0，1995 年 MPMC 又推出了新的标准 MPC3.0。MPC 对多媒体部件最低性能的定义标准主要内容如表 2-1 所示。

表 2-1 MPC 对多媒体部件最低性能的定义标准

MPC 部件	MPC-1 标准	MPC-2 标准	MPC-3 标准
CPU	16MHz 386SX	25MHz 486SX	75MHz Pentium X86 系列同等级
RAM	2MB	4MB	8MB
Hard Disk	30MB	160MB	540MB
CD-ROM/CD-R/CD-RW/DVD-ROM	150kbps 最大寻址时间 1s	300kbps 最大寻址时间 400ms	600kbps 最大寻址时间 200ms
Sound Card	8bit 数字声音 8 个合成音 支持 MIDI	16bit 数字声音 8 个合成音 支持 MIDI	16bit 数字声音 支持 Wavetable 支持 MIDI
CRT	640×480 16 色	640×480 65536 色	640×480 65536 色
视频播放			352×240 30fps 352×288 25fps 15bit/pixel
I/O 端口	MIDI I/O 端口，Gameport Joystick 端口，串、并口	MIDI I/O 端口，Gameport Joystick 端口，串、并口	MIDI I/O 端口，Gameport Joystick 端口，串、并口

2.2 多媒体计算机基本硬件设备

2.2.1 CD-ROM/DVD-ROM

1. 光存储系统

光存储是继磁记录之后兴起的重要信息存储技术。以光盘为代表的数字式数据存储媒体已是当代信息社会中不可缺少的信息载体，从 CD-ROM 到 CD-ROM/RW，从 DVD-ROM 到 DVD-ROM/RW，每产生一种产品之后速度的提高更是让人惊叹。光存储系统是由光盘驱动器和光盘盘片组成。

(1)光盘驱动器的结构

一台普通的光驱通常由以下几个部分组成：主体支架、光盘托架、激光头组件和电路控制板。

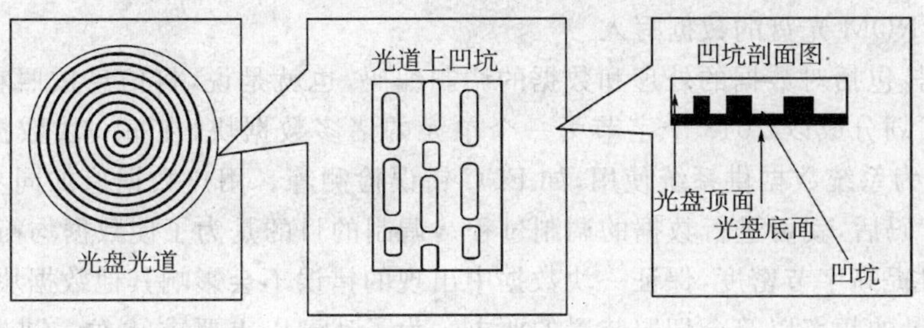

图 2－2　光盘结构示意图

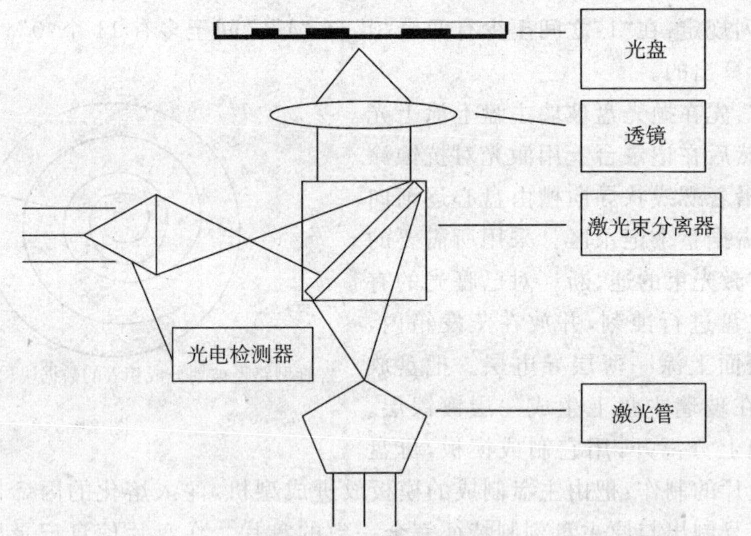

图 2－3　光盘驱动器的结构

原理：光驱读光盘时，光电二极管发出的电信号经过转换，变成激光束，由平面棱镜反射到光盘上。光盘表面是凹凸不平的小坑，凹坑的边缘表示 1，凹坑或非凹坑的平坦部分表示 0，激光照射盘表面，凹坑与非凹坑区域的反射光强度不同来代表“0”和“1”来记录数据，反射回来的强弱不同的光再经过平面棱镜的折射，经光电二极管变成电信号，经过控制电路的电平转换，变成只含“0”、“1”信号的数字信号，计算机就能读出内容了。

(2)光盘盘片结构

CD－R、CD－RW、DVD－R、DVD－RW、DVD＋RW 通称光盘盘片，原理较类似。一般光盘盘片结构主要由印刷层、保护层、反射层、染料层和塑料基底组成。

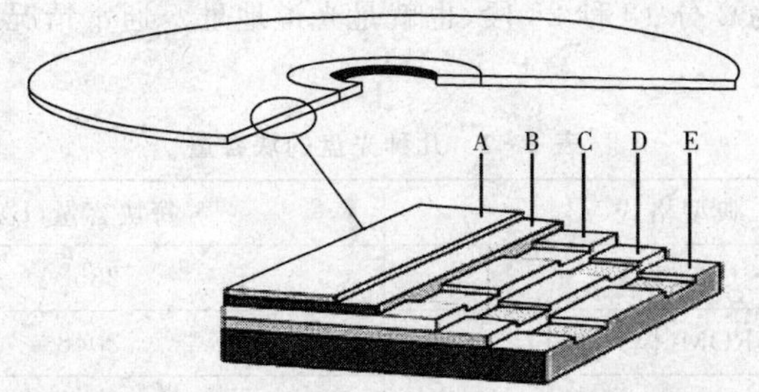

图 2－4　光盘盘片结构

(3)CD－ROM 光盘的数据写入

准备数据:包括对数据的处理和数据的调制编码,也就是说,将信息按照它们要在光盘上存储的形式划分成以 2048 个字节为一个单元的诸多数据块,在每一块数据块上再附加 288 个字节作为系统数据供系统使用,如 ECC 错误检测等。用户数据追加同步模式、标头、EDC 码、ECC 码后,就可进行数据的调制过程。调制的目的是为了使数据均衡,使得在保持分辨率的同时提高字节密度,保证一块数据中出现的错误不会影响其他数据块,同时还要降低 EDC 信号量的频率以符合伺服装置的要求。为了达到以上要求,8 位二进制数据被转换为 14 位调制数据,同时在每 14 位字节之间再追加 3 个字节,称为归并位,使得在 0 和 1 代码中,符合下列规定:在"1"之间至少有两个"0",在"1"之间至多有 11 个"0"。当然这是由处理过程自动计算出的。

母盘制作:先在抛光盘玻璃主盘上涂上光敏抗蚀材料,然后在记录台上用激光对抗蚀涂层进行刻制,沿着螺线状导向槽由盘心逐渐向外,直至完全占据整个记录区。采用所需要的调制码来调节激光束的通、断。对已曝光的有抗蚀涂层的主盘进行蚀刻,并放在蒸发箱内,然后在主盘表面上涂一薄层导电层。把盘放进电镀槽内,在玻璃主盘上生成一层镀镍层。将镍层从玻璃上分离开,用它制成模板,母盘便作好了。盘片的制作:把由主盘制成的模板放进成型机,注入熔化的丙烯树脂材料,冷却凝固后就可以复制出与原主盘刻制特征完全一致的盘片。在盘片信息记录面一侧,用蒸发法或溅射法把记录层和光吸收层连续地涂敷、镀制,使其厚度为 30 微米。蒸发镀制记录层之后,再涂上保护层,使之与盘基相粘合,便完成对盘片的制作。

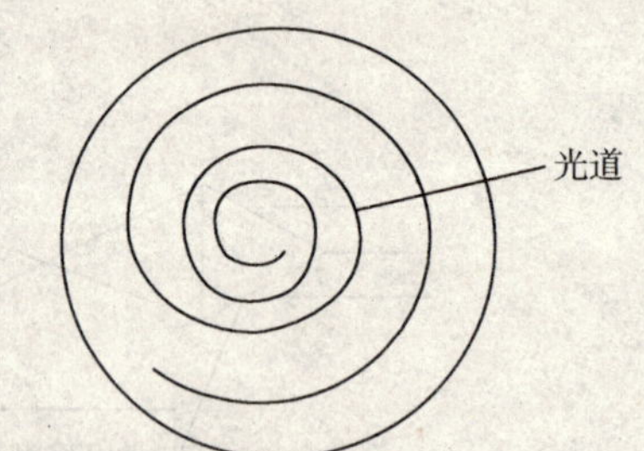

螺旋型路径被划分成相等的数据块(2048 或 2352 字节)

图 2－5

最后根据母盘制作压模,再通过压模大量复制 CD 光盘。

(4)光盘数据记录格式及其容量计算:

光盘是以连续的螺旋形轨道来存放数据的,螺旋轨道由里向外被划分为许多长度相等的块,每个块的容量大小相同,存放有纠错编码的数据时容量为 2048B,不带纠错编码的数据时容量为 2352B。光盘上的数据块通常又被划分为四个部分:同步字段(12B),标题字段(4B),用户数据段(2048B)和辅助数据段(288B)。

数据块的编号以分/秒/帧方式,1 个扇区为 1 块,75 块为 1 秒,60 秒为 1 分。如光道中第 10000 个块的地址为 2 分 13 秒 25 段,也就是光道地址。通常情况下,几种光盘的块容量如表 2－2 所示。

表 2－2 几种光盘的块容量

典型格式	每块容量(B)
CD－DA	2352
CD－ROM(模式为 1)	2048
CD－RMO XA(模式为 2)	2336

光盘数据存储量的计算：

光盘数据存储量＝光盘扇区数×每扇区数据存储量

光盘扇区数＝光盘存储音乐的时间×单位时间内播放的扇区数

单位时间内播放的扇区数＝75 块/秒

【例】一张数据光盘 CD－ROM，它的模式为 1，

安全容量＝60 分×60 秒/分×75 扇区/秒×2048 字节＝527MB

最大容量＝74 分×60 秒/分×75 扇区/秒×2048 字节＝680MB

2. CD 光盘

CD 原指激光唱盘，即 CD－DA，用于存储数字化的音乐节目，现在，把下列的一系列 CD 产品光盘通称为 CD。尽管 CD 系列中的产品很多，但是基本构造、制造工艺都一样，只是根据不同应用目的存储了不同类型的数据而已，如表 2－3 所示。

表 2－3　CD 产品的不同应用

CD－DA	存储数字化的音乐节目
CD－G	存储数字化的静止图像和音乐节目
CD－V	存储模拟的电视图像和数字化的声音
CD－ROM	存储数字化的文、图、声、像等
CD－I	存储数字化的文、图、声、像、动画等
CD－I FMV	存储数字化的电影、电视节目
卡拉 OK－CD	存储数字化的卡拉 OK 节目
Video－CD	存储数字化的电影、电视节目
Photo－CD	存储的主要是照片、艺术品

3. CD 产品的标准

不同的数据在存储格式上有不同的标准，部分产品的标准如表 2－4 所示。

表 2－4　CD 产品的标准

标准名称	盘的名称	应用目的	播放时间	显示的图像
红皮书(Red Book)	CD－DA	存储音乐节目	74 分钟	
黄皮书(Yellow Book)	CD－ROM	存储文、图、声、像等多媒体节目	存储 650MB 的数据	动画、静态图像等多媒体节目
绿皮书(Green Book)	CD－I	存储文、图、声、像等多媒体节目	存储多达 760MB 的数据	动画、静态图像
橙皮书(Orange Book)	CD－MO	读/写入文、图、声、像等多媒体节目		
白皮书(White Book)	Video－CD	存储影视节目	70 分钟(MPEG－1)	数字影视(MPEG－1)质量
红皮书＋(Red Book＋)	CD－Video	存储模拟电视数字声音	5～6 分钟(电视) 20 分钟(声音)	模拟电视图像数字声音
蓝皮书(Blue Book)	LD(Laser Disc)	存储影视节目	200 分钟	模拟电视图像
CD－Bridge	Photo CD	存储照片		静态图像

4. CD－ROM 光驱（光盘驱动器）

(1)光驱分类

按照安装方式，光驱分为内置和外置两类。常见的为内置式光驱，安装在主机内部，如图 2－6 所示。

图 2－6 明基神行鳄 52X 内置光驱

(2)光驱的技术指标

①纠错能力：指当光盘数据读取过程中出现乱码时，驱动器对乱码的识别与修正能力。

②平均读取时间：指光驱从定位到开始读盘的时间，一般都在 95ms 以内。

③数据传输率：光驱和主机之间进行数据传输的速度，俗称光驱倍数。标准传输速度是 150kB/秒，以此作为标准，称为单倍速。目前 CD 光驱的速度都已达到 56 倍速。

④微处理器占用率：光驱工作时占用处理器资源的比例，比例越低越好。

⑤高速缓存大小：缓存是光驱和主机交换数据的缓冲区，缓存越大，光驱性能越好。

⑥接口类型：光驱接口有 IDE、SCSI、USB 等类型。

⑦旋转方式：指光驱转动光盘的方式。有恒定线速度(CLV)、恒定角速度(CAV)、局部恒定角速度(PCAV)方式。目前大都采用 PCAV 方式。

5. DVD

DVD 原为数字视频光盘(Digital Video Disk)的缩写，是为了和 Video CD 区别，现改为数字万用盘(Digital Versatile Disk) 。DVD 是下一代的光盘存储技术。从技术角度看，DVD 使用了多层和高密度技术，容量比 VCD 大得多，最高可达到 17GB，相当于 25 片 CD－ROM 的容量，而尺寸却与 CD－ROM 相同。从应用看，DVD 主要针对 MPEG Ⅱ 标准的数字视频，而 VCD 的应用层次是 MPEG Ⅰ 。

(1)DVD 和 CD 一样，也有多种应用的版本，对应于不同的标准，其主要有 5 个方面的应用，如表 2－5 所示。

表 2－5 DVD 的应用

DVD－ROM	BOOK A 标准	只读光盘	数据传输率达 1.38MB/s	相当于 9 倍速 CD－ROM 数据传输率
DVD－Video	BOOK B 标准	用途类似于 Video CD	存储声音和影像节目	
DVD－Audio	BOOK C 标准	用途类似于音乐 CD	存储音乐节目	
DVD－R	BOOK D 标准	用途类似于 CD－R	允许用户一次写	多次读的光盘
DVD－RAM	BOOK E 标准	用途类似于 CD－RW	允许用户多次读写的光盘	

DVD 光盘根据容量分为如下几种，如表 2－6 所示。

表 2-6　DVD 光盘的划分

DVD 盘的类型	存储容量/GB	MPEG-2 Video 播放时间/min
单面单层(只读)	4.7	133
单面双层(只读)	8.5	240
单层双面(只读)	9.4	266
双层双面(只读)	17	480
单层双面(DVD-R)可写	6.6	215
单层双面(DVD-RAM)可多次擦写	5.2	147

(2)DVD 光驱

DVD 光驱的内部结构和外观基本与 CD 光驱相同,主要技术指标也相似,不同的是 DVD 光驱可以读取 CD 光盘,但是 CD 光驱不能读取 DVD 光盘,且读取的最高速度也有很大差别,如表 2-7 所示。

表 2-7　DVD 光驱及其主要技术指标

光驱种类	DVD-ROM
安装方式	内置
DVD 最大读取倍速	16X
读取倍速	48X
接口类型	ATAPI-EIDE
缓存大小	512kB

2.2.2　CD-R、CD-RW 可写光盘

普通光盘数据一般是通过压模冲压而成,压模是用数据原版盘制成的,原版盘中的数据是通过激光烧制在涂有感光胶的玻璃盘上写入的,此玻璃盘被镀上金属后,作为母盘制作压模,再通过压模大量复制普通光盘。

这种压模制作光盘的方法不适用于 MPC 多媒体个人计算机,现在刻录机和可写光盘的出现解决了这个问题,其基本原理也是通过激光在可以刻录的光盘上刻录数据。

1. CD-R 和 CD-RW 盘片

目前的刻录光盘规格有两种,CD-R 和 CD-RW。

(1)CD-R 是英文 CD Recordable 的缩写,它的特点是只写一次,写完后的 CD-R 光盘无法被改写,但可以在 CD-ROM 驱动器和 CD-R 刻录机上被多次读取。CD-R 根据染色层分为绿盘、金盘和蓝盘三种。

①绿盘

绿盘是最早开发生产的 CD-R 光盘,采用日本太阳邮电公司发明的花菁染料 Cyanine。由于花菁染料的颜色为青蓝色,因此与 24K 金反射层的金色混合之后,就会使 CD-

R 光盘的记录面呈现绿色。绿盘对各种品牌和型号的 CD－R 或 CD－RW 刻录机的兼容性较强。

②金盘

针对花菁染料对强光敏感的缺点，三井公司又开发出基于 Phthalocyanine 的酞菁染料。酞菁染料本身呈淡黄色，与反射层的金色混合后，使 CD－R 光盘的记录面呈黄金色，因此使用金反射层的酞菁染料 CD－R 光盘被称为金盘。与花菁染料相比，酞菁染料具有较高的稳定性，对室内和室外强光均不敏感。

③蓝盘

为了降低 CD－R 绿盘和金盘的成本，化学公司开发生产出一种金属化的 AZO 有机染料，并使用成本较低的银作反射层材料。AZO 本身为深蓝色，因此与反射层的银白色混合后，使 CD－R 光盘的记录面呈蓝色，因此使用 AZO 染料的 CD－R 光盘就被称为蓝盘。CD－R 蓝盘除了价格便宜之外，还具有可长期保存数据的优点。并且蓝盘的表面都有防刮伤涂层，有很好的抗紫外线能力，蓝盘还具有 100 年以上的使用寿命。

(2)CD－RW 光盘与 CD－R 有机染料层不同，CD－RW 盘片的刻录层由银、铟、锑、碲合金构成可相变(phase change)的材料，可以重复多次擦写数据。合金的刻录层具有一个约 20%发射率的多晶结构。CD－RW 驱动器的激光头有两种波长设置，分别为写(P－Write)和擦除(P－Erase)，刻录时激光把刻录层的物质加热到 500～700 摄氏度之间，使其熔化。在液态状态下，该物质的分子自由运动，多晶结构被改变，呈现一种非晶状(随即)状态。而在此状态下凝固的刻录层物质，反射率只有 5%，而这些反射率低的地方就相当于 CD－ROM 盘片上的“凹陷”，并以此作为 0、1 数据的存储形式。

2. 刻录机

(1)刻录机的分类

从刻录的介质来分，刻录机可分为 CD－R、CD－RW 两类刻录机。CD－R 刻录机仅能读写，不能把资料删除重写，而 CD－RW Drive 则像是软硬盘一样可以重复使用，但必须用 CD－RW 片才行。CD－RW 片的价格约为 CD－R 片的 6～8 倍。

从接口上分，光盘刻录机的接口一般有三种：SCSI 接口、IDE 接口和并口 。新近推出的 USB 接口的刻录机，轻巧方便，支持热插拔。

从外形上分，刻录机可分为外置和内置两类，外置一般采用 USB 接口，也有少数采用 IEEE1394 接口。

(2)光盘刻录机的性能指标

包括 CD－RW 擦写倍速、CD－R 写入倍速、接口类型和缓存和缓存大小。例如，明基 5232X 刻录机的主要性能指标如下：

安装方式	内置
CD－RW 擦写倍速	32X
CD－R 写入倍速	52X
CD－ROM 读取倍速	52X
写入方式	Disc－at－once，Track－at－once，Session－at－once，Multisession，Packetwriting，Raw writing
缓存大小	2MB

安装方式　外置
CD－RW 擦写倍速　32X
CD－R 写入倍速　48X
接口类型　USB 2.0
缓存大小　2MB

(3)防刻死技术

早期的刻录机，会发生"缓存欠载"导致刻录中断，也就是所谓"飞盘"。这时刻录机内置专用的芯片会记录中断点，然后芯片会指挥光头在中断点处重新开始刻录，这当中会产生一定的间隙，当然这个间隙越小越好。根据 1990 年飞利浦公司为 CD－R 类可录入光盘制订的格式标准——橙皮书(Orange Book)中的规定，刻录的盘片允许在两个磁区之间有极小的空隙，但这空隙不能大于 100μm，也就是说两个磁区间不超过 100μm 的距离是可以被允许的。最早的防刻死技术会产生 40～45μm 的空隙，这对于一般的数据光盘没什么影响，但是如果刻录音乐 CD 的话就有可能产生爆音，现在最新的防刻死技术已经可以把空隙控制在 1μm 以下，几乎是完美了。在防刻死技术的支持下，刻录机的缓存 2M 或者 4M 一般就已经足够了。现在市场上的刻录机无一例外都内置了防刻死技术。

目前世界上较为可靠和成熟的防刻死技术有 3 种，它们是：Burn－Proof、Just Link 以及 Seamless Link。

(4)刻录软件

刻录机只有在刻录软件的控制下才能刻录光盘，目前可用两类方法刻录，一是利用操作系统提供的刻录功能刻录，如 Windows XP 系统就提供了刻录 CD 光盘的功能，其使用方法如同向文件夹中添加文件一样简单；二是利用专业软件刻录。如 Nero 公司的最新的 Nero 7 Premium，同时提供了 PC 和电视媒体管理体验以实现完整的解决方案。

使用专业软件的好处在于它提供了更多的功能，可刻录的数据类型更丰富，比如可以刻录 VCD 视频、CD 音频光盘等。此外它支持各种保护措施，如防刻死技术等，确保刻录的成功率。

2.2.3　显卡和显示器

1. 显卡

显卡是显示器和主机之间的接口电路，它负责将计算机的图像数据转换为显示器能识别的格式，再送到显示器进行显示输出。

(1)显卡的主要性能指标包括分辨率、色彩数以及刷新率。

分辨率(Resolution)：显示画面的细腻程度。一般以画面的最大"水平点数"乘上"垂直点数"为代表。例如，分辨率为 800×600，表示这整个画面是由水平 800 个画点，乘上垂直 600 个画点所组成的。

色彩数(Color depth)显示画面的色彩数。在普通文字 16 色模式下，颜色由文字属性来决定。在图形模式下，以每画点的位数(bpp)决定颜色总数。目前常见的色彩数有 2 bpp (16 色)、8 bpp (256 色)，高彩(High Color)为 15 bpp(32768 色)或 16 bpp (65536 色)，全彩(True Color)则为 24bpp(16777216 ；16M 色)及 32 bpp。

刷新率(Vertical Refresh Rate)指显示器每秒能对整个画面重复更新的次数，若此数值为 72Hz，表示显卡每秒将送出 72 张画面讯号给显示器。一般而言，此数值越高，画面就越柔和，眼睛越不会觉得屏幕在闪烁。按 VESA 规定，画面更新频率最好要在 72 甚至 75 以上，才能避免在日光灯下出现闪烁现象，相对减轻眼睛的疲劳与伤害。

(2)显卡与计算机的接口

显卡发展至今主要出现过 ISA、PCI、AGP、PCI Express 等几种接口，所能提供的数据带宽依次增加。其中 2004 年推出的 PCI Express 接口已逐渐成为主流，以解决显卡与系统数据传输的瓶颈问题，而 ISA、PCI 接口的显卡已经基本被淘汰。

PCI Express(以下简称 PCI－E)采用了目前业内流行的点对点串行连接，比起 PCI 以及更早期的计算机总线的共享并行架构，每个设备都有自己的专用连接，不需要向整个总线请求带宽，而且可以把数据传输率提高到一个很高的频率，达到 PCI 所不能提供的高带宽。相对于传统 PCI 总线在单一时间周期内只能实现单向传输，PCI－E 的双单工连接能提供更高的传输速率和质量，它们之间的差异跟半双工和全双工类似。

(3)显卡与显示器接口

显卡处理好的图像要显示在显示设备上面，那就离不开显卡的输出接口，现在最常见的主要有：VGA 接口、DVI 接口、S 端子这几种输出接口。

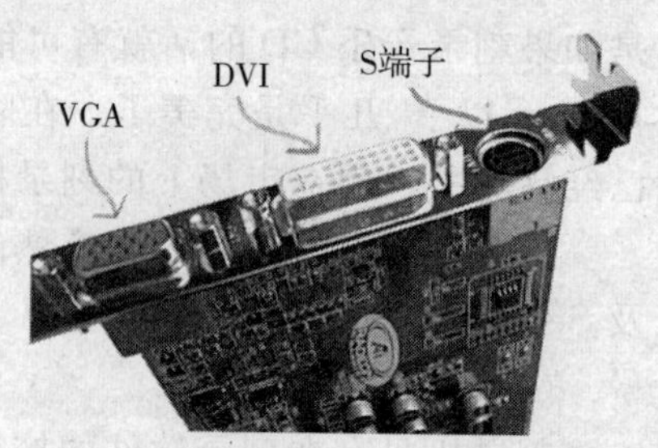

图 2－7　显卡与显示器接口

VGA(Video Graphics Array，视频图形阵列)接口，也就是 D－Sub15 接口。作用是将转换好的模拟信号输出到 CRT 或者 LCD 显示器中。现在几乎每款显卡都具备标准的 VGA 接口，因为目前国内的显示器，包括 LCD，大都采用 VGA 接口作为标准输入方式。标准的 VGA 接口采用非对称分布的 15pin 连接方式，其工作原理是将显存内以数字格式存储的图像信号在 RAMDAC 里经过模拟调制成模拟高频信号，然后再输出到显示器成像。它的优点有无串扰、无电路合成分离损耗等。

DVI(Digital Visual Interface，数字视频接口)，视频信号无需转换，信号无衰减或失真，显示效果提升显著，将成为 VGA 接口的替代者。VGA 是基于模拟信号传输的工作方式，期间经历的数/模转换过程和模拟传输过程必将带来一定程度的信号损失，而 DVI 接口是一种完全的数字视频接口，它可以将显卡产生的数字信号原封不动地传输给显示器，从而避免了在传输过程中信号的损失。DVI 接口可以分为两种：仅支持数字信号的 DVI－D 接口和同时支持数字与模拟信号的 DVI－I 接口。不过由于成本问题和 VGA 的普及程度，目前的 DVI 接口还不能全面取代 VGA 接口。

S－Video(Separate Video，S 端子)，S 端子也叫二分量视频接口，一般采用五线接头，它是用来将亮度和色度分离输出的设备，主要功能是为了克服视频节目复合输出时的亮度跟色度的互相干扰。S 端子的亮度和色度分离输出可以提高画面质量，可以将电脑屏幕上显示的内容非常清晰地输出到投影仪之类的显示设备上。

2. 显示器

显示器目前分为两大主流类别：CRT 显示器和 LCD 液晶显示器。

(1)CRT 显示器

又称为阴极射线管显示器，其主要性能指标有：

①点距(Dot－Pitch)：是指荧光屏上两个同样颜色荧光点之间的距离，它通常以毫米

(mm)表示。点距越小,影像看起来也就越精细,其边和线也就越平顺。因此,点距越小越好,现在的 15/17 英寸显示器的点距必须低于 0.28mm,否则显示图像会模糊。当今市场上主流 17 英寸纯平显示器的点距为 0.25mm、0.26mm 等,最小的点距有 0.24mm。

②分辨率(Resolution)。

③场频(Vertical Scan Frequency):又称为"垂直扫描频率",也就是屏幕的刷新频率,指每秒钟屏幕刷新的次数,通常以赫兹(Hz)表示,它可以理解为每秒钟重画屏幕的次数。由于 CRT 采用从左至右逐行扫描的方式"打出"图像,当电子枪从右下到左上时有个短暂的黑暗,因此会产生闪烁现象,垂直扫描频率越高,黑暗的时间越短,感受到的闪烁情况也就越不明显,因此眼睛也就越不容易疲劳,所以,场频是越大越好。屏幕的场频要达到 75Hz 以上,人眼才不易感觉出,但长时间注视必然会让眼睛感到疲劳。通常 85Hz 以上才算现在比较合格的,100Hz 就接近完美了。

④行频(Horizontal Scan Frequency):指电子枪每秒在荧光屏上扫描过的水平线数量,等于"行数×场频"。显而易见,行频是一个综合分辨率和场频的参数,它越大就意味着显示器可以提供的分辨率越高,稳定性越好,因此,行频也是越大越好。

⑤带宽(Band Width):所谓带宽是显示器视频放大器通频带宽度的简称,一个电路的带宽实际上是反映该电路对输入信号的响应速度。带宽越宽,惯性越小,响应速度越快。允许通过的信号频率越高,信号失真越小,它反映了显示器的解像能力的大小。因此,带宽越大越好,现在市场上 17 英寸纯平显示器的带宽,低端的大约 110 MHz,高端的大约 200 MHz。CRT 显示器的带宽是指每秒钟所扫描的图像点数的总和,一般采用 MHz(兆赫)为单位。显示器对带宽的要求可以用分辨率与场频来计算:

带宽要求=水平分辨率×垂直分辨率×场频

带宽通常被认为是反映一个显示器的综合因素。

(2)LCD 液晶显示器

LCD 克服了 CRT 体积庞大、耗电和闪烁的缺点,但也同时带来了造价过高、视角不广以及彩色显示不理想等问题。CRT 显示可选择一系列分辨率,而且能按屏幕要求加以调整,但 LCD 屏只含有固定数量的液晶单元,只能在全屏幕使用一种分辨率显示(每个单元就是一个像素)。其主要性能指标有:

①坏点:是液晶面板上,不能正常显示像素点的统称。液晶面板是由众多显示点组成,靠每个显示点上的液晶物质在电信号控制下改变透光状态完成的。在 1024×768 分辨率下,液晶板共有 786432 个显示点,如此多的点很难完全保证个别不会出现问题。坏点的多少成为面板分级时的主要依据。目前主要的分级标准为:

韩系厂商,3 个以下为 A 级;

日系厂商,5 个以下为 A 级;

台系厂商,8 个以下为 A 级。

主流液晶显示器品牌标准为:

AA 级:无任何坏点的 LCD 显示器为 AA 级。

A 级:3 个坏点以下,其中亮点不超过一个,且亮点不在屏幕中央区内。

B 级:3 个坏点以下,其中亮点不超过两个,且亮点不在屏幕中央区内。

②对比度:液晶面板制造时选用的控制 IC、滤光片和定向膜等配件,与面板的对比度有

关，对一般用户而言，对比度能够达到 350：1 就足够了，但在专业领域这样的对比度还不能满足用户的需求。相对 CRT 显示器轻易达到 500：1 甚至更高的对比度而言，只有高档液晶显示器才能达到，MAYA 的 V500 为 500：1，纯净界 ezm19f2 为 600：1。由于对比度很难通过仪器准确测量，所以挑的时候还是要自己亲自去看才行。

③亮度：液晶是一种介于固态与液态之间的物质，本身是不能发光的，需借助额外的光源才行。因此，灯管数目关系着液晶显示器亮度。最早的液晶显示器只有上下两个灯管，发展到现在，普及型的最低也是四灯，高端的是六灯。

④信号响应时间：响应时间指的是液晶显示器对于输入信号的反应速度，也就是液晶由暗转亮或由亮转暗的反应时间，通常是以毫秒(ms)为单位。信号相应时间分为两个部分即“上升时间”和“下降时间”，而我们所说的响应时间指的就是两者之和。响应时间越小越好，所以目前市场上响应时间最低的接受范围是 30ms，这也是现在的液晶显示器较多的标识。一些更好的面板可以达到 16ms 或 8ms，甚至更高的 4ms。

⑤可视角度：当背光源通过偏极片、液晶和取向层之后，输出的光线便具有方向性。也就是说大多数光都是从屏幕中垂直射出来的，所以从某一个较大的角度观看液晶显示器时，便不能看到原本的颜色，甚至只能看到全白或全黑。为了解决这个问题，制造厂商们也着手开发广角技术，到目前为止有三种比较流行的技术，分别是：TN＋FILM、IPS(In－Plane－Switching)和 MVA(Multi－Domain Vertical alignment)。

⑥刷新频率：由于液晶显示器没有“闪烁”问题，所以，液晶显示器的水平扫描和垂直扫描频率受制于原材料的响应时间，带宽＝水平像素数目×垂直像素数目×场频。

⑦色彩表现：是指显示器的色阶是否丰富，由于大多数液晶显示器采用模拟式的 VGA 接口，多了数/模转换，信号有衰减，所以一般只能显示 24 位种颜色。虽然厂家一般标称可以显示 32 位(2 的 32 次方)颜色，但那是采用了仿真技术实现的。

2.2.4 声卡和音箱

1. 声卡

声卡是连接主机和音箱的接口电路板，其主要功能是把 MPC 计算机内部处理的数字信号转换为音箱能够接收的模拟信号，同时具有以下功能：

◆录制、编辑和回放数字声音文件；

◆控制并混合各声源的音量；

◆文件压缩和解压缩；

◆采用语音合成技术，能合成语音输出；

◆具有 MIDI 接口。

(1)声卡的分类

ISA 总线声卡：早期的都使用 ISA 总线，其传输速率只有 8.3MB/s，速度无法达到使用要求，因此已基本被淘汰。

PCI 声卡：最高速度可以达到 133MB/s，其速度足以保证 MPC 的系统需要，所以可在同一时间内处理更多的音频数据，其音色也更为出众。最早的声卡生产厂家有 AdLib 公司和创新公司(Creative Labs)，这两种声卡实际上已成为声卡的标准，大部分的声卡都与它们兼容。PCI 接口的声卡结构示意图如图 2－8 所示。

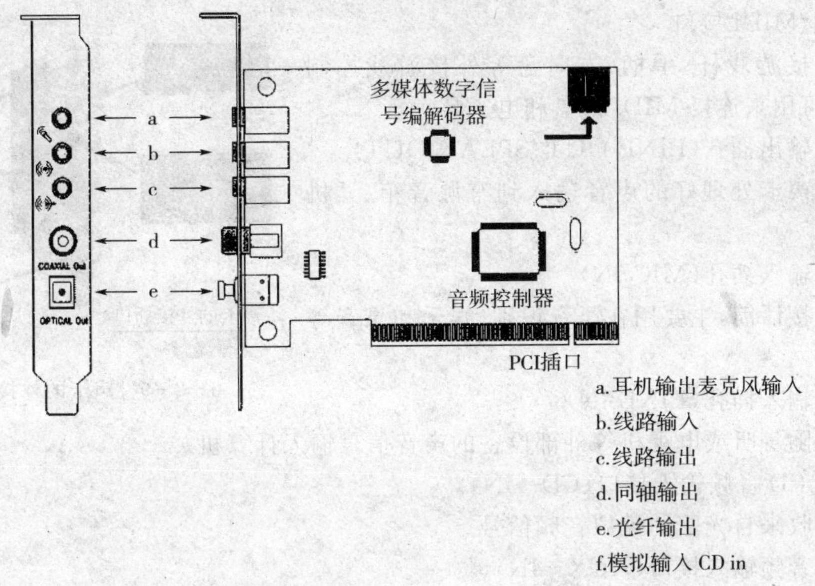

图 2-8　PCI 接口的声卡结构示意图

(2)影响声卡效果的因素

声卡真正的质量取决于它的采样和回放能力。模拟声音信号是一系列连续的电压值，获取这些值的过程称为采样，这是由模数转换芯片来完成的。

①采样精度

采样精度决定了记录声音的动态范围，它以位(Bit)为单位，比如 8 位、16 位。8 位可以把声波分成 256 级，16 位可以把同样的波分成 65,536 级的信号。可以想象，位数越高，声音的保真度越高。

②采样频率

采样频率指每秒钟采集信号的次数，声卡一般采用 11kHz、22kHz 和 44kHz 的采样频率，频率越高，失真越小。在录音时，文件大小与采样精度、采样频率和单双声道都是成正比的，如双声道是单声道的两倍，16 位是 8 位的两倍，22k 是 11k 的两倍。

CD 碟采用 16 位的采样精度，44.1KHz 的采样频率，为双声道，它每秒所需要的数据量为 16×44,100×2÷8＝176,400 字节。(在 CD 碟里，每个扇区有 2,352 字节，每秒 75 扇区，2352×75＝176,400 字节)。

③3d 音效技术

硬件 3D 音效技术现在较为常见的有 SRS、APX、Q－SOUND 和 Virtaul Dolby 等几种，它们虽各自实现的方法不同，但都能使人感觉到明显的三维效果，其中又以第一种最为常见。它们所应用的都是扩展立体声(Extended Stereo)理论，这是通过电路对声音信号进行附加处理，使听者感到声响方位扩展到了两音箱的外侧，以此进行声响扩展，具有空间感和立体感，产生更为宽阔的立体声效果。此外还有两种音效增强技术：有源机电伺服技术和 BBE 高清晰高原音重放系统技术，对改善音质也有一定效果。

(3)声卡的接口和插孔

通常，声卡上具有如下插孔：

①游戏/MIDI 接口

用于连接游戏杆、手柄、方向盘等外接游戏控制器,同时也可用来连接 MIDI 键盘和电子琴。

②线性输出插孔(LINE OUT/SPEAK OUT)

用于将声卡处理好的声音输入到有源音箱、耳机和功放。

③话筒输入插孔(MIC IN)

用于连接话筒,主要用在语音识别、娱乐和录音等方面。

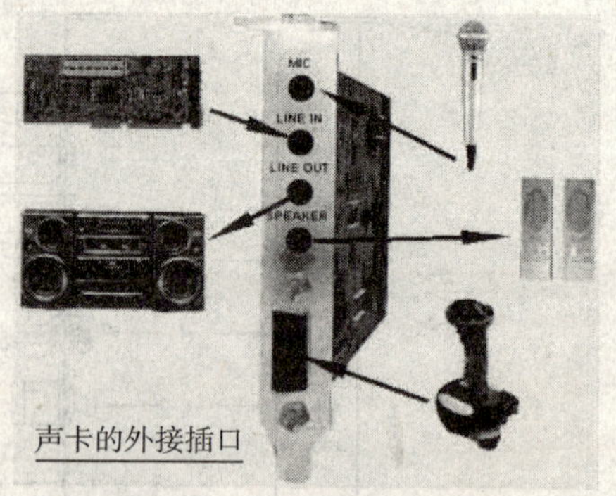

图 2-9　声卡的外接插孔

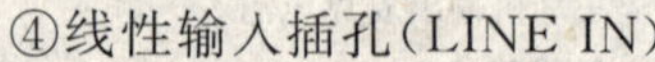

④线性输入插孔(LINE IN)

用于将随身听或电视机等外部设备的声音信号输入计算机。

⑤模拟 CD 音频输入接口(CD—IN)

用于接收来自光驱的模拟音频信号。

⑥辅助音频输入接口(AUX－IN)

用于将 MPEG 编/解码卡、电视卡、DVD 解压卡等设备的声音信号输入声卡,使得各种设备的声音信号都通过声卡送到音箱。

⑦数字子卡扩展插针(SPDIF－EXT)

用于与配套的子卡连接,实现数字信号的输入和输出。使得声卡能和专用的数字录音设备相连接(如:DAT、MD 等),并可输出 AC－3 信号。

⑧数字 CD 音频输入接口(DIGITAL CD AUDIO IN)

用于接收来自光驱的数字音频信号,确保最大限度地减少声音失真。

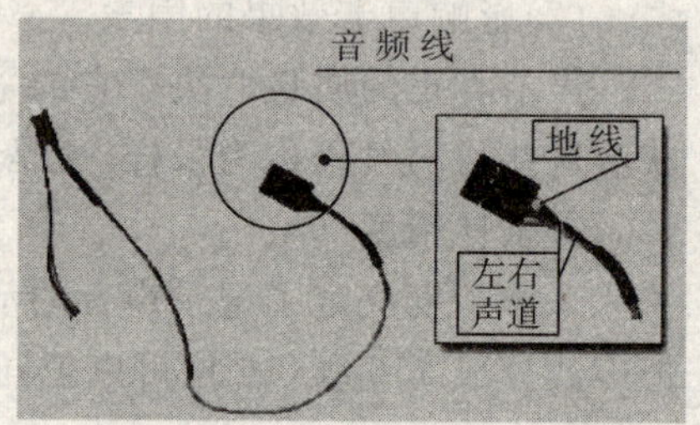

图 2-10　辅助音频输入接口

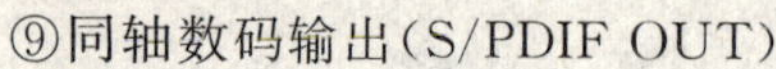

⑨同轴数码输出(S/PDIF OUT)

用于输出 Dolby Digital AC－3 信号至 AC3 音效解码器。

(4)声卡的软件

声卡设置软件:一般声卡安装后需要通过系统设置软件做相关设置,如在 Windows 系统下,通过"控制面板"的"声音和音频设备"程序,可以对声音和音频属性做设置,如默认设备、音量等的设置播放声音软件。通过此类软件可以控制声卡播放音频文件、CD 光碟等,如 Windows 提供的"Windows Media Player"媒体播放软件,它支持播放 wav、wma、mp3 等多种格式的声音文件。

2. 音箱

音箱是 MPC 计算机常配的一种多媒体输出设备,能将计算机处理的音乐信号以音频形式输出。

(1)音箱的组成

音箱基本上是由三大部分组成的:扬声器(喇叭)、分频器和箱体。

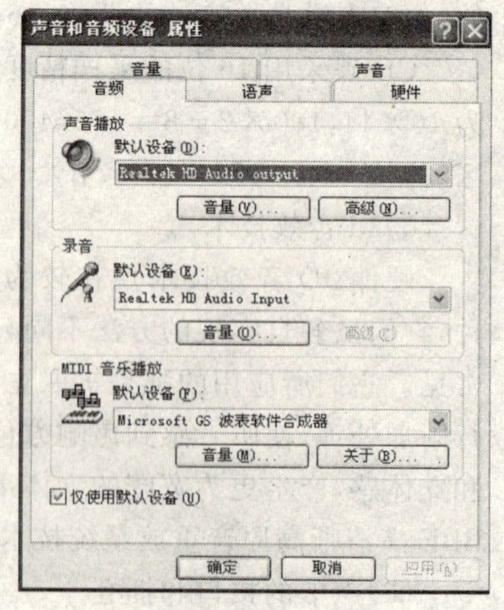

图 2-11　声音和音频设备属性

按照喇叭只数的多少分为两单元、三单元等，还有一种是把高音喇叭与低音喇叭做成一体的，称为同轴单元，从外表上看是一个单元，实际上仍属两单元。

分频器顾名思义就是把可闻声音的频段[20～20000Hz]分成几个频段，分别送往对应的喇叭单元。按照频段划分的多少，分成高、低音两段的叫两分频；分成高、中、低三段的叫三分频，依次类推。

图 2-12　创新 GIGAWORKS THX S7005.1

箱体一般用塑料或者木质材料制作，塑料材质的箱体外形丰富，但一般造型较小，功率也较低；木质音箱一般为复合高密度板，其抗谐振性好，可承受功率更大。

(2)音箱的分类

有源音箱：有源音箱从无源音箱发展而来，无源音箱不带功率放大器，靠声卡信号驱动音箱，其功率和声音都小。有源音箱自带信号处理、调节和功率放大器电路，所以，无需额外的功率放大器就可以直接与音源搭配，构造一套完整音响系统。

USB音箱：最新推出的USB多媒体音箱则可以不需要声卡，它通过电脑的USB接口输出端引入数字音频信号，然后USB多媒体音箱将此信号通过内部专用的USB IC芯片转换为模拟音频信号，从而实现取代声卡的功能。

按使用场合来分：分为专业音箱与家用音箱两大类。家用音箱一般用于家庭放音，其特点是放音音质细腻柔和，外形较为精致美观，放音声压级不太高，承受的功率相对较少。专业音箱一般用于歌舞厅、卡拉OK厅、影剧院、会堂和体育场馆等专业文娱场所。一般专业音箱的灵敏度较高，放音声压高，力度好，承受功率大。

按放音频率来分：可分为全频带音箱、低音音箱和超低音音箱。所谓全频带音箱是指能覆盖低频、中频和高频范围放音的音响。全频带音箱的下限频率一般为30Hz～60Hz，上限频率为15kHz～20kHz。在一般中小型的音响系统中只用一对或两对全频带音箱即可完全担负放音任务。低音音箱和超低音音箱一般是用来补充全频带音箱的低频和超低频放音的专用音箱。这类音箱一般用在大中型音响系统中，用以加强低频放音的力度和震撼感。

按用途来分：一般可分为主放音音箱、监听音箱和返听音箱等。主放音音箱一般用作音响系统的主力音箱，承担主要放音任务。主放音音箱的性能对整个音响系统的放音质量影响很大，也可以选用全频带音箱加超低音音箱进行组合放音。监听音箱用于控制室、录音室作节目监听使用，它具有失真小、频响宽而平直，对信号很少修饰等特性，因此最能真实地重现节目的原来面貌。返听音箱又称舞台监听音箱，一般用在舞台或歌舞厅供演员或乐队成员监听自己演唱或演奏声音。

按箱体结构来分：可分为密封式音箱、倒相式音箱、迷宫式音箱、声波管式音箱和多腔谐振式音箱等。其中在专业音箱中用得最多的是倒相式音箱，其特点是频响宽、效率高、声压大，符合专业音响系统音箱形式，但因其效率较低，故在专业音箱中较少应用，主要用于家用音箱，只有少数的监听音箱采用封闭箱结构。密封式音箱具有设计制作的调试简单，频响较宽、低频瞬态特性好等优点，但对扬声器单元的要求较高。目前，在各种音箱中，倒相式音箱和密封式音箱占大多数，其他形式音箱的结构形式繁多，但所占比例很少。

(3)音箱的性能指标

频响范围：频响范围的全称叫频率范围与频率响应。前者是指音箱系统的最低有效回放频率与最高有效回放频率之间的范围；后者是指将一个以恒电压输出的音频信号与系统相连接时，音箱产生的声压随频率的变化而发生增大或衰减、相位随频率而发生变化的现象，这种声压和相位与频率的相关联的变化关系称为频率响应，单位分贝(dB)。

灵敏度：该指标是指在给音箱输入端输入 1W/1kHz 信号时，在距音箱喇叭平面垂直中轴前方 1 米的地方所测得的声压级。灵敏度的单位为分贝(dB)。音箱的灵敏度每差 3dB，输出的声压就相差一倍，普通音箱的灵敏度在 85dB～90dB 范围内，85dB 以下为低灵敏度，90dB 以上为高灵敏度，通常多媒体音箱的灵敏度则稍低一些。

功率：该指标说简单一点就是，感觉上音箱发出的声音能有多大的震撼力。根据国际标准，功率有两种标注方法：额定功率与最大承受功率(瞬间功率或峰值功率 PMPO)。而额定功率是指在额定频率范围内给扬声器一个规定了波形的持续模拟信号，扬声器所能发出的最大不失真功率，而最大承受功率是扬声器不发生任何损坏的最大电功率。

失真度：音箱的失真度定义与放大器的失真度基本相同，不同的是放大器输入的是电信号，输出的还是电信号，而音箱输入的是电信号，输出的则是声波信号。所以音箱的失真度是指电声信号转换的失真。声波的失真允许范围是 10%内，一般人耳对 5%以内的失真不敏感。

信噪比：该指标指音箱回放的正常声音信号与噪声信号的比值。信噪比低，小信号输入时噪音严重，在整个音域的声音明显变得浑浊不清，不知发的是什么音，严重影响音质。信噪比低于 80dB 的音箱(包括低于 60dB 的低音炮)，建议不购买。

阻抗：指输入信号的电压与电流的比值。音箱的输入阻抗一般分为高阻抗和低阻抗两类，一般高于 16 欧姆的是高阻抗，低于 8 欧姆的是低阻抗，音箱的标准阻抗是 8 欧姆。

2.3 多媒体计算机常用扩展设备

2.3.1 触摸屏

触摸屏作为一种最新的电脑输入设备，它是目前最简单、方便、自然的一种人机交互方式。它赋予了多媒体以崭新的面貌，是极富吸引力的全新多媒体交互设备。触摸屏在我国的应用范围非常广泛，主要是公共信息的查询，如电信局、税务局、银行、电力等部门的业务查询；城市街头的信息查询；此外应用于领导办公、工业控制、军事指挥、电子游戏、点歌点菜、多媒体教学、房地产预售等。将来，触摸屏还要走入家庭。

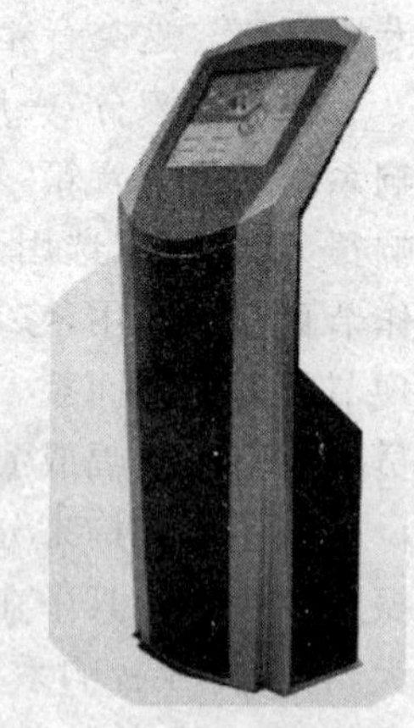

图 2-13 触控一体机

1. 触摸屏原理

所有的触摸屏有三类主要元件：

(1)处理用户选择的传感器单元；

(2)感知触摸并定位的控制器；

(3)由一个传送触摸信号到计算机操作系统的软件设备驱动。

触摸屏传感器有五种技术：电阻技术、电容技术、红外线技术、声波技术或近场成像技术。基本原理是用手指或其他物体触摸安装在显示器前端的触摸屏时，所触摸的位置以坐标形式由触摸屏控制器检测，并通过接口（如 RS－232 串行口）送到 CPU，从而确定输入的信息。

2. 触摸屏的分类

触摸屏根据探测原理和方式来分类，可分为 4 大类：电阻式、红外线式、走向电容感应式和表面声波式。

(1)电阻压力触摸屏：这种触摸屏利用压力感应进行控制。电阻触摸屏的主要部分是一块与显示器表面非常配合的电阻薄膜屏，这是一种多层的复合薄膜，它以一层玻璃或硬塑料平板作为基层，表面涂有一层透明氧化金属（透明的导电电阻）导电层，上面再盖有一层外表面硬化处理、光滑防擦的塑料层，它的内表面也涂有一层涂层，在它们之间有许多细小的（小于 1/1000 英寸）的透明隔离点把两层导电层隔开绝缘。当手指触摸屏幕时，两层导电层在触摸点位置就有了接触，电阻发生变化，在 X 和 Y 两个方向上产生信号，然后送触摸屏控制器。控制器侦测到这一接触并计算出（X，Y）的位置，再根据模拟鼠标的方式运作。这就是电阻技术触摸屏最基本的原理。

(2)红外感应触摸屏：红外触摸屏是利用 X、Y 方向上密布的红外线矩阵来检测并定位用户的触摸。红外触摸屏在显示器的前面安装一个电路板外框，电路板在屏幕四边排布红外发射管和红外接收管，一一对应形成横竖交叉的红外线矩阵。用户在触摸屏幕时，手指就会挡住经过该位置的横竖两条红外线，因而可以判断出触摸点在屏幕的位置。

(3)表面声波触摸屏：利用声波发射及接收原理，在屏幕上有 X、Y 轴向发射器及接收器，它们实现电信号与声波之间的转换，当人体触摸屏幕的时候，通过该点的声波信号被阻挡，其波形形成一个衰减，控制器通过分析接收到的衰减信号而确认被触摸的位置。

(4)电容感应触摸屏：是利用人体的电流感应进行工作的。电容式触摸屏是一块四层复合玻璃屏，玻璃屏的内表面和夹层各涂有一层 ITO，最外层是一薄层矽土玻璃保护层，夹层 ITO 涂层作为工作面，四个角上引出四个电极，内层 ITO 为屏蔽层以保证良好的工作环境。当手指触摸在金属层上时，由于人体电场，用户和触摸屏表面形成一个耦合电容，对于高频电流来说，电容是直接导体，于是手指从接触点吸走一个很小的电流。这个电流分别从触摸屏的四角上的电极中流出，并且流经这四个电极的电流与手指到四角的距离成正比，控制器通过对这四个电流比例的精确计算，得出触摸点的位置。

它们的性能比较如表 2－8 所示。

表 2－8　几种触摸屏的性能比较

特性	电阻压力式	电容感应式	表面声波式	红外感应式
触摸寿命	3500 万	2000 万	无限	无限
响应速度	10ms	24ms	10ms	35ms
透光性	75％	85％	92％	100％
分辨率	高	高	中	低

3. 触摸屏基本技术特性

(1)连接接口：RS－232 串行口、USB 接口等。

(2)检测与定位:能检测手指的触摸动作并且判断手指位置,各类触摸屏技术就是围绕"检测手指触摸"而八仙过海各显神通的。

(3)透明性能:必须通过材料科技来解决透明问题,像数字化仪、写字板、电梯开关,它们都不是触摸屏。

(4)绝对坐标系统:手指摸哪就是哪,不需要第二个动作。触摸屏软件都不需要光标,有光标反倒影响用户的注意力,因为光标是给相对定位的设备用的,相对定位的设备要移动到一个地方,首先要知道现在在何处,往哪个方向去,每时每刻还需要不停地给用户反馈当前的位置才不至于出现偏差。这些对采取绝对坐标定位的触摸屏来说都不需要。

2.3.2 视频卡

也叫视频采集卡,是将模拟摄像机、录像机、LD 视盘机、电视机输出的视频信号等输出的视频数据或者视频音频的混合数据输入电脑,并转换成电脑可辨别的数字数据,存储在电脑中,成为可编辑处理的视频数据文件。

按照其用途可以分为广播级视频采集卡,专业级视频采集卡,民用级视频采集卡。它们的区别主要是采集的图像指标不同。

1. 视频卡的工作原理

视频卡有关的功能可以分为五个部分:视频采集、数据压缩、解压缩、视频输出和电视接收。通过视频卡可以接收来自视频输入端的模拟视频信号,对该信号进行采集,量化成数字信号,然后压缩编码成数字视频序列。大多数视频卡都具备硬件压缩的功能,在采集视频信号时首先在卡上对视频信号进行压缩,然后才通过 PCI 接口把压缩的视频数据传送到主机上。

2. 视频卡基本特性

(1)视频输入特性——支持 PAL 制式、NTSC 制式和 SECAM 制式的视频信号模式,利用驱动软件的功能,可选择视频输入的端口。

(2)图形与视频混合特性——以像素点为基本单位,精确定义编辑窗口的尺寸和位置,并将 256 色模式的图形与活动的视频图像进行叠加混合。

(3)图像采集特性——将活动的视频信号采集下来,生成静止的图像画面。图像可采用多种格式的文件,主要有:

JPG/JPEG 压缩格式的真彩色图像文件;PCX 真彩色图像文件;TIF/TIFF 格式的真彩色图像文件;BMP Windows 常用的真彩色图像文件;GIF 256 色的图像文件;TGA 真彩色 96dpi 分辨率的图像文件。

(4)画面处理特性——对画面中显示的图像或视频信号进行多种形式的处理,例如,按照比例进行缩放;对视频图像进行定格,然后保存画面或调入符合要求的图像;对画面内容进行修改和各种编辑,改变图像的色调、色饱和度、亮度以及对比度等等。

3. 视频卡的基本类型

视频卡根据其应用方向不同,可大体分为视频叠加卡(Video Overlay Card)、视频捕捉卡(Video Capture Card)、电视编码卡、MPEG 解压卡和电视接收卡(TV Turner)。

(1)视频叠加卡(Video Overlay Card)

视频叠加卡将标准视频信号与 VGA 信号叠加,并显示在计算机显示器上。一般它至少有一个视频输入口，通过此口将标准视频信号输入卡内，与VGA信号叠加。视频信号与VGA信号叠加方式有两种：一为窗口方式，另一种为色键方式。前者在显示器上开一个窗口，图像放在窗口内显示，后者是使用某一自定义颜色与VGA信号运算后，再根据是否透明处理，然后与VGA信号叠加一起输出。

(2)视频捕捉卡

视频捕捉卡功能是实现视频模拟信号的数字化，并将视频文件存在硬盘上。一般要求支持24位真彩色。它要能实现对动态连续画面的连续捕捉，其帧频要达到25帧/秒(PAL制式)或者30帧/秒(NTSC制式)。

图2-14　视频采集卡

(3)电视编码卡(PC－TV)

其功能与视频叠加卡相反，它将计算机显示器的VGA信号转换为标准的视频模拟信号，从而可以在电视机上观看显示器的画面。

(4)视频压缩与解压缩卡

视频压缩卡采用JPEG和MPEG数据压缩标准，对视频信号进行压缩和解压缩处理，主要用于制作多媒体产品中的视频演示片段、录像带转换VCD光盘、商业广告、旅游介绍等场合。

视频解压缩卡采用MPEG数据压缩技术，对视频信号进行解压缩，主要用于重放VCD光盘的信息。该卡目前已经很少，基本上被解压缩软件所取代。

(5)电视接收卡

又称电视调谐卡或TV－PC卡，专门用于接受PAL或NTSC电视信号，其核心是高频头，用于选台，其和视频叠加卡配合可以实现在计算机上看电视。

2.3.3　扫描仪

扫描仪是多媒体应用系统中一个主要的输入设备，主要用于扫描文字、表格和图形图像。扫描仪的技术原理是把图形图像、文字信息转成数字信息并转化成二进制形式存储于计算机中。根据扫描仪获取图像彩色信息能力，分为彩色扫描仪和黑白扫描仪。

1. 扫描仪的工作原理

扫描仪内部基本组成部件是光源，光学透镜，感光元件，模拟/数字转换器。

扫描图像时一次扫描一行，光线从物体上反射回来，通过透镜射进到感光元件。感光元件将光线转换成模拟电压信号，并且标出每个像素的灰度级，再由模拟/数字转换器将模拟电压信号转换为数字信号，每种颜色使用8、10或12位来表示，每扫描一行就得到原稿X方向一行的信息，随着Y方向的移动，通过扫描图像专用格式TWAIN格式保存在电脑里。

2. 扫描仪的性能

扫描仪的主要性能指标有x、y方向的分辨率、色彩分辨率(色彩位数)、扫描幅面和接口方式等。各类扫描仪都标明了它的分辨率和最大分辨率。分辨率的单位是dpi，dpi是英文Dot Per Inch的缩写，意思是每英寸的像素点数。

(1)光学分辨率

光学分辨率是指分辨率的光学分辨率可以采集的实际信息量，也就是扫描仪的感光元件CCD的分辨率。例如最大扫描范围为216mm×297mm(适合于A4纸)的扫描仪可扫描的最大宽度为 8.5 英寸(216mm),它的 CCD 含有 5100 个单元,其分辨率为 5100 点/8.5 英寸=600dpi。常见的光学分辨率有 300×600、600×1200、1000×2000 或者更高。

(2)最大分辨率

最大分辨率又叫做内插分辨率,它是在相邻像素之间求出颜色或者灰度的平均值从而增加像素数的办法。内插算法增加了像素数,但不能增添真正的图像细节,因此,我们更重视分辨率。

(3)色彩分辨率

色彩分辨率又叫色彩深度,色彩模式,色彩位或色阶,总之都是表示分辨率分辨彩色或灰度细腻程度的指标,它的单位是 bit(位)。

色彩位确切的含义是用多少个位来表示扫描得到的一个像素。例如:1bit 只能表示黑白像素,因为计算机中的数字使用二进制,1bit 只能表示两个值 0 和 1,它们分别代表黑与白。8bit 可以表示 256 个灰度级,它们代表从黑到白的不同灰度等级。

(4)TWAIN

TWAIN(Technology Without An Interesting Name)是扫描仪厂商共同遵循的规格,是应用程序与影像捕捉设备间的标准接口。只要是支持 TWAIN 的驱动程序,就可以启动符合这种规格的扫描仪。

(5)接口方式

接口方式(连接界面)是指扫描仪与计算机之间采用的接口类型。扫描仪按接口类型分为 SCSI、EPP、USB 和 1394 等四种,目前使用较多的为 USB 接口。

3. 扫描仪的分类

(1)按扫描版面大小可分为 A3 和 A4 幅面扫描仪;

(2)按扫描速度可分为高速、中速和低速;

(3)从扫描仪的历史上来说,扫描仪可以分为:手持式扫描仪、馈纸式扫描仪、平板式扫描仪、大幅面扫描仪、底片扫描仪、笔式扫描仪、条码扫描仪、实物扫描仪和 3D 扫描仪。

图 2-15 明基 5000S 平板式扫描仪

图 2-16 DocuPen700 手持扫描仪

4. OCR 技术与中文 OCR 应用

OCR 通称为文字识别,它是 Optical Character Recognition(光学字符识别)的缩写。扫描仪的广泛使用与 OCR 技术的突飞猛进是密不可分的。中文 OCR 是针对汉字信息高速输入计算机的问题,致力于解决困扰汉字使用者低速信息输入与高速信息处理的矛盾,从而提高整个计算机系统的效率。

OCR 软件分为两大类应用:

一类是专业图形文字识别系统,用户需要把印刷好的文字材料通过光学扫描设备转为图形数据输入至计算机中，然后使用软件识别出文字数据。目前比较好的中英文OCR识别软件有：清华紫光OCR2000千禧专业版、尚书OCR7.0等。

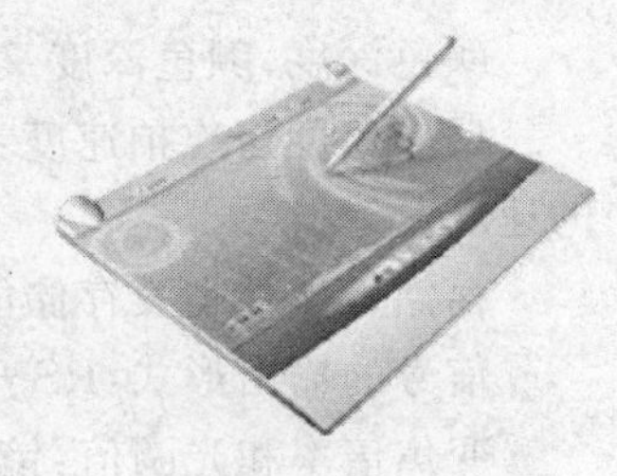

图2-17　汉王笔超能大将军

第二类是手写识别系统，用户直接使用手写笔等输入设备输入文字笔形，OCR软件直接将笔形信息转为文字信息。这种系统的部分产品已经实现连笔画字型的识别，识别率可以达到99%以上，这一类系统一般与硬件捆绑销售，如汉王科技公司的汉王笔手写识别系统。

2.3.4　数码相机和数码摄像机

1. 数码相机(DC)

(1)数码相机的工作原理

数码相机的内部基本组成部件包括：图像传感器件(CCD或CMOS)、模拟/数字转换器件(ADC)、数字信号处理器件(DSP)、输出接口、液晶显示器(LCD)和电子存储卡等器件。

图2-18　佳能A710IS

首先通过镜头接收光线，图像传感器件(CCD或CMOS)将所接收的光线转换成电信号，然后按照计算机的要求模拟/数字转换器件(ADC)模拟信号到数字信号的转换。接下来数字信号处理器件(DSP)对数字信号进行压缩并转化为特定的图像格式，例如JPEG格式。最后，图像文件被存储到电子存储卡中。CCD和传统底片相比，更接近于人眼对视觉的工作方式。只不过，人眼的视网膜是由负责光强度感应的杆细胞和色彩感应的锥细胞，分工合作组成视觉感应。

互补性氧化金属半导体CMOS(Complementary Metal—Oxide Semiconductor)和CCD一样同为在数码相机中可记录光线变化的半导体。CMOS的制造技术和一般计算机芯片没什么差别，主要是利用硅和锗这两种元素所做成的半导体，使其在CMOS上共存着带N(带-电)和P(带+电)级的半导体，这两个互补效应所产生的电流即可被处理芯片记录和解读成影像。

(2)数码相机分类

按照图像传感器件分为CCD和CMOS两类数码相机，其中CCD感光性能较佳，但是价格贵，而CMOS价格便宜，感光性能有待提高。

按照数码相机拍摄有效像素数目大小，可以分为200万、300万、600万等级别的数码相机，目前市场主流数码相机是500万～800万像素，千万像素的数码相机也已经上市。

(3)数码相机的主要技术参数

像素数：所谓像素数，可以理解为在摄影元件上设置的像栅格一样的东西。而光线的颜色和强度则能够以这种栅格为单位接收到相机中。所以，栅格越细，也就是说像素越多，照片的颗粒就越细。

分辨率：数字相机分辨率的高低决定了所拍摄影像最终所能打印出高质量画面的大小，或在计算机显示器上所能显示画面的大小(注意两个分辨率概念：一个是CCD分辨率，一个是拍摄图像的最高分辨率)。

颜色深度：颜色深度又叫色彩位数，用来表示数字相机的色彩分辨能力。

反应速度与连拍速度：按下数码相机的快门后拍摄下一张需要等待的时间和连续拍摄的速度。

存储媒体种类及存储能力：常用的有 SD 卡、记忆棒等存储卡，最高可达到 4GB。

信号的输出形式：RS－232，USB 接口，视频输出口。

变焦倍率和光圈值：镜头方面，变焦倍率和光圈值最关键。对于数码相机来说，变焦倍率越大，远景拍摄就越方便。

2. 数码摄像机（DV）

(1)数码摄像机工作原理、性能指标与数码相机基本一致，只是存储器速度更快、容量更大，其电池容量也相应地更大。

图 2-19 索尼 DCR－SR100E 摄像机

(2)数码摄像机的分类

数码摄像机可分为两大类：

非压缩格式数码摄像机和压缩格式数码摄像机。

按照其记录载体可分为：磁带数码摄像机，硬盘数码摄像机，光盘数码摄像机。

常用的记录载体是磁带。

(3)数码数码摄像机的主要技术参数

①感光元件：CCD 或 CMOS；

②元件像素：一般 200 万像素以上的比较好；

③光学变焦：大多能提供 3 倍以上光学变焦能力；

④数字变焦：与机器的软件处理能力有关；

⑤存储性能：存储介质、存储容量、存储速度；

⑥电池性能：连续供电时间；

⑦摄录时间：与存储格式和存储器容量及电池有关。

2.3.5 打印机和写真机

1. 打印机

打印机和写真机可以将计算机处理的文字、符号和图片等直接输出到纸质介质上，具有高速、美观的特点。

从打印原理上来说大致分为针式打印机、喷墨打印机、激光打印机（包括黑白和彩色激光打印机），当然，还有一些不常接触的如热转印打印机、热蜡式打印机、热升华打印机等。

(1)针式打印机（Dot Matrix Printer）：也称撞击式打印机，打印头是由多支金属撞针组成，撞针排列成一直行。当指定的撞针到达某个位置时，便会弹射出来，在色带上打击一下，让色素印在纸上做成其中一个色点，配合多个撞针的排列样式，便能在纸上打印出文字或图形。

(2)喷墨打印机（Ink Jet Printer）：使用大量的喷嘴，将墨点喷射到纸张上。喷嘴的数量越多，且墨点越细小，打印的图片就越清晰。结构简单，设备体积小，可靠性好，价格便宜；工作噪音小；打印速度很高；分辨率高，图像、字迹清晰；可实现高品质彩色照片打印，彩色效果逼真。

(3)激光打印机(Laser Printer):利用炭粉附着在纸上而成像,其工作原理主要是利用激光打印机内的一个控制激光束的硒鼓,借着控制激光束的开启和关闭,当纸张在硒鼓间卷动时,上下起伏的激光束会在磁鼓产生带电核的图像区,此时打印机内部的炭粉会受到电荷的吸引而附在纸上形成文字或图形。

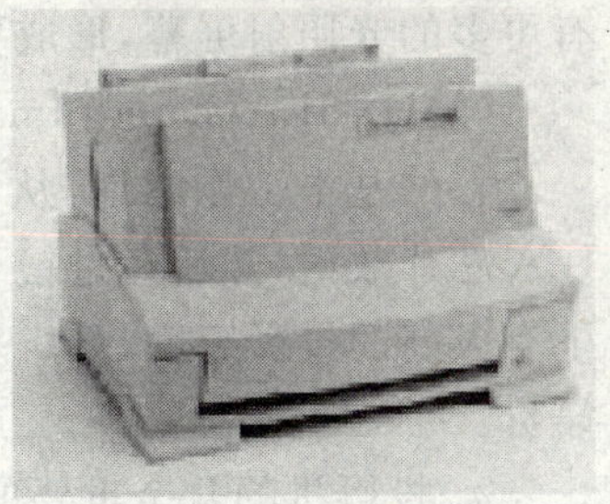

图 2-20　激光打印机

2. 写真机

写真机一般是指户内使用的,它输出的画面一般就只有几个平方米大小,如在展览会上厂家使用的广告小画面。输出机型如:HP5000,一般是 1.5 米的最大幅宽。写真机使用的介质一般是 PP 纸、灯片,墨水使用水性墨水。在输出图像完毕后还要覆膜、裱板才算成品,输出分辨率可以达到 300～1200dpi(随着机型不同会有不同),它的色彩比较饱和、清晰。

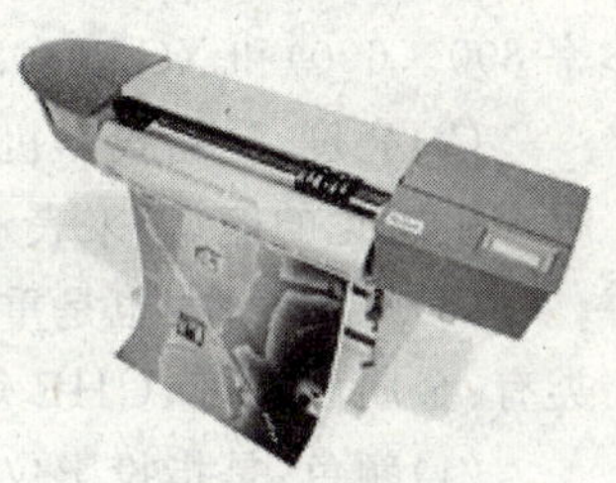

图 2-21　写真机

2.3.6　多媒体投影仪

1. 多媒体投影仪的分类

目前市场上销售的投影机的品牌、档次、型号繁多,性能质量、价格、特点都不一样,根据原理和特点可以分为四种类型:

(1)CRT 三枪投影机

它的基本原理是和电视信号处理一样,不过是采用了红、绿、蓝(R、G、B)三支显像管。电视的信号处理是在电路上进行,而 CRT 投影机是显像管发出的光源投射到屏幕上重合后展现出美丽的图像。其优点:可以达到高分辨率,具有较高的行频、带宽,图像的色彩还原逼真、层次丰富多彩。其缺点:亮度相对较低,体积大,重量重,安装调整比较复杂,对环境要求较高。

(2)LCD(Liquid Crystal Display)投影机

是一种液晶投影机。液晶是介于液体和固体之间的物质,本身不发光,工作性质受温度影响很大,其工作温度为－55℃～＋77℃。分子的排列在电场的作用下发生变化,影响液晶单元的透光率或反射力,从而影响它的光学性质,产生具有不同灰度层级及颜色的图像。它的优点:投影机体积小,重量轻,安装调整容易,价格较便宜。其缺点:彩色还原较差,灯泡的寿命较短。

图 2-22　明基 MP615 多媒体投影仪

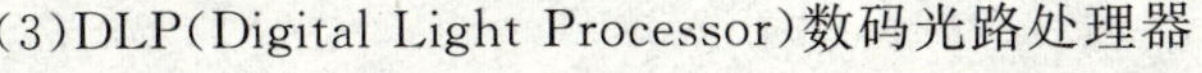

(3)DLP(Digital Light Processor)数码光路处理器

它是以 DMD(Digital Micrometric Device,数字微镜)作为成像器件的,是一种反射式投影技术。其优点是:像数间隔紧密,光利用率高,色彩和亮度均匀性好。目前三片 DLP 组成的投影机属于最先进的。它的基本原理是利用棱镜系统把白光分解成 RGB 三种基色,由每一片 DMD 供一种基色用,然后再把它们叠加成彩色。采用三片 DMD 投影机系统的主要理由是为了提高亮度,它的每一种基色光在 16.7 毫秒整 TV 场期间连续照射其相应的 DMD 芯片,图像的灰度等级提高,发光的效率提高,其结果是有更多的光照射屏幕,形成更亮的图影图像。

(4)D－ILA(Direct Image Light Amplifier)液晶光阀投影机

它的基本工作原理:从氙灯(XENON)出来的光线经偏正光分离器(PBS),再从 D－ILA 芯片放射,然后经过镜子到达银幕。这种投影机的优点是:D－ILA 器件在相同的条件下有极高的投影亮度,分辨率更高,彩色还原逼真。缺点是:体积较大,安装调试困难,价格昂贵。

2. 投影机的几个重要的技术参数

(1)分辨率:投影机的分辨率分为物理分辨率和压缩分辨率,决定图像清晰程度的是物理分辨率,决定投影机适用范围的是压缩分辨率。目前市场上应用最多的为 SVGA(分辨率 800×600)和 XGA(1024×768)。

(2)亮度:是指投影机的光输出,以光通量(光源在单位时间内向周围空间辐射出的使人眼产生感觉的能量)来表示,单位用 ANSI 流明来表示。

(3)灯泡寿命:也是重要指标之一。按照一般使用频率足够正常使用 3 年以上。灯泡种类有:金属卤素灯,UHE 灯泡,UHP 高能灯。

(4)颜色:是指投影仪投射图像所能表现的颜色数量。

(5)均匀度:均匀度是与亮度相关的概念。投出画面的中间亮度与周围亮度的比值。一般将中间定义为 100%。

(6)对比度:对比度指的是投影仪投射图像中黑与白的比值,也就是从黑到白的渐变层次。

(7)画面尺寸:画面尺寸是指投出的画面对角线的尺寸。

(8)吊顶功能:为了使用方便,不少用户会将投影仪安装在天花板上。

(9)背投功能:也有不少用户会将投影仪安装在背透幕的后面进行投影。

(10)水平扫描频率:水平扫描频率又叫行频。投影机的水平扫描频率都有一个范围。

(11)垂直扫描频率:垂直扫描频率又叫帧频或显示图像的刷新率。

习　题

1. 多媒体计算机的主要特征有哪些?

2. 多媒体计算机的重要功能就是处理多种类型的媒体数据,其中主要有哪几个方面的数据处理能力?

3. 简述光盘数据存取系统的结构原理。

4. 显卡与计算机的接口有哪几种?

5. 简述扫描仪的工作原理。

6. 常见数码摄像机有哪几类?

7. 请分析三类打印机的优缺点。

8. 投影机的主要技术参数有哪些?

第3章　多媒体数据

【本章要点】

本章主要介绍了文字、音频、视觉媒体、动画四种多媒体数据类型，另外从静态图像文件、动态图像文件以及音频文件三个方面对多媒体数据进行了详细的描述，为今后各章的学习打好理论基础。

【核心概念】

文字　音频　视觉媒体　动画　单色图像　彩色图像　模拟信号　数字信号

3.1　多媒体数据类型

3.1.1　文字

文字是人与计算机之间进行信息交换的主要媒体。在计算机发展的早期，比较实用的终端为一般文字终端，在屏幕上显示的都是文字信息。由于人们在现实生活中用语言进行交流，所以开始时文字终端比较流行，但是后来出现了图形、图像、声音等媒体，这样也就相应地出现了多种终端设备。在现实世界中，文字是人们进行通信的主要形式，文字包括西文与中文。在计算机中，文字用二进制编码表示，即使用不同的二进制编码来代表不同的文字。

1. 西文

在计算机中，西文采用ASCII码表示。ASCII是美国信息交换标准代码(American Standard Code for Information Interchange)的英文缩写。它是一个由7个二进制位组成的字符编码系统，包括大小写字母、标点符号、阿拉伯数字、数学符号、控制字符等128个字符。目前，ASCII码已在计算机领域中得到了最广泛的应用。例如，字符A的ASCII码值为065，字符B的为066，字符C的为067。

2. 中文

(1)中文的输入编码

中文与西文不同，因此为了能直接使用西文标准键盘把汉字输入到计算机，就必须为中文汉字设计相应的输入编码方法。当前采用的方法主要有以下三类：

①数字编码

常用的是国标区位码，用数字串代表一个中文汉字输入。区位码是将国家标准局公布的6763个两级汉字分为94个区，每个区分为94位，实际上是把汉字表示成二维数组，每个汉字在数组中的下标就是区位码。区码和位码各两位十进制数字，因此输入一个汉字需按键4次。例如“中”字位于第54区48位，区位码为5448。

数字编码输入的优点是无重码，且输入码与内部编码的转换比较方便，缺点是代码难记忆。

②拼音码

拼音码是以汉语拼音为基础的输入方法，凡掌握汉语拼音的人，不需训练和记忆，即可使用。但是汉字同音字太多，输入重码率很高，因此按拼音输入后还必须进行同音字选择，影响了输入速度。

③字型编码

字型编码是用汉字的形状来进行的编码。汉字总数虽多，但是由笔画组成，全部汉字的部件和笔画是有限的。因此，把汉字的笔画部件用字母或数字进行编码，按笔画的顺序依次输入，就能表示一个汉字。例如，五笔字型编码是最有影响的一种字型编码方法。

除了上述3种编码方法外，为了加快输入速度，在上述方法基础上，发展了词组输入、联想输入等多种快速输入方法，但都利用了键盘进行“手动”输入。理想的输入方式是利用语音或图像识别技术“自动”将拼音或文本输入到计算机内，使计算机能认识汉字，听懂汉语，并将其转换为机内代码表示。目前这种理想已经成为现实。

(2)汉字内码

汉字内码是用于汉字信息的存储、交换、检索等操作的机内代码，一般采用两个字节表示。英文字符的机内代码是七位的ASCII码，当用一个字节表示时，最高位为“0”。为了与英文字符相互区别，汉字机内代码中两个字节的最高位均规定为“1”。例如汉字操作系统CCDOS中使用的汉字内码就是一种最高位为“1”的两字节内码。

有些系统中字节的最高位用于奇偶校验位，这种情况下用3个字节表示汉字内码。

(3)汉字字模码

字模码是用点阵表示的汉字字型代码，它是汉字的输出形式。

根据汉字输出的要求不同，点阵的多少也不同。简易汉字为16×16点阵，提高型汉字为24×24点阵、32×32点阵，甚至更高。因此字模点阵的信息量很大，所占的存储空间也很大。以16×16点阵为例，每个汉字要占用32B，国标两级汉字要占用256kB。因此字模点阵只能用来构成汉字库，而不能用于机内存储。字库中存储了每个汉字的点阵代码。当显示输出或打印输出时才检索字库，输出字模点阵，得到字型。

3.1.2 音频

音频(Audio)指的是20Hz～20kHz的频率范围，但实际上“音频”常常被作为“音频信号”或“声音”的同义语，是属于听觉类媒体，主要分为波形声音、语音和音乐。

◆波形声音

所谓波形声音，实际上包含了所有的声音形式。因为在计算机中，任何声音信号都要首先对其进行数字化(可以把麦克风、磁带录音、无线电和电视广播、光盘等各种声源所产生的声音进行数字化转换)，并恰当地恢复出来。

◆语音

人的声音不仅是一种波形，而且还有内在的语言、语音学的内涵，可以利用特殊的方法进行抽取，通常把它也作为一种媒体。

◆音乐

音乐是符号化了的声音，这种符号就是乐曲。MIDI是十分规范的一种形式。

声音具有音调、音强、音色三要素。音调与频率有关，音强与幅度有关，音色是由混入基音的泛音所决定的。

1. 数字音频

数字音频是指音频信号用一系列的数字表示，其特点是保真度好、动态范围大。在计算机内的音频必须是数字型式的，因此必须把模拟音频信号转换成有限个数字表示的离散序列，即实现音频数字化。在这一处理技术中，要考虑采样、量化和编码的问题。

一个音频信号转换成在计算机中的表示过程如下：①选择采样频率，进行采样；②选择分辨率，进行量化；③形成声音文件，如图 3-1 所示。

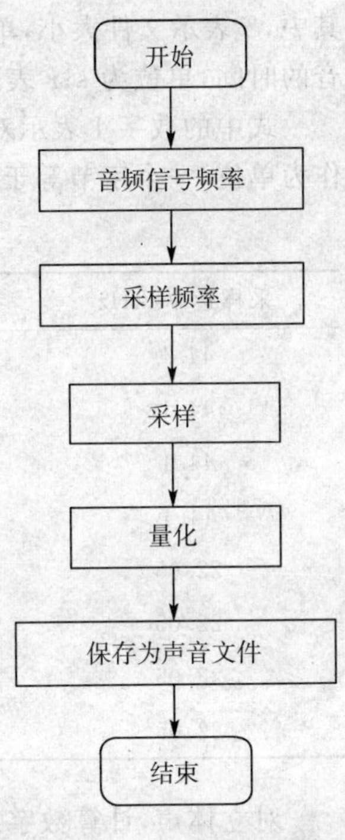

图 3-1　音频信号处理过程

(1)采样(Sampling)

采样有时也称为数字化，其作用是把时间上连续的信号，变成在时间上不连续的信号序列。声音进入计算机的第一步就是数字化，数字化实际上就是采样和量化。连续时间的离散化通过采样来实现，就是每隔相等的一小段时间采样一次，这种采样称为均匀采样(uniform sampling)；连续幅度的离散化通过量化(quantization)来实现，就是把信号的强度划分成一小段一小段，如果幅度的划分是等间隔的，就称为线性量化，否则就称为非线性量化。图 3-2 表示了声音数字化的概念。

在多媒体中，对于音频，最常用的有三种采样频率，即 44.1kHz、22.05kHz 和 11.025kHz，其中，22.05kHz 和 44.1kHz 是最常采用的频率。

(2)分辨率

音频的另一个指标是“分辨率”，它是指把采样所得的值(通常为反映某一瞬间声波幅度的电压值)数字化，即用二进制来进示模拟量，进而实现模数转换。显然，用来表示一个电压模拟值的二进数位越多，其分辨率也越高。国际标准的语音编码采用 8b，即可有 256 个量化级。

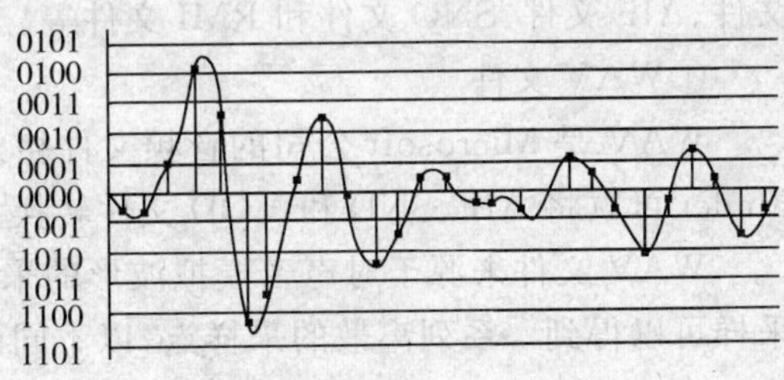

图 3-2　声音的采样和量化

在多媒体中，对于音频、分辨率(量化的位数)可采用 16b，对应有 65536 个量化级。

(3)声音文件

一般说来，要求声音的质量越高，则量化级数和采样频率也越高，为了保存这一段声音，相应的文件也就越大，就是要求的存储空间越大。表 3-1 给出了采样频率、分辨率与所要求的文件大小的对应关系。

声音通道的个数表明声音记录是只产生一个波形(单声道)还是产生两个波形(立体声双声道)。立体声的声音有空间感，但需要两倍的存储空间。

对于单声道，计算数字录音文件大小的公式为：

$$S=RD(r/8)\times 1$$

其中，S 表示文件大小，单位为 B；R 表示采样速率，也可叫采样频率，单位为 kHz；D 表示录音的时间，单位为 s；r 表示分辨率，单位为二进制位(b)，如 8b、16b 等。

式中的数字 1 表示对应的单声道。公式中的"除以 8"是为了把二进制位换算成以字节作为单位，一个字节等于 8 个二进制位。

表 3-1 采样速率、分辨率与存储空间的关系

采样速率/kHz	分辨率/b	立体声或单声道	1min 所需字节/MB
44.1	16	立体声	10.5
44.1	16	单声道	5.25
44.1	8	立体声	5.25
44.1	8	单声道	2.6
22.05	16	立体声	5.25
22.05	16	单声道	2.5
22.05	8	立体声	2.6
22.05	8	单声道	1.3

对立体声，计算数字录音文件大小的公式与单声道的情况类似(仍以 B 为单位)：

$$S=RD(r/8)\times 2$$

其中各符号的含义与上式相同，唯一不同的是乘以数字 2，表示对应立体声，也就是说，立体声的文件大小为单声道的两倍。

在多媒体技术中，存储声音信息的常用文件格式主要有 WAV 文件、VOC 文件、MIDI 文件、AIF 文件、SNO 文件和 RMI 文件等。

①WAV 文件

WAV 是 Microsoft 公司的音频文件格式。利用 Microsoft Sound System 软件 SoundFinder 可以将 AIF、SND 和 VOD 文件转换为 WAV 格式。

WAV 文件来源于对声音模拟波形的采样。用不同的采样频率对声音的模拟波形进行采样可以得到一系列离散的采样点，以不同的量化位数(8b 或 16b)把这些采样点的值转换成二进制数，然后存入磁盘，这就产生了声音的 WAV 文件，即波形文件。

WAV 文件是由采样数据组成的，所以它需要的存储容量很大。

实践发现，如果录音技术较好，那么用 22.05kHz 的采样频率和 8b 的量化位数，也可以获得较好的音质，其效果可达到相当于 AM 音频的质量水平。

②VOC 文件

VOC 文件是 Creative 公司波形音频文件格式，也是声霸卡使用的音频文件格式。每个 VOC 文件由文件头块(Header Block)和音频数据块(Data Block)组成。文件头块包含一个标识、版本号和一个指向数据块起始的指针。数据块分成各种类型的子块，如声音数据、静音、标记、ASCII 码文件，重复以及终止标记、扩展块等。

利用声霸卡提供的软件可以实现 VOC 和 WAV 文件的转换：程序 VOC2WAV 将 Creative 的 VOC 文件转换到 Microsoft 的 WAV 文件；程序 WAV2VOC 将 Microsoft 的 WAV 文件转换到 Creative 的 VOC 文件。

③MIDI 文件

MIDI(Musical Instrument Digital Interface)是一种技术规范,MIDI 文件与 WAV 文件不同。关于 MIDI 文件的详细介绍在“乐器数字接口”一节。

其他音频文件最重要的是 PCM 格式,它是模拟的音频信号经数模转换(A/D 变换)直接形成的二进制序列,该文件没有附加的文件头和文件结束标志。在声霸卡提供的软件中,可以利用 VOC－HDR 程序,为 PCM 格式的音频文件加上文件头而形成 VOC 格式。Windows 的 Convert 工具也可以将 PCM 音频文件转换成 Windows 的 WAV 格式。

在 Windows 操作系统中,配置声音文件的操作如下:

◆双击“控制面板”中“多媒体”图标,打开“多媒体属性”对话框。

◆在“录音”项目中单击“自定义”按钮,可以更改录音的收音质量的“采样频率”、“量化位数”、“声道”、“每秒中所需字节”。

◆单击“确定”按钮,设置结束。

在第 2 步也可选择“电话质量”或“CD 质量”,进行修改。

2. 音乐数字接口

声音有两类:一类是直接获取的声音,另一类是合成声音。合成声音可以是音乐或语言,合成声音与 MIDI 有紧密的联系,并已形成标准,而合成语言目前还未形成标准。

MIDI 是 20 世纪 80 年代提出来的,是数字音乐的国际标准。MIDI 信息实际上是一段音乐的描述,当 MIDI 信息通过一个音乐或声音合成器进行播放时,该合成器对一系列的 MIDI 信息进行解释,然后产生出相应的一段音乐或声音。MIDI 能提供详细描述乐谱的协议(音符、音调、使用什么乐器等)。MIDI 规定了各种电子乐器和计算机之间连接的电缆和硬件接口标准及设备间数据传输的规程。任何电子乐器,只要有处理 MIDI 信息的处理器并配以合适的硬件接口,均可成为一个 MIDI 设备。

(1)MIDI 文件

记录 MIDI 信息的标准格式文件称为 MIDI 文件,其中包含音符、定时和多达 16 个通道的乐器定义以及键号、通道号、持续时间、音量和击键力度等各个音符的有关信息。定义和产生乐曲的 MIDI 信息和数据组存放于 MIDI 文件,最多可存放 16 个音乐通道的信息。

由于 MIDI 文件是一系列指令而不是波形数据的集合,所以要求的存储空间较小。例如,一个典型的 8b、22kHz 的波形文件,记录 1.8s 的声音需要 316.8kB 空间,而一个 2min 的 MIDI 文件仅需 8kB 的空间。由于 MIDI 文件比波形文件的长度小,所以在设计多媒体应用和播放指定音乐时有很大的灵活性。

(2)MIDI 作品

可以购买 MIDI 现成的作品,也可以自己制作。当然,开发自己的 MIDI 作品除了必须拥有计算机方面的知识与设备之外,还需要具备专业音乐知识和专用工具。一般情况下,可以使用一个电子键盘乐器和 MIDI 音序器来逐步完成作品的旋律、低音和弦及打击乐器的配乐,并反复演奏、录制、播放及编辑,直到满意为止。要生成最后的乐谱,必须用音序器录制每个音轨并指定相应的通道。通常,音序器将每个通道的数据作为一个音轨,并允许独立地播放和编辑这些数据。

3. 数字化声音和 MIDI 的比较

与 MIDI 数据相比,数字化的声音是声音的实际表示。它代表了声音的瞬时幅度。因为它与设备无关,每次播放时它都发出相同的声音。从这一点看,它的一致性好,但代价较高,因其数据文件要求较大的存储空间。

MIDI 数据是与设备有关的,即 MIDI 音乐文件所产生的声音与用来播放的特定 MIDI 设备有关。

(1)MIDI 数据的优点

①文件紧凑,所占空间小,MIDI 文件的大小与回放质量完全无关。通常,MIDI 文件比 CD 质量的数字化声音文件小 200～1000 倍,它不占用较多的内存、外存空间和 CPU 资源。

②在某些情况下,如果所用的 MIDI 声源较好,声音质量有可能比数字化的更好。

③在不需要改变音调或降低音质的情况下,可以通过改变其速度来改变 MIDI 文件的长度。MIDI 数据是完全可编辑的,可以用多种方法来处理它的每一个细节,而在处理数字化声音时,这些方法却完全用不上。

(2)MIDI 数据的缺点

①因 MIDI 数据并不是声音,仅当 MIDI 回放设备与产生时所指定设备相同时,回放的结果才是精确的。

②MIDI 不能很容易地用来回放语言对话。

③为创建数字化声音所要求的准备与编程工作,不需要掌握许多音乐理论知识,而 MIDI 则要求比较多。

④在应用软件和系统支持方面,数字化声音都有更多地选择,不管对 Macintosh 还是 Windows 平台均如此。

(3)数字化声音和 MIDI 之间的选择

①选择 MIDI 的条件

◆具有高质量的声源;

◆对回放的硬件有完全的控制;

◆没有语言对话的需要。

②选择数字化声音的条件

◆对回放硬件没有完全的控制;

◆有足够的计算资源处理数字文件;

◆有语言对话的需要。

3.1.3 视觉媒体

能够利用视觉传递信息的媒体都是视觉媒体。位图图像、矢量图像、动态图像、符号等都是视觉媒体。

1. 位图图像

位图图像指在空间和亮度上已经离散化的图像。可以把一幅位图图像考虑为一个矩阵,矩阵中的任一元素对应图像中的一个点,相应的值表示该点的灰度或颜色等级。矩阵的元素为像素,每个像素可以具有不同的颜色和亮度,像素也是能独立地被赋予颜色和亮度的最小单位。位图图像适用于逼真照片或要求精细细节的图像。通常,图像文件总是以压缩的方式进行存储的,以节省内存和磁盘空间,静态图像是多媒体项目中最重要的元素。

(1)位图的概念

位图图像又称点阵图像或光栅图像，它指一个图像由若干个点(像素)组成。通常，内存中划出一部分空间用作显示存储器，也称帧存储器，其中存放了与屏幕画面上的每一个像素一一对应的一个个矩阵。矩阵中的每一个元素就是像素值，像素值反映了对应像素的某些特性，而这个矩阵就称为位图。简而言之，位图是一个用来描述像素的简单的信息矩阵，如果是单色的(仅有黑、白两种颜色)可用一维矩阵(即 1 位的位图)来表示，而更多的颜色则要用多位信息来表示。例如，4b 可以表示 16 种颜色，8b 可以表示 256 种颜色，16b 可以表示 32768 种颜色，而 24b 则可以表示 1600 多万种颜色(可达到“照片逼真”的水平)等。

(2)位图的产生方法

①用画图程序获得；

②用荧光屏抓取程序从荧光屏上直接抓取，然后把它加到画图程序或应用程序中；

③用扫描仪或数字化的视频图像抓取设备从照片、艺术作品或电视图像抓取；

④购买现成的图像库。厂商把各种图像数字化以后存在磁盘或光盘中，像普通软件一样销售。由于是专业化的开发，规模化的生产，所以有较高的性能价格比。

2. 矢量图形

矢量图形是用一个指令集和来描述的。这些指令用来描述构成一幅图的直线、矩形、圆、圆弧、曲线等的形状、位置、颜色等各种属性和参数。显示时，需要相应的软件读取和解释这些指令，并将其转变为屏幕上所显示的形状和颜色。由于大多数情况下，不用对图像上的每一点进行量化保存，因此需要的存储量较小。

产生矢量图形的程序通常称为绘图程序，它可以分别产生和操作矢量图形和各个片段，并可任意移动、缩小、放大、旋转和扭曲各个部分，即使相互覆盖或重叠，也依然保存各自的特性。矢量图形主要用于线形的图画、美术字、工程制图等。

把矢量图构成的图形变换成位图的方法很简单。只要在保存图形时，把矢量图变换成位图就可以了。但把位图变换成矢量图则比较困难。但是，也有许多实用程序，可以检测位图图像中物体的边界，然后得出描述该物体的多边形对象。这一过程叫做“自动跟踪”，在某些集成了位图和矢量图像的创作系统(如 SuperCard)中就提供这种功能。

3. 矢量图与位图的比较

(1)空间

在上述对一个彩色正方形的描述中，所用的数字和字母仅用了不到 30B。如果经过压缩，所用的字节数还要少。另一方面，对于同样的一个正方形，若用未经压缩的位图，对黑白图像而言(每个像素仅有 1b 颜色深度)，将占用 5000B(200×200/8)，其中，数字 8 表示 1B 有 8b；对 256 色的图像而言(每个像素有 8b 颜色深度)，则将要求 40kB((200×200/8)×8)。

(2)性能

当在荧光屏上画了许多对象时，由于每个对象的大小、位置和其他特性都需要计算，等待荧光屏的刷新就需要很长的时间，速度变慢。例如，由 500 个单独直线和矩形构成的图像就比仅由处理几个对象组成的图像用的时间长很多。这就是说，对于复杂的图像，用位图要比用矢量图画对象的刷新速度快。

4. 监视器与颜色

目前,大多数的多媒体图像都展示在横向 640 个像素,纵向 480 个像素(640×480)的彩色监视器上。通常每英寸约有 72 点或像素,每个像素可以有 256 种颜色。在颜色较少的情况下,就不能产生像真实照片那样好的图像。颜色较多时,为了把较好的图像显示在荧光屏上,对计算机的要求就很高,这时,要求使用较快的、比较昂贵的处理器,并扩充内存的容量。

256 种颜色(8b)的设置通常称为 VGA(Video Graphics Array),对大多数 Windows 和 Macintosh 的多媒体系统来说,它是一种默认的配置。虽然 Windows 的确支持 16 种颜色(4b),但为了得到较好的多媒体效果,在计算机上至少要配置 256 色的 VGA 图形适配器和 VGA 监视器。

(1)监视器分辨率

监视器的分辨率有三种:

①屏幕分辨率

屏幕分辨率是指监视器整个显示屏分辨率。通常用 640×480 表示屏幕分辨率(VGA 标准)。其中,640 指的是在每一条水平扫描线上显示 640 个点(即像素),换句话说,每一条水平扫描线是由 640 个点构成的虚线;480 指的是一幅屏上总共有 480 条水平扫描线。

②图像分辨率

屏幕分辨率确定了"播放场"的大小,而图像分辨率表明图像要用多大一块播放场。例如,320×240 的图像仅占整个屏幕的 1/4,比 640×480 大的图像就不可能在屏上完整地看到。

③像素分辨率

在每一个屏幕上的像素没有必要具有同样的大小或形状。把用长宽比为 1∶1 的像素创建的图像,放到像素长宽比为 1∶2 的屏幕上将出现严重的失真。但这种类型的失真已较少见,因为现代的显示技术已差不多把像素的长宽比 1∶1 定成了标准。

(2)颜色

颜色是多媒体的重要组成部分。人的眼睛对红、绿、蓝颜色敏感,通过调节这 3 种颜色的组合成分使人的眼睛和大脑感受到各种颜色。这种颜色是心理上的,而不是物理上的。例如,在计算机荧光屏上感受到的橙色,实际上是红光和绿光两种频率的复合,而不是在阳光下看到的实际水果橙子中频谱真实的频率。这些因素使计算机的颜色处理起来非常复杂。

红、绿、蓝通常称为 R、G、B(Red、Green、Blue),它们的不同组合使人们可以感受各种颜色,如表 3-2 所示即为这种情况。

监视器上像素的颜色常常用红色、绿色、蓝色的总量来表示。在计算机中用来确定颜色的模型有 RGB、HSB、HSL、CMYK、CIE 等。表 3-3 显示使用的 RGB 的情况。

在 HSB(Hue—灰色、Saturation—饱和度、Brightness—亮度)和 HSL(Hue、Saturation、Lightness—亮度)模型中,确定色度或颜色是在颜色轮上从 0°～360°的角度,以及饱和度和亮度的百分数来表示的。亮度是与颜色混合的黑或白的百分数。百分之百的亮度将产生白色,0 产生黑色,纯颜色具有 50%的亮度。饱和度是颜色的浓度。在 100%的饱和度下,颜色是纯色;在 0°饱和度下,颜色是白色、黑色或灰色。表 3-4 表示了颜色轮上各个颜色所在的位置(角度)。

表 3-2 RGB 组合与感知的颜色之间的关系

RGB 组合	感知的颜色	RGB 组合	感知的颜色
仅有红色	红色	红与蓝(减去绿)	紫色
仅有绿色	绿色	绿与蓝(减去红)	青色
仅有蓝色	蓝色	红、绿、蓝	白色
红与绿(减去蓝)黄色	红、绿、蓝均无	黑色	

表 3-3 RGB 的数值与颜色的对应关系

红	绿	蓝	颜色
65535	65535	65535	白色
65535	65535	0	黄色
65535	0	65535	紫色
0	65535	65535	青色
65535	0	0	红色
0	65535	0	绿色
0	0	65535	蓝色
0	0	0	黑色

(3)图像文件的格式

Windows 使用设备无关位图(Device Independent Bitmaps,DIB)作为其通用的图像文件格式。DIB 可以是独立的,也可以隐藏在一个叫做资源交换文件格式(Resource Interchange File Format,RIFF)的文件中。在 Windows 中,RIFF 实际上是所有多媒体开发中人们比较喜欢使用的文件类型,因为这一文件包含了许多种文件类型,如位图、MIDI 乐谱及格式化的正文等。

Windows 中最常用的图像文件格式是 DIB、BMP、PCX 和 TIFF。BMP 文件是 Windows 的位图文件。PCX 文件原来是在 Z－soft,MS－DOS 的绘图软件包中用的。TIFF (Tagged Interchange File Format)是按通用位图图像格式设计的,也广泛用于桌面出版软件包中。表 3-5 显示了在 Windows 环境中可能用到的图像文件格式。这些格式之间可以用实用程序 CONVERT 来进行相互转换。在安装该实用程序时,要加上 Windows 的多媒体扩展名。

表 3-4 在颜色轮上颜色与角度的对应关系

颜色	角度/(0)	颜色	角度/(0)
红	0	青	180
黄	60	蓝	240
绿	120	紫	300

表 3-5　图像文件格式

格式	扩展名
Microsoft Windows DIB	BMP、DIB 和 RLE
Microsoft RLE DIB	DIB
Microsoft Palettee	RAL
Microsoft RIFF DIB	RDI
Computer Graphics Metafile	CGM
Micrografx Designer/Draw	DRW
AutoCAD Format 2－d	DXF
Initial Graphics Exchange Standard	IGS
Encapsulated PostScript	EPS
CompuServe GIF	GIF
HP Graphics Language	HGL
PC Paintbrush	PCX
Apple Macintosh PICT	PIC
Lotus 1－2－3 Graphics	PIC
AutoCAD Import	PLT
Truevision TGA	TGA
TIFF	TIF
Windows Metafile	WMF
Draeperfect	WPG

3.1.4　动画

动画是指运动的画面，动画在多媒体中是一种非常有用的信息交换工具。

计算机动画的研究始于 20 世纪 60 年代初期。1963 年 Bell 实验室制作了第一部计算机动画片。最初主要集中在二维动画的研制，作为示教和辅助制作传统动画片之用。三维计算机动画的研究始于 20 世纪 70 年代初，但真正进入实用化还是 80 年代中后期。随着具有实时处理能力的超级图形工作站的出现，以及三维造型技术、真实感图形生成技术的迅速发展，推出了一些可生成具有高逼真度视觉效果的实用化、商品化的三维动画系统。20 世纪 90 年代初，计算机动画技术成功地应用于电影特技，取得了出色的成就，由此可见计算机动画技术的重要意义。

1. 视觉暂留

动画之所以成为可能，是因为人类的“视觉暂留”的生理现象。在观察过物体之后，物体的映像将在人眼的视网膜上保留一段短暂的时间。一系列的每次改变很小、很快的图像会使人们在视觉上产生一种物体在连续运动的错觉。换句话说，如果以足够快的速度，不断而且每次略为改变物体的位置和形状，眼睛将感觉到物体在连续运动。可以利用动画技术来制作动画片。这种技术是把一系列逐渐变化的图形分别一帧一帧地拍摄在电影胶片的每一帧上，每秒 24 帧。在放映电影的时候，这些动画就动起来了。这样，为了放映 1min 的动画就需要 1440 帧胶片。可见，制作动画的工作量是很大的。

2. 帧动画和造型动画

用计算机实现的动画有两种,一种是帧动画,另一种是造型动画。帧动画是由一幅幅连续的画面组成的画像或图形序列,这是产生各种动画的基本方法。造型动画是对每一个活动的对象分别进行设计,并构造每一对象的特征,然后用这些对象组成完整的画面。这些对象在设计要求下实时转换,最后形成连续的动画过程。

3. 技术参数

(1)帧速度

动画是利用快速变换帧的内容而达到运动的效果。一般帧速度选择30帧/s或25帧/s。

(2)数据量

在不计压缩的情况下,数据量是指帧速度乘以每幅图像的数据量。如果一幅图像为1MB,帧速度为30帧/s,则数据量将达到30MB/s,经过压缩将减少几十倍。尽管如此,由于数据量太大致使计算机、显示器跟不上速度,因此,只得在减少数据量上下工夫。其方法是降低帧速度或缩小画面尺寸。

(3)图像质量

图像质量与压缩的倍数有关,一般来说,压缩比较小,对图像质量不会有太大的影响,但超过一定的倍数后,将会明显看出图像质量下降。所以,对图像质量和数据量要适当折中选择。

3.2 多媒体数据的描述

多媒体计算机通过彩色扫描仪能够把各种印刷图像及彩色照片数字化后送到计算机存储器中;通过视频信号数字化器能够把摄像机、录像机、激光视盘等设备中的彩色全电视信号数字化存到计算机存储器中;还有计算机本身可以通过计算机图形学的方法编程,生成二维、三维彩色几何图形及三维动画,存在计算机存储器中。

3.2.1 静态图像文件

1. 数据存储格式

常见的静态图像文件存储格式有:

(1)BMP格式

BMP格式是标准的Windows和OS/2操作系统的基本位图(Bitmap)格式,几乎所有在Windows环境下运行的图形图像处理软件都支持这一格式。BMP文件有压缩(RLE方式)格式和非压缩格式之分,一般作为图像资源使用的BMP文件是不压缩的,因此,BMP文件占磁盘空间较大。BMP文件格式支持从黑白图像到24位真彩色图像。

(2)JPG格式

JPG格式是由联合图像专家组(JPEG)制定的压缩标准产生的压缩图像文件格式。JPG格式文件压缩比可调,可以达到很高的压缩比,文件占磁盘空间较小,适用于要处理大量图像的场合,是Internet上支持的重要文件格式。JPEG支持灰度图、RGB真彩色图像和CMYK真彩色图像。

(3)GIF格式

GIF(Graphics Interchange Format,即图形交换文件格式)格式是由Compuserve公司

开发的。各种平台都支持GIF格式图像文件。GIF采用LEW格式压缩,压缩比较高,文件容量小,便于存储和传输,因此适合在不同的平台上进行图像文件的传播和互换。

(4)TIF格式

TIF(Tagged Image File)格式是由原Aldus公司(已经并给Adobe公司)与Microsoft公司合作开发的,最初用于扫描仪和平面出版业,是工业标准格式。TIF格式分为压缩和非压缩两大类,其中非压缩格式由于兼容性极佳,压缩存储有较大的余地,所以这种格式是众多图形图像处理软件所支持的主要图像文件格式。PC机和Macintosh平台同时支持该格式,是两种平台之间进行图像互换的主要格式。

(5)PCD格式

PCD格式是美国Kodak公司开发的电子照片文件存储格式,是Photo CD专用格式。Photo CD应用广泛,是计算机图形图像的主要来源之一。很多图形图像处理软件都可以读取PCD格式文件,并且可以转换为其他格式,但是这些软件无法存储PCD格式。

(6)EPS格式

EPS格式是Adobe公司的PostScript页面描述语言的文件格式,这种语言用于描述矢量图形,由于桌面出版大多使用PostScript页面描述语言打印输出,因此,几乎所有的图形图像处理软件和桌面出版软件都支持EPS格式。另外,EPS格式通用于Windows和Macintosh平台。

上面所述的只是几种流行的通用图像文件格式,另外,各种图形图像处理软件大都有自己的专用格式,如AutoCAD的DXF格式、CorelDRAW的CDR格式、Photoshop的PSD格式等。

2. 单色图像描述

灰度图(gray-scale image)按照灰度等级的数目来划分。只有黑白两种颜色的图像称为单色图像(monochrome image),如图3-3所示的标准图像。图中的每个像素的像素值用1位存储,它的值只有“0”或者“1”,一幅640×480的单色图像需要占据37.5kB的存储空间。

图3-4是一幅标准灰度图像。如果每个像素的像素值用一个字节表示,灰度值级数就等于256级,每个像素可以是0～255之间的任何一个值,一幅640×480的灰度图像就需要占据300 kB的存储空间。

单色图像的文件格式有:JPG、TIF、PCX等。

图3-3 标准单色图

图3-4　标准灰度图

3. 彩色图像描述

彩色图像(color image)可按照颜色的数目来划分,例如256色图像和真彩色($2^{24}=$16,777,216种颜色)等。一幅用256色标准图像转换成的256级灰度图像,彩色图像的每个像素的 R、G、B 值用一个字节来表示，一幅 640×480 的 8 位彩色图像需要 300 kB 的存储空间；一幅真彩色图像转换成的 256 级灰度图像，每个像素的 R、G、B 分量分别用一个字节表示，一幅 640×480 的真彩色图像需要 900 kB 的存储空间。

许多 24 位彩色图像是用 32 位存储的，这个附加的 8 位叫做 alpha 通道，它的值叫做 alpha 值，它用来表示该像素如何产生特技效果。

使用真彩色表示的图像需要很大的存储空间，在网络中传输也很费时间。由于人的视觉系统的颜色分辨率不高，因此在没有必要使用真彩色的情况下就尽可能不用。

彩色可用亮度、色调和饱和度来描述，人眼看到任意彩色光都是这三个特性的综合效果。亮度是光作用于人眼时所引起的明亮程度的感觉，它与被观察物体的发光强度有关。色调是当人眼看一种或多种波长的光时所产生的彩色感觉，它反映颜色的种类，是决定颜色的基本特性。饱和度是指颜色的纯度，即掺入白光的程度，或者说是指颜色的深浅程度，对于同一色调的彩色光，饱和度越深，颜色越鲜明。

通常把色调和饱和度通称为色度，上述内容总结为：亮度表示某彩色光的明亮程度，而色度则表示颜色的类别与深浅程度。

3.2.2　动态图像文件

由于动态图像的数据量非常大，因此动态图像通常采用压缩代码存储。动态图像可分为两种类型。当人工绘制的图形或计算机产生的图形以图像的形式表现出来时，称为“动画”；当图像是实时获取的自然景物时，称为“视频信号”。

1. 数据存储格式

动态图像常用的数据存储格式有：

(1)AVI 格式

音频－视频交互格式，是 Windows 平台上流行的视频文件格式。AVI 是 Audio Video Interlaced 的缩写。该格式的文件是一种不需要专门的硬件支持就能实现音频与视频压缩处理、播放和存储的文件。AVI 格式文件可以把视频信号和音频信号同时保存在文件当中，在播放时，音频和视频同步播放。在播放视频信号的同时，还可以调整音频信号的音量，聆听同步播放的声音。该文件采用 320×240 的窗口尺寸显示视频画面，画面质量优良，帧速度平稳，可配有同步声音，数据量小。AVI 视频文件的扩展名是“.avi”。

(2)MOV 格式

MOV 格式是 Apple 的 Macintosh 计算机的 QuickTime 的文件格式，图像质量优于 AVI。采用向量化的压缩技术，最高以 160×120 像素的视窗内实现 15 帧/秒来播放，用户还可以通过鼠标或键盘的交互式控制，可以观察某一地点周围 360 度的景象，或者从空间任何角度观察某一物体，应用广泛。

(3)MPG 格式

MPEG(.MPEG/.MPG/.DAT)标准应用在计算机上的全屏幕运动视频标准文件格式，它包括 MPEG 视频、MPEG 音频、MPEG 系统(视频、音频同步)三个部分。MPEG 的平均压缩比为 50∶1，最高可达 200∶1，压缩效率高。图像和音响质量也非常好，并且在 PC 机上有统一的标准格式，兼容性好。

(4)DAT 格式

是 VCD 标准的数据文件格式。

(5)RM 格式

Real Networks 公司所制定的音频视频压缩规范称为 Real Media,用户可以使用 RealPlayer 或 RealOne Player 对符合 RealMedia 技术规范的网络音频/视频资源进行实况转播,并且 RealMedia 可以根据不同的网络传输速率制定出不同的压缩比率,从而实现在低速率的网络上进行影像数据实时传送和播放。这种格式的另一个特点是:可以在使用 RealPlayer 或 RealOne Player 播放器时,在不下载音频/视频内容的条件下实现在线播放。

(6)RMVB 格式

这是一种由 RM 视频格式升级延伸出的新视频格式,它的先进之处在于 RMVB 视频格式打破了原先 RM 格式那种平均压缩采样的方式,在保证平均压缩比的基础上合理利用比特率资源,就是说静止和动作场面少的画面场景采用较低的编码速率,这样可以留出更多的带宽空间,而这些带宽会在出现快速运动的画面场景时被利用。这样在保证了静止画面质量的前提下,大幅地提高了运动图像的画面质量,从而图像质量和文件大小之间就达到了微妙的平衡。一部大小为 700MB 左右的 DVD 影片,如果将其转录成同样视听品质的 RMVB 格式,其大小最多也就 400MB 左右。

(7)SWF 格式

是 Flash 软件支持的矢量动画文件格式。

(8)FLC 格式

是 Autodesk 公司的 Animator/Animator Pro/3D Studio/3D MAX 等动画制作软件支持的动画文件格式。

FLC 格式动画文件的特点:

◆具有足够大的显示画面尺寸,最大极限尺寸为 216 像素,但显示画面尺寸与显示卡的缓存容量有关。

◆帧的更换速度可调,并随文件一同保存。打开动画文件时,帧的更换速度被一同取出,以此控制动画的演播速度。

◆具有 256 色调色盘,每个颜色具有 8bit 表示的彩色变化。

◆采用数据压缩技术,文件数据量小,节省存储空间。

◆动画文件可通过各种动画播放器播放,有些动画播放器还可以配上同步声音。

◆在高级计算机语言中,利用 Autodesk 公司的驱动程序,编制动画播放程序。

2. 视频的模拟描述

视频信号有模拟信号和数字信号之分。视频模拟信号就是常见的电视信号和录像机信号,视频模拟图像的存储通常采用磁介质。其特点是:成本低、图像还原效果好、易于携带。同时,随着时间的推移,录像带上的图像信号强度会逐渐衰减,造成图像质量下降、色彩失真等现象。

3. 视频的数字描述

计算机只能处理数字化信号,普通的视频 NTSC 制式和 PAL 制式是模拟的,必须进行数字化,并经模数转换和彩色空间变换等过程。

(1)获取视频数字图像的一般方法

基本方法一般有两种:①模拟视频输入——把录像带信号连接到计算机的视频卡输入

端，通过视频卡中的模数转换器，把录像带上的视频模拟图像转换成视频数字图像。②数字视频输入——利用数码摄像机拍摄，直接得到数字视频信号，并保存在数码摄像机的磁带上，然后通过 USB 接口，把数字视频信号直接输入到计算机中。

(2)视频数字图像的特点

①播放速度为每秒 25 帧。②具有逆向性，可倒序播放。③保存时间长，无信号衰减问题。④可以无限制地复制副本，永远不存在失真问题。⑤利用计算机视频编辑技术，制作特殊效果的视频图像，例如三维动画效果、变形动画效果。⑥可以采用成本低、容量大的激光盘存储介质。⑦如果需要，可以把数字信号转换成模拟信号，记录在录像带上。

3.2.3 音频文件

在多媒体声音处理技术中，最常见的几种声音存储格式是：WAVE 波形文件，MIDI 音乐数字文件和目前非常流行的 MP3 音乐文件。

1. WAVE 波形文件

WAVE 波形文件是基于 PCM 技术的波形音频文件，文件扩展名是 .WAV，是 Windows 操作系统所使用的标准数字音频文件。在适当的软硬件条件下，使用波形文件能够重现各种声音，但波形文件的缺点是产生的文件太大，不适合长时间的记录。

2. MIDI 音乐数字文件

前面所说的 WAV 文件都是波形音频文件，而 MIDI 文件则是按 MIDI 数字化音乐的国际标准来记录描述音符、音高、音长、音量和触键力度（键从触按到最低位置的速度）等音乐信息的指令，通常称为 MIDI 音频文件。它在 Windows 下的扩展名为 MID。

由于 MIDI 文件记录的不是声音信息本身，它只是对声音的一种数字化描述方式，因此，它与波形文件相比要小得多。MIDI 文件主要缺点是缺乏重现真实自然声音的能力，另外，MIDI 只能记录标准所规定的有限几种乐器的组合，并且受声卡上芯片性能限制，难以产生真实的音乐效果。

3. MP3 文件

MP3 全称为 MPEG Audio Layer3。由于在 MPEG 视频信息标准中，也规定了视频伴音系统，因此，MPEG 标准里也就包括了音频压缩方面的标准，称为 MPEG Audio。MP3 文件就是以 MPEG Audio Layer3 为标准的压缩编码的一种数字音频格式文件。

习 题

1. 什么是音频?
2. 声音文件的大小是由哪些因素决定的?
3. 存储声音信息的文件格式有哪些?
4. 解释 MIDI 和 MIDI 文件。
5. 简述位图的定义。
6. 定义矢量图。
7. 图像文件的格式有哪些?

第 4 章　多媒体数据压缩技术

【本章要点】

数字化后的视频和音频等多媒体信息具有数据海量性，为了存储和传输，需要较大的容量和带宽。但目前硬件技术所能提供的计算机存储资源和网络带宽与实际要求相差甚远。这就给多媒体信息的存储和传输带来了很大的困难，并已成为有效获取和使用多媒体信息的瓶颈。因此，以压缩的方式存储和传输数字化的多媒体信息是解决这一问题的唯一途径。本章主要介绍了视频、音频信号数据的大容量存储和实时传输问题。

【核心概念】

数据压缩　预测编码　变换编码　统计编码　LZW 压缩编码　冗余度　彩色空间

4.1　数据压缩基本原理

4.1.1　信息、数据和编码

数据压缩的理论基础是信息论，也就是说经典的数据压缩技术是建立在信息论的基础之上的。数据压缩的理论极限是信息熵。我们首先要明确信息熵的概念，这个概念很重要，它是学习数据压缩编码技术的一个最基本的概念，如果这个概念搞不清楚，就等于没有一点数据压缩技术的理论基础，不仅影响统计编码的学习，而且也将影响其他编码技术的学习。所以信息熵的这个概念一定要掌握！在讲信息熵之前要有两个基本概念的铺垫，这两个基本概念就是信息、信息量。

1. 信息

信息是用不确定的量度定义的，也就是说信息被假设为由一系列的随机变量所代表，它们往往用随机出现的符号来表示。我们称输出这些符号的源为“信源”，即要进行研究与压缩的对象。

要注意理解这个概念中的“不确定性”、“随机性”、“度量性”，也就是说当你收到一条消息(一定内容)之前，某一事件处于不确定的状态中，当你收到消息后，分解出不确定性，从而获得信息，因此去除不确定性的多少就成为信息的度量。

比如：你在考试过后，没收到考试成绩(考试成绩通知为消息)之前，你不知道你的考试成绩是否及格，那么你就处于一个不确定的状态；当你收到成绩通知(消息)是“及格”，此时，你就去除了“不及格”(不确定状态，占 50%)，你得到了消息——“及格”。

2. 信息量

指从 N 个相等的可能事件中选出一个事件所需要的信息度量和含量。也可以说是辨别 N 个事件中特定事件所需提问“是”或“否”的最小次数。

【例】　从 64 个数(1～64 的整数)中选定某一个数(采用折半查找算法)，提问：“是否大于 32?”不论回答是与否，都消去半数的可能事件，如此下去，只要问 6 次这类问题，就可以从 64 个数中选定一个数，则所需的信息量是 6(bit)。

我们现在可以换一种方式定义信息量，也就是信息论中信息量的定义。

设从 N 中选定任一个数 X 的概率为 $P(x)$，假定任选一个数的概率都相等，即 $P(x)=1/N$，则信息量 $I(x)$ 可定义为：

$$I(x)=\log_2 N=-\log_2 \frac{1}{N}=-\log_2 P(x)$$

上式可随对数所用"底"的不同而取不同的值，因而其单位也就不同。

设底取大于 1 的整数 α，考虑一般物理器件的二态性，通常 α 取 2，相应的信息量单位为比特(bit)；当 $\alpha=e$，相应的信息量单位为奈特(Nat)；当 $\alpha=10$，相应的信息量单位为哈特(Hart)。

显然，当随机事件 x 发生的先验概率 $P(x)$ 大时，算出的 $I(x)$ 小，那么这个事件发生的可能性大，不确定性小，事件一旦发生后提供的信息量也少。必然事件的 $P(x)$ 等于 1，$I(x)$ 等于 0，所以必然事件的消息报导，不含任何信息量；但是一件人们都没有估计到的事件($P(x)$ 极小)一旦发生后，$I(x)$ 大，包含的信息量很大。所以随机事件的先验概率，与事件发生后所产生的信息量，有密切关系。$I(x)$ 称为 x 发生后的自信息量，它也是一个随机变量。

现在可以给"熵"下个定义了。信息量计算的是一个信源的某一个事件(X)的自信息量，而一个信源若由 n 个随机事件组成，n 个随机事件的平均信息量就定义为熵(Entropy)。

3. 信息熵

信源 X 发出的 $x_j(j=1,2,\cdots,n)$，共 n 个随机事件的自信息统计平均(求数学期望)，即

$$H(X)=E\{I(x_j)\}=\sum_{j=1}^{n}P(x_j)\cdot I(x_j)=-\sum_{j=1}^{n}P(x_j)\cdot \log_a P(x_j)$$

$H(X)$ 在信息论中称为信源 X 的"熵"(Entropy)，它的含义是信源 X 发出任意一个随机变量的平均信息量。

更详细地说，一般在解释和理解信息熵时，有四种样式：

(1)当处于事件发生之前，$H(X)$ 是不确定性的度量；

(2)当处于事件发生之时，是一种惊奇性的度量；

(3)当处于事件发生之后，是获得信息的度量；

(4)还可以理解为是事件随机性的度量。

下面为了巩固信息熵的概念，我们来做一道计算题。

【例】 以信源 X 中有 8 个随机事件，即 $n=8$。每一个随机事件的概率都相等，即 $P(x1)=P(x2)=P(x3)=\cdots=P(x8)=\frac{1}{8}$，计算信源 X 的熵。

应用"熵"的定义可得其平均信息量为 3 比特：

$$H(X)=-\sum_{j=1}^{8}\frac{1}{8}\log_2 \frac{1}{8}=3\text{bits}$$

香农信息论认为：信源所含有的平均信息量(熵)，就是进行无失真编码的理论极限。信息中或多或少的含有自然冗余。

4. 编码的概念

编码是把代表特定量化等级的比较器的输出状态组合，变换成一个 n 位表示的二进制数码，即每一组二进制码代表一个取样值的量化电平等级。

由于每个样值的量化电平等级由一组 n 位的二进制数码表示，所以，取样频率 f 与 n 位

数的乘积 nf 就是每秒需处理和发送的位数，通常称为比特率或数码率。例如，CD 音响的采样频率选用 44.1kHz，量化位数 $n=16$，采用立体声，相应的比特率为：

$$44.1\text{kHz}\times16\times2\div8=176.4\text{kB/s}$$

5. 熵编码的概念

如果要求在编码过程中不丢失信息量，即要求保存信息熵，这种信息保持编码又叫做熵保存编码，或者叫熵编码。

熵编码是无失真数据压缩，用这种编码结果经解码后可无失真地恢复出原图像。

4.1.2 数据压缩的条件

在多媒体信息中包含大量冗余的信息，把这些冗余的信息去掉，就实现了压缩。数据压缩是指以最少的数码表示信源所发出的信号，减少容纳给定消息集合或数据采样集合的信号空间。信号空间也就是被压缩的对象，主要指如下几种：

1. 物理空间。存储器、磁盘、磁带等数据介质。

2. 时间空间。如传输给定消息集合所需要的时间。

3. 电磁频谱区域。如为传输给定消息集合所要求的带宽等。

因为视频图像或音频信号等原始信号源存在着很大的冗余度，人的视觉对亮度信息很敏感，而对边缘的急剧变化不敏感(视觉遮盖效应)，同时听觉也对部分频率的音频信号不敏感，因此视频或音频的数据压缩后，再做解压处理，人对恢复后的图像或音频信号仍有满意的主观感觉，也就是说，人的感觉能接受这种数据压缩。这些人类视觉、听觉的特性为实现压缩创造了条件，使人在信息压缩后感觉不到信息已经被压缩。

数据压缩技术有三个重要指标：一是压缩前后所需的信息存储量之比要大；二是实现压缩的算法要简单，压缩、解压缩速度快，尽可能地做到实时压缩和解压缩；三是恢复效果要好，要尽可能完全恢复原始数据。

4.1.3 数据冗余

1. 冗余的基本概念

多媒体技术最大难题是海量数据存储与电视信号数字化后的数据量传送。数字化后的数据量与信息量的关系如下：

$$I=D-\text{du}$$

其中：I——信息量；

D——数据量；

du——冗余量。

由上式可以知道，传送的数据量中有一定的冗余数据信息，即信息量不等于数据量，并且信息量要小于传送的数据量，这使得数据压缩能够实现。

2. 冗余的分类

(1)空间冗余。这是图像数据经常存在的一种冗余。在同一幅图像中，规则物体和规则背景的表面特性具有相关性，这些相关性的光成像结构在数字化图像中就表现为数据冗余。例如：某图片的画面中有一个规则物体，其表面颜色均匀，各部分的亮度、饱和度相近，把该图片作数字化处理，生成位图后，很大数量的相邻像素的数据是完全一样或十分接近的，完全一样的数据当然可以压缩，而十分接近的数据也可以压缩，因为恢复后人亦分辨不出它与原图有什么区别，这种压缩就是对空间冗余的压缩。

(2)时间冗余。时间冗余在图像序列中就是相邻帧图像之间有较大相关性，一帧图像中的某物体或场景可以由其他帧图像中的物体或场景重构出来，音频的一个连续的渐变过程中，也存在同样的时间冗余。

(3)信息熵冗余。信源编码时，当分配给某个码元素的比特数使编码后单位数据量等于其信源熵，即达到其压缩极限。但实际中各码元素的先验概率很难预知，比特分配不能达到最佳，实际的单位数据量大于信源熵时，便存在信息熵冗余。

(4)视觉冗余。人眼对于图像场的注意是非均匀的，人眼并不能觉察图像场的所有变化。事实上人类视觉的一般分辨率为 2^6 灰度等级，而一般图像的量化采用的是 2^8 灰度等级，即存在着视觉冗余。

(5)听觉冗余。人耳对不同频率的声音的敏感性是不同的，并不能察觉所有频率的变化，对某些频率不必特别关注，因此存在听觉冗余。

(6)结构冗余。图像一般都有非常强的纹理结构。如草席图像，纹理一般都是比较有规律的结构，因此在结构上存在冗余。

(7)知识冗余。图像的理解与某些基础知识有很大的相关性。例如，人脸的图像有同样的结构：嘴的上方有鼻子，鼻子上方有眼睛，鼻子在正脸图像的中线上等。这些规律性可由某些基础知识得到，此类冗余为知识冗余。

(8)其他冗余。多媒体数据除了上述冗余类型外，还存在其他一些冗余类型，如由图像非定常特性所产生的冗余等。

4.2　数据压缩算法

各种媒体信息(特别是图像和动态视频)数据量非常之大。例如：一幅 640×480 分辨率的 24 位真彩色图像的数据量约力 900kb；一个 100Mb 的硬盘只能存储约 100 幅静止图像画面。NTSC 标准的帧速率为 30 帧/秒，视频信号的传输率约为 26.4Mb/s，远高于计算机的数据传输速率。对于音频信号，激光唱盘(CD－DA)的采样频率为 44.lkHz，量化位数为 16 位，双通道立体声，100Mb 硬盘仅能存储约 10 分钟录音。目前 CD－ROM 数据传输率单速约为 150kb/s(倍速为 300kb/s，最先进的 3 倍速或 4 倍速驱动器可以达到 450kb/s 以上)，远不能达到传输要求。显然，这样大的数据量不仅超出了计算机的存储和处理能力，更是当前通信信道的传输速率所不及的。因此，为了存储、处理和传输这些数据，必须进行压缩。相比之下，语音的数据量较小，且基本压缩方法已经成熟，目前的数据压缩研究主要集中于图像和视频信号的压缩方面。

数据压缩的核心是计算方法，不同的计算方法，产生不同形式的压缩编码，以解决不同数据的存储与传送问题。数据冗余类型和数据压缩的算法是对应的，一般根据不同的冗余类型采用不同的编码形式，随后是采用特定的技术手段和软硬件，以实现数据压缩。

4.2.1　数据压缩算法的分类

数据压缩方法种类繁多，可以分为无损(无失真)压缩和有损(有失真)压缩两大类。如

图 4－1 所示。

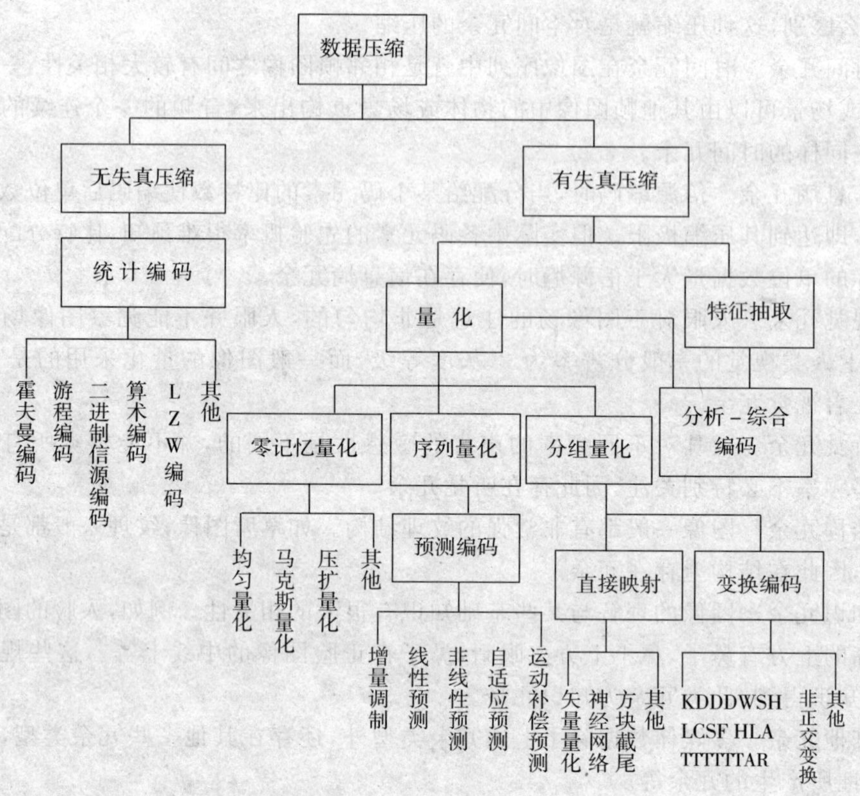

图 4－1 数据压缩技术的基本分类

1. 无损压缩算法

解码后的数据与压缩之前的原始数据完全一致。无损压缩利用数据的统计冗余进行压缩，可完全恢复原始数据而不引入任何失真，但压缩率受到数据统计冗余度的理论限制，一般为 2∶1 到 5∶1。这类方法广泛用于文本数据、程序和特殊应用场合的图像数据（如指纹图像、医学图像等）的压缩。由于压缩比的限制，仅使用无损压缩方法不可能解决图像和数字视频的存储和传输问题。

（1）无损压缩编码基于信息熵原理，属于可逆编码。其压缩比一般不高。

（2）所谓“可逆”，是指压缩的数据可以不折不扣地还原成原始数据。

（3）典型的可逆编码有：霍夫曼编码、算术编码、行程编码、LZW 编码等。

2. 有损压缩算法

解码后的数据与原始数据不一致。有损压缩方法利用了人类视觉对图像中的某些频率成分不敏感的特性，允许压缩过程中损失一定的信息；虽然不能完全恢复原始数据，但是所损失的部分对理解原始图像的影响较小，却换来了大得多的压缩比。有损压缩广泛应用于语音、图像和视频数据的压缩。

（1）该编码在压缩时舍弃部分数据，还原后的数据与原始数据存在差异。有损压缩具有不可恢复性和不可逆性。

（2）有损压缩编码类型有：预测编码、变换编码等。

数据压缩研究中应注意的问题是，首先，编码方法必须能用计算机或 VLSI 硬件电路高速实现；其次，要符合当前的国际标准。

4.2.2 预测编码

预测编码(Predictive Coding)是一种有失真的编码，它是统计冗余数据压缩理论的三个重要分支之一，它的理论基础是现代统计学和控制论。由于数字技术的飞速发展，数字信号处理技术不时渗透到这些领域，在这些理论与技术的基础上形成了一个专门用作压缩冗余数据的预测编码技术。预测编码主要是减少了数据在时间和空间上的相关性，因而对于时间序列数据有着广泛的应用价值。在数字通信系统中，例如语音的分析与合成，图像的编码与解码，预测编码已得到了广泛的实际应用。

预测编码方法是一种较为实用，被广泛采用的压缩编码方法。预测编码方法原理是从相邻像素之间有强的相关性特点考虑的。比如当前像素的灰度或颜色信号，数值上与其相邻像素总是比较接近，除非处于边界状态。那么，当前像素的灰度或颜色信号的数值，可用前面已出现的像素的值，进行预测(估计)，得到一个预测值(估计值)，将实际值与预测值求差，对这个差值信号进行编码、传送，这种编码方法称为预测编码方法。

预测编码方法分线性预测和非线性预测编码方法。线性预测编码方法，也称差值脉冲编码调制法，简称 DPCM(Differential Pulse Code Modulation)。预测编码方法在图像数据压缩和语音信号的数据压缩中都得到广泛的应用和研究。

4.2.3 变换编码

预测编码的方法能够压缩图像数据的空间和时间冗余性，特点是直观、简捷和易于实现。在传输速度要求很高的应用中，大多选用此方法。然而，预测方法的不足是压缩能力有限。为了更好地提高压缩能力，可以采用变换编码方法。

变换编码是一种有失真的编码，所谓变换是指对原始数据原来的时间或空间域进行数学变换，使得变换后能够突出原始数据中的重要部分，以便重点处理。

1. 变换编码的基本概念

变换编码技术起源比较早，理论上和技术上都比较成熟，广泛应用于单色图像、彩色图像、静止图像、运动图像，以及多媒体计算机技术中的电视帧内图像压缩和帧间图像压缩中。

变换编码是指将给定的图像变换到另一个数据域(变换域或频域)上，以便用较少的数据表示大量的信息。也就是说，它不是直接对空间域图像信号编码，而是首先将当前所表达的空间域图像信号经过变换映射到另一个正交矢量空间，得到一系列变换系数，然后对这些变换系数进行编码处理。结果，重要的系数在变换到其他空间域后，其编码的精确度高于次重要的系数。变换本身是一种无损且可逆的技术，但为了获得更好的编码效果，忽略了一些不重要的系数，因而成为有损的技术。

常用的变换编码方案有离散余弦变换、离散哈达玛特变换等方法。

2. 哈达玛特变换

这是一种有效地去除噪波的方法，噪波的存在往往容易和小幅度变化的信号相混淆，利用多帧平均的方法，对于静止图像，各帧相同，平均的结果其值不变，对于噪波，多帧平均趋于零。

但如果图像中有运动，多帧平均就会造成运动模糊，故不能简单地进行平均，需要根据运动的大小来调节反馈量，即调节平均的程度，做到运动自适应降噪。大多数情况下是利用帧差信号来判断图像中是否有运动，如果帧差小于一定值，就可视为是因噪波引起的，可取较大的反馈量；如果帧差大于一定值，就可视为图像中有运动。

3. 离散余弦变换——DCT 变换

离散余弦变换(Discrete Cosine Transformation，DCT)的目的是去除信号元素之间的相关性。离散余弦变换，在数字图像数据压缩编码技术中，可与最佳变换 K－L 变换媲美，因为 DCT 与 K－L 变换压缩性能和误差很接近，而 DCT 计算复杂度适中，又具有可分离特性，还有快速算法等特点，所以近年来在图像数据压缩中，采用离散余弦变换编码的方案很多，特别是 20 世纪 90 年代迅速崛起的计算机多媒体技术中，JPEG、MPEG、H. 261 等压缩标准，都用到离散余弦变换编码进行数据压缩。

4. 小波变换

(1)基本原理

小波变换用于多分辨率图像描述起始于 1945 年。小波的图像分解思想属于子带分解的一个特例。这个小波分解是完备的、正交的，且多分辨率的分解。在空间域里，小波分解将信号分解为不同层次分解运算的同时形成了频率域中的多层次分解。在频率域中的每个层次上，高频分量与低频分量的分布与原数据中频率分布的方向有关。利用小波变换对图像进行压缩的原理与子带编码方法一样，是将原图像信号分解成不同的频率区域，持续的压缩编码方法根据人的视觉、图像的统计、细节和结构等特性，对不同的频率区域采取不同的压缩编码手段，从而使数据量减少。

(2)具体编码方法应用

自 1989 年 Mallat 首次将小波变换引入图像处理以来，小波变换以其优异的时频局部能力及良好的去相关能力在图像压缩编码领域得到了广泛应用，并取得了良好的效果，其中，由 Shen 等提出的 CEZW (Color Embedded Zerotree Wavelet)算法及由 Saenz 等提出的 CZW(Color Zerotree Wavelet)算法被认为是目前国际上比较优秀的彩色图像压缩方法，它们均以著名的嵌入零树小波(Embedded Zerotree Wavelet，简记为 EZW)编码思想为基础，其不仅结构简单无需任何训练、支持多码率，而且具有较高的信噪比和较好的图像复原质量。然而，理论分析和实验结果表明，上述算法也存在一些不足，具体表现为：(1)未能结合人眼视觉掩蔽特性进行系数量化；(2)构造零树结构时，未能充分利用彩色分量之间的相关特性；(3)未单独处理最低频子带；(4)未能依据图像内容确定高频子带扫描次序。

4.2.4 统计编码原理

统计编码又称信息熵编码，它通过去除信源信号的冗余达到压缩的目的，属于无损编码。根据消息出现概率的分布特性而进行的压缩编码，有别于预测编码和变换编码。这种编码的宗旨在于，在消息和码字之间找到明确的一一对应关系，以便在恢复时能准确无误地再现出来，或者至少是极相似地找到相当的对应关系，并把这种失真或不对应概率限制到可容忍的范围内。但不管什么途径，它们总是要把平均码长或码率压低到最低限度。

常用的编码有：Huffman 码、行程编码、算术编码等。

1. 哈夫曼(Huffman)编码

(1)哈夫曼编码的方法

①将信源符号按概率递减顺序排列;

②把两个最小的概率加起来,作为新符号的概率;

③重复步骤①、②,直到概率和达到 1 为止;

④在每次合并消息时,将被合并的消息赋予 1 和 0 或 0 和 1;

⑤寻找从每个信源符号到概率为 1 处的路径,记录下路径上的 1 和 0;

⑥对每个符号写出"1"、"0"序列(从码数的根到终节点)。

(2)哈夫曼编码的特点

① 哈夫曼方法构造出来的码不是唯一的;

② 哈夫曼编码码字字长参差不齐,因此硬件实现起来不大方便;

③ 哈夫曼编码对不同的信源的编码效率是不同的;

④ 对信源进行哈夫曼编码后,形成了一个哈夫曼编码表。解码时,必须参照这一哈夫编码表才能正确译码。

2. 算术编码

算术编码把一个信源集合表示为实数线上的 0 到 1 之间的一个区间。这个集合中的每个元素都要用来缩短这个区间。信源集合的元素越多,所得到的区间就越小,当区间变小时,就需要更多的数位来表示这个区间,这就是区间作为代码的原理。算术编码首先假设一个信源的概率模型,然后用这些概率来缩小表示信源集的区间。

算术编码的特点主要有以下几点:

(1)不必预先定义概率模型,自适应模式具有独特的优点;

(2)信源符号概率接近时,建议使用算术编码,这种情况下其效率高于 Huffman 编码;

(3)算术编码绕过了用一个特定的代码替代一个输入符号的想法,用一个浮点输出数值代替一个流的输入符号,较长的复杂的消息输出的数值中就需要更多的位数;

(4)算术编码实现方法复杂一些,但 JPEG 成员对多幅图像的测试结果表明,算术编码比 Huffman 编码提高了 5%左右的效率,因此在 JPEG 扩展系统中用算术编码取代 Huffman 编码。

3. 行程编码

行程编码(Run Length Coding)主要检测信源中重复出现的符号序列,用它们的出现次数进行编码。通过计算信源符号出现的行程长度,然后将行程长度转换成代码。例如,对于二值符号序列 0000000000000001111111000000000 可以编码为 1507190,它代表 15 个 0 后续 7 个 1 再后续 9 个 0。如果约定所有的符号序列都以 0 开始,其编码可进一步简化为 1579。因为符号 0 和 1 交错排列,所以没有必要指出是何种符号的行程长度。

行程编码是一种无损压缩。其压缩效果取决于压缩的内容。例如在黑白二值图像(传真)中存在大量的重复像素,采用行程编码可以有效地压缩数据。然而,对于一些各种像素分布均匀的特殊的图像,采用行程编码会使数据量不降反增,出现所谓的负压缩。这是行程编码的局限。

4.2.5 LZW 压缩编码

LZW(Lempel Ziv Welch)压缩编码是一种先进的数据压缩技术,属于无损压缩编码,该编码主要用于图像数据的压缩。对于简单图像和平滑且噪声小的信号源具有较高的压缩比,并且有较高的压缩和解压缩速度。

1977 年,两位以色列教授 Lempel 和 Ziv 提出了查找冗余字符和用较短的符号标记替代冗余字符的概念。1985 年,由 Welch 加以充实而形成 LZW,简称"LZW"技术。

1. LZW 压缩基本原理

LZW 压缩技术把数据流中复杂的数据用简单的代码来表示,并把代码和数据的对应关系建立一个转换表,又叫"字符串表"。

转换表是在压缩或解压缩过程中动态生成的表,该表只在进行压缩或解压缩过程中需要,一旦压缩和解压缩结束,该表将不再起任何作用。

2. LZW 压缩的特点

(1)LZW 压缩技术对于可预测性不大的数据具有较好的处理效果,常用于 GIF 格式的图像压缩,其平均压缩比在 2∶1 以上,最高压缩比可达到 3∶1。

(2)对于数据流中连续重复出现的字节和字串,LZW 压缩技术具有很高的压缩比。

(3)除了用于图像数据处理以外,LZW 压缩技术还被用于文本程序等数据压缩领域。

(4)LZW 压缩技术有很多变体,例如常见的 ARC、RKARC、PKZIP 高效压缩程序。

(5)对于任意宽度和像素位长度的图像,都具有稳定的压缩过程。压缩和解压缩速度较快。

(6)对机器硬件条件要求不高,在 Intel 80386 的计算机上即可进行压缩和解压缩。

4.3 音频信号的压缩编码

音频信号是多媒体信息的重要组成部分。音频信号可以分为电话音频信号、调幅广播音频信号和高保真的立体声音信号。语音信号的频率范围是 300～3400Hz。随着宽带的增加,信号的自然度将逐步得到改善。高保真音频信号的频率范围是 20～20000Hz。

4.3.1 音频信号编码基础

从信息保持的角度讲,只有当信源本身具有冗余度,才能对其进行压缩。根据统计分析结果,语音信号存在着多种冗余度,其最主要部分可以分别从时域和频域来考虑。另外由于语音主要是给人听的,所以考虑了人的听觉机理,也能对语音信号实行压缩。下面首先介绍音频冗余。

1. 时域冗余度

(1)幅度的非均匀分布

统计表明,语音中的小幅度样本比大幅度样本出现的概率要高。又由于会有间隙,因此出现了大量的低电平样本。此外,实际讲话信号功率电平也趋于出现在编码范围的较低电平端。因此,语音信号取样值的幅度分布是非均匀的。

(2)样本间的关联

从语音波形的分析中可以看出,在相邻样本之间取样数据存在最大的相关性。当取样频率为 8kHz 时,相邻取样值间的相关系数大于 0.85,甚至在相距 10 个样本之后,还可有 0.3 左右的数量级。如果语音信号取样速率提高,样本间相关性更强。因此根据这种较强的相关性,可以进行有效的数据压缩。

(3)周期之间的相关

语音信号虽与电视信号有许多相似之处,但也存在许多不同,其最大的区别是语音信号的直流分量并不占主要成分,因为光信号是非负的,而语音信号却可正可负。虽然语音信号需要一个电话通路提供整个 300～3400Hz 的宽带,但在特定的瞬间,某一声音往往只是有频带内少数频率成分起作用。当声音中只存在少数几个频率时,就会像波一样,在周期与周期之间存在着一定的相关性。利用语音周期之间信息冗余度的编码器,比仅仅只利用邻近样本间的相关性的编码器效果要好,但要复杂得多。

(4)基音之间的相关

据声学的知识,人的说话声音主要可分为两类:

一类为浊音,由声带振动产生,每一次振动使一股空气从肺部流进声道,激励声道的各股空气之间的间隙称为音调间隔或基音周期。一般而言,浊音产生于元音及某些辅音的后面部分。

二类为清音,一般又分成摩擦音和破裂音两种情况。前者用空气通过声道的狭隘部分而产生的湍流作为音源;后者是声道在瞬间闭合,然后在气压压迫下迅速地放开而产生了破裂音源。语音从这些音源产生,传过声道再从口鼻送出。清音比浊音具有更大的随机性。

浊音波形不仅显示出上述的周期之间的冗余度,而且还展示了对应于音调间隔的长期重复波形,因此,对语音浊音部分编码的最有效的方法之一是对一个音调间隔波形来编码,并以其作为其他基音段的模板。男、女声的基音周期分别为 5～20ms 和 2.5～10ms,而典型的浊音约持续 100ms,一个单音中可能有 20～40 个音调周期。虽然音调周期间隔编码能大大降低码率,但是检测基音有时却十分困难。而如果对音调检测不准,便会产生奇怪的"非人音"。

(5)静止系数

两个人之间打电话时,平均每人的讲话时间为通话总时间的一半,另一半时间听对方讲。听的时候一般不讲话,而即使是在讲话的时候,也会出现字、词、句之间的停顿。分析表明,话音间隔使得全双工话路的典型效率约为通话时间的 40%(或静止系数为 0.6)。显然,语音间隔本身就是一种冗余,若能正确检测出该静止段,便可"插空"传输更多的信息。

(6)长时自相关函数

周期间的一些相关性是在 20ms 时间间隔内进行统计的所谓短时自相关。如果在较长的时间间隔(比如几十秒)进行统计,便得到长时自相关函数。长时统计表明,8kHz 的取样语音的相邻样本间,平均系数高达 0.9。

2. 频域冗余

(1)非均匀的长时功率谱密度

在相当长的时间间隔内进行统计平均,可得到长时功率谱密度函数,其功率谱呈现强烈的非平坦性。从统计的观点看,这表明没有充分利用给定的频段,或者说存在固有的冗余度。尤其当功率谱的高频能量较低,这恰好对应于时域上相邻样本间的相关性。

(2)语音特有的短时功率谱密度

在某些频率上语音信号的短时功率出现峰值,而在另一些频率上出现谷值。这些峰值频率,也就是能量较大的频率,通常成为共振峰频率。此频率不止一个,最主要的是第一个和第二个,由它们决定了不同的语音特征。另外,整个谱也是随频率的增加而递减。更重要的是,整个功率谱的细节以基音频率为基础,形成了高次谐波结构。这都与电视信号类似,仅有的差异在于直流分量较小。

3. 人的听觉感知机理

(1)人的听觉具有掩蔽效应

当几个强弱不同的声音同时存在时,强声使弱声难以听见的现象称为同时掩蔽,它受掩蔽声音和被掩蔽声音之间的相对频率关系影响很大;声音在不同时间先后发生时,强声使其周围的弱声难以听见的现象称为异时掩蔽。

(2)人耳对不同频段的声音的敏感程度不同,对低频端的比高频端的更敏感。

(3)人耳对语音信号的相位变化不敏感。

4. 音频信号编码的分类

(1) 基于音频数据的统计特性进行编码,其典型技术是波形编码。其目标是使重建语音波形保持原波形的形状。PCM(脉冲编码调制)是最简单、最基本的编码方法。它直接赋予抽样点一个代码,没有进行压缩,因而所需的存储空间较大。为了减少存储空间,人们寻求压缩编码技术。利用音频抽样的幅度分布规律和相邻样值具有相关性的特点,提出了差值量化(DPCM)、自适应量化(APCM)和自适应预测编码(ADPCM)等算法,实现了数据的压缩。波形编码适应性强,音频质量好,但压缩比不大,因而数据率较高。

(2) 基于音频的声学参数,进行参数编码,可进一步降低数据率。其目标是使重建音频保持原音频的特性。常用的音频参数有共振峰、线性预测系数、滤波器组等。这种编码技术的优点是数据率低,但还原信号的质量较差,自然度低。

将上述两种编码算法很好地结合起来,就是混合编码的方法。这样就能在较低的码率上得到较高的音质。如码本激励线性预测编码(CELP)、多脉冲激励线性预测编码(MPLPC)等。

(3) 基于人的听觉特性进行编码:从人的听觉系统出发,利用掩蔽效应,设计心理声学模型,从而实现更高效率的数字音频的压缩。其中以 MPEG 标准中的高频编码和 Dolby AC－3 最有影响。

根据以上的分类,音频信号的压缩方法有多种,如图 4－2 所示。

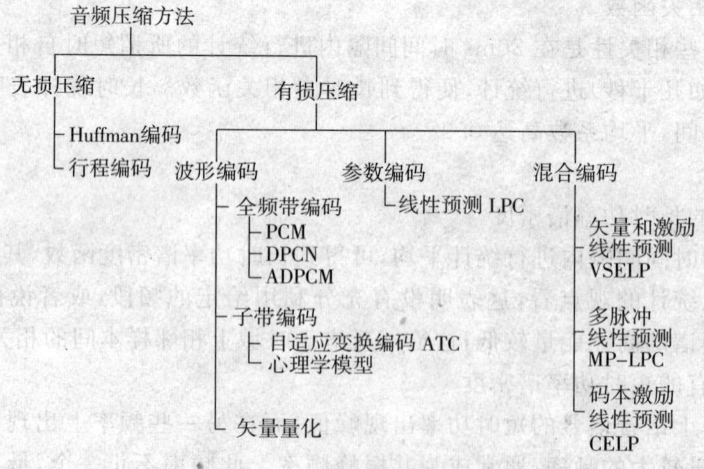

图 4－2　音频信号压缩方法

4.3.2　音频信号的压缩编码算法

1. 基本原理

如同数字通信系统中一样，在多媒体计算机系统中，声音信号被编码成二进制数字序列，经传输和存储，最后由解码器将二进制编码恢复成原始的声音信号。如图 4-3 所示。

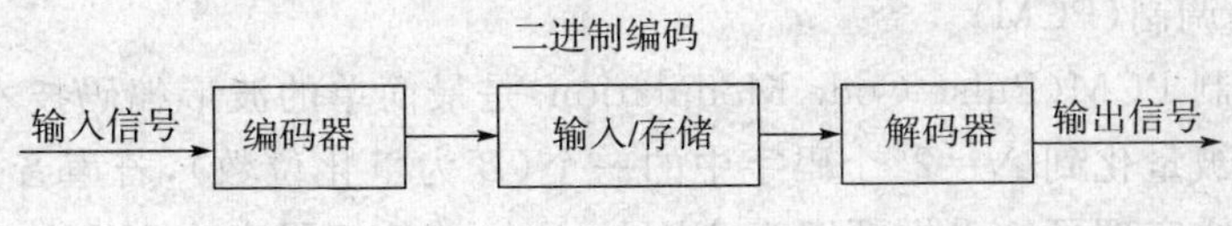

图 4-3　声音信号的处理流程

最简单的数字编码方法是对声音信号作直接的数/模(A/D)转换。只要采样频率足够高，量化位数足够多，就能保证解码器恢复的声音信号有很好的质量。然而，这种对声音信号直接量化方法需要的数据传输率太高。例如，普通电话通信中采用 8kHz 的采样频率和 12b 的量化位数，传输话音需要的数据传输率为 96kb/s。激光唱盘(Compact Disk－Digital Audio，CD－DA)声音数据，采样频率是 44.1kHz，量化位数为 16b，再取双声道立体声，则 600MB 的光盘仅能存放 1 小时的声音数据，其编码率高达 1.4Mb/s。

(1)设计声音压缩编码系统考虑的因素

①输入声音信号的特点；

②传输速率及存储容量的限制；

③对输出重构声音的质量要求；

④系统的可实现性及其代价。

(2) 声音质量的等级

①电话语音级：200Hz～3.4kHz；

②调幅广播级：50Hz～7 kHz；

③调频广播级：20 Hz～15 kHz；

④宽带音频级：20Hz～20 kHz。

达到各等级声音质量所需的编码相差很大。目前，国际上规定声音编码的数据传输率在 128kb/s 以下。

(3) 声音信号的编码方式分类

从方法上看，声音信号的编码方式大致可分为三大类，即波形编码方法、分析合成方法和混合编码方法。

①波形编码方法要求重构的声音信号的各个样本尽可能地接近于原始声音的采样值。这种方法的编码信息是声音的波形，编码率在 9.6kbps～64kbps 之间，属中宽带编码，重构的声音质量较高。但波形编码易受量化噪声影响，进一步降低编码率也较困难。典型的波形编码技术有 PCM、ADPCM、APC(自适应预测编码)、SBC(子带编码)、ATC(自适应变换编码)。这里，前三种属于时域方式，后两种属于频域方式。

②分析合成方法以声音信号产生模型为基础，将声音信号变换成模型参数后再进行编码，故又称参数编码方法。这种方法经解码合成后的声音信号样本与原始声音采样值之间没有一一对应的关系，合成的声音质量只能用主观方式加以评定。用分析合成法处理的语

音经合成后自然度和可理解度均较差，更不能保留话音的特征。该方法的编码率约为0.8kbps～4.8kbps，属窄带编码。

③混合型编码方法是一种在保留分析合成编码技术的精华的基础上，引用波形编码准则去优化激励源信号的方案，可以在4.8kbps～9.6kbps的编码率上获得较高质量的合成声音。

2. 脉冲编码调制(PCM)

脉冲编码调制PCM(Pulse Code Modulation)是最简单的波形编码技术。PCM方法中声信号的采样值被量化到$N=2^B$个码字中的一个(B为量化位数)，若声音信号的频带宽度为WHz，根据采样定理可知采样频率为2WHz，这样总的编码率为2WBb/s。

PCM又可根据量化方式的不同分为：均匀量化PCM、对数PCM和自适应量化PCM(APCM－Adaptive PCM)等。

PCM的编码原理比较直观和简单，它的原理框图如图4-4所示。在这个编码框图中，它的输入是模拟声音信号，它的输出是PCM样本。图中的"防失真滤波器"是一个低通滤波器，用来滤除声音频带以外的信号；"波形编码器"可暂时理解为"采样器"，"量化器"可理解为"量化阶大小"(step－size)生成器或者称为"量化间隔"生成器。

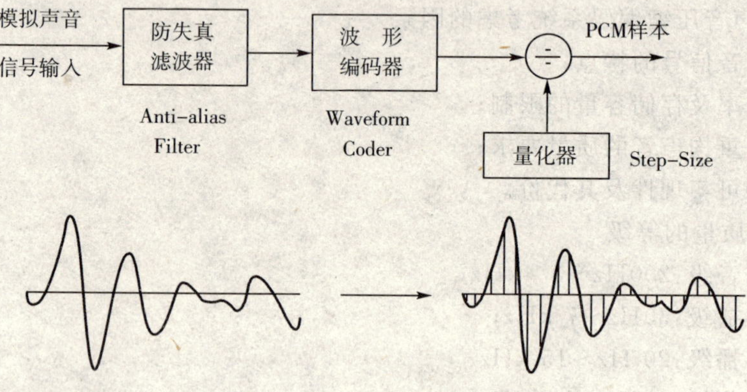

图4-4 PCM编码框图

3. 线性预测编码(LPC)

线性预测编码LPC(Linear Predictive Coding)是根据过去已有的几个采样值的模型的线性组合来预测、推断现在的采样值，进而用实际采样值与预测采样值之差(预测误差)及线性预测系数进行编码。

4. 自适应预测编码(APC)

由前面讨论的LPC原理可知，声音样本可以近似地用它前面的各样本的线性组合来预测。在这里介绍如何利用线性预测原理来改进量化器的性能。如LPC方法预测效果好，那么误差信号的幅度变化范围一定比原始信号小得多。对误差信号做量化和编码，在同样的条件下，所需的量化位数就可以减少，从而达到压缩编码的目的。基于该原理的方法为预测编码，当预测系数是自适应地随声音信号变化时，就可称作自适应预测编码(APC)。ADPCM、ADP以及熵编码均属于APC衍生出来的压缩编码方法。

5. 频域编码

(1)自适应变换编码(ATC)

自适应变换编码(Adaptive Transform Coding,ATC),这种方法使用快速变换(例如离散余弦变换)把话音信号分成许许多多的频带,用来表示每个变换系数的位数取决于话音谱的性质,获得的数据率可低到 16 kb/s。

(2)子带编码(SBC)

子带编码 SBC(Sub-Band Coding)的基本思想是,首先使用一组带通滤波器 BPF(Band－Pass Filter)把输入音频信号的频带分成若干个连续的频段,每个频段称为子带。对每个子带中的音频信号采用单独的编码方案去编码。在信道上传送时,将每个子带的代码复合起来。在接收端译码时,将每个子带的代码单独译码,然后把它们组合起来,还原成原来的音频信号。子带编码的方块图如图 4－5 所示,图中的编码/译码器,可以采用 ADPCM、APCM、PCM 等。

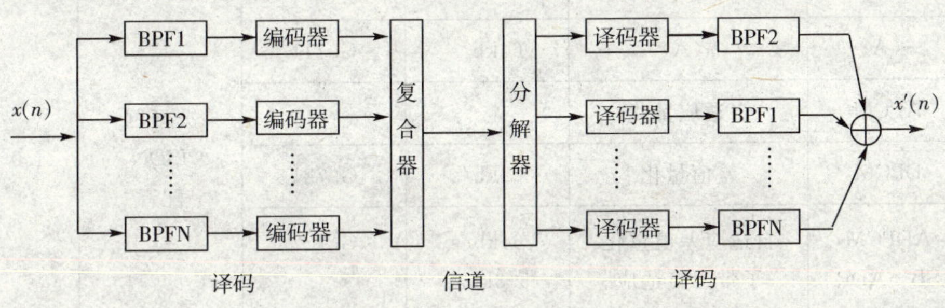

图 4－5　子带编码方块图

6. 混合型编码

混合型编码是将波形编码的高质量与参数编码的低数据速率结合起来的一种新型编码方法。

混合编译码的想法是企图填补波形编译码和音源编译码之间的间隔。波形编译码器虽然可提供高话音的质量,但在数据率低于 16 kb/s 的情况下,在技术上还没有解决音质的问题;声码器的数据率虽然可降到 2.4 kb/s 甚至更低,但它的音质根本不能与自然话音相提并论。为了得到音质高而数据率又低的编译码器,历史上出现过很多形式的混合编译码器,但最成功并且普遍使用的编译码器是时域合成－分析(analysis－by－synthesis,AbS)编译码器。

AbS 编译码器的一般结构如图 4－6所示。

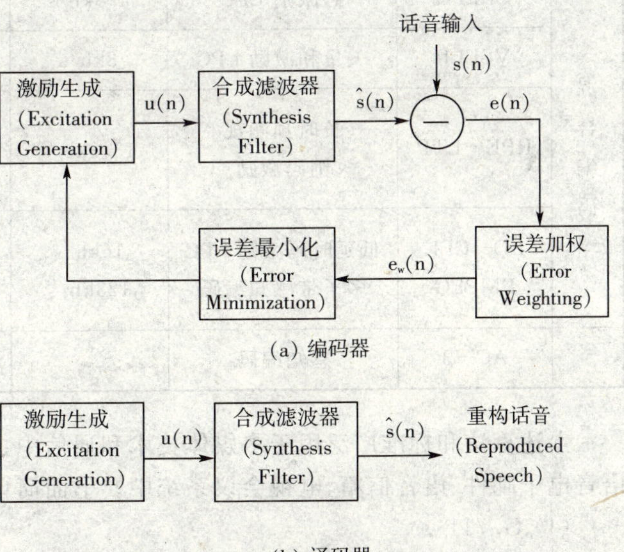

图 4－6　AbS 编译码器的结构

4.3.3 音频信号压缩编码标准及评估

国际电报电话咨询委员会(CCITT)和国际标准化组织(ISO)先后提出一系列有关音频编码的建议,表 3-1 中列出了一些音频编码算法和国际标准。1992 年首先制定了 G.711 64kb/s(A)律 PCM 编码标准。低码率、短延时、高质量是人们期望的目标。

1. 音频信号压缩编码标准

CCITT 正在制定更低码率高质量短延时的音频编码标准。表 4-1 中列出一些编码标准和算法。本节重点介绍典型算法的基本原理。

表 4-1　音频编码算法和标准

<table>
<tr><th></th><th>算法</th><th>名称</th><th>数据率</th><th>标准</th><th>应用</th><th>质量</th></tr>
<tr><td rowspan="5">波形编码</td><td>PCM</td><td>均匀量化</td><td></td><td></td><td rowspan="5">公开网
ISDN
配音</td><td rowspan="5">4.0～4.5</td></tr>
<tr><td>π(A)</td><td>π(A)</td><td>64kb/s</td><td>G.711</td></tr>
<tr><td>APCM</td><td>自适应量化</td><td></td><td></td></tr>
<tr><td>DPCM</td><td>差值量化</td><td>32kb/s</td><td>G.721</td></tr>
<tr><td>ADPCM
SB－ADP
CM</td><td>自适应差值量化
子带—自适应
差值量化</td><td>64kb/s
5.3kb/s
6.3kb/s</td><td>G.722

G.723</td></tr>
<tr><td>参数编码</td><td>LPC</td><td>线性预测编码</td><td>2.4kb/s</td><td></td><td>保密话声</td><td>2.5～3.5</td></tr>
<tr><td rowspan="4">混合编码</td><td>CELPC</td><td>码激励 LPC</td><td>4.8kb/s</td><td></td><td>移动通信</td><td rowspan="2">4.0～3.7</td></tr>
<tr><td>VSELP</td><td>矢量和激励 LPC</td><td>8kb/s</td><td></td><td>语音邮件</td></tr>
<tr><td>RPE－LTP</td><td>长时预测规
则码激励</td><td>13.2kb/s</td><td></td><td>ISDN</td><td rowspan="2">5.0</td></tr>
<tr><td>LD－CEL
PMPEG</td><td>低延时码激励 LPC
多子带感知编码</td><td>16kb/s
128kb/s</td><td>G.728
G.729</td><td>CD</td></tr>
<tr><td></td><td>AC－3</td><td>感知编码</td><td></td><td></td><td>音响</td><td>5.0</td></tr>
</table>

上述算法和标准广泛用于多媒体技术和通信中。如多媒体节目中音频编码、可视电话、语音电子邮件、语音信箱、电视会议系统中。下面简单介绍几种常用音频编码标准:

(1) G.711

本建议公布于 1972 年,它给出话音信号编码的推荐特性。话音的抽样率为 8000Hz,允许偏差是±50ppm(Parts Per million)。每个样值采用 8 位二进制编码。推荐使用 A 律和 μ

律量化。本建议中分别给出 A 律和 μ 律的定义。它是将 13 位 PCM 码按 A 律、14 位 PCM 码按 μ 律转换 8 位编码。简单地讲，建议中把 13(14)PCM 码分割成 16 段，各段长度不等，每段给 16 个码字，总编码共 256 个。这是一种较为简单的非均匀编量化器。码器输入和输出的示意图如图 4-7 所示。图中显示输入为正时，输入码与 A 律输出码的关系。

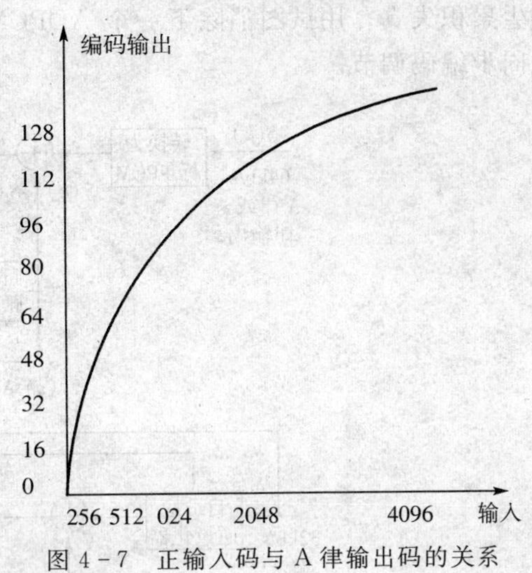

图 4-7　正输入码与 A 律输出码的关系

(2)G. 721

这个建议是 1984 年公布，1986 年作了进一步修订。它用于 64kbit/s 的 A 律或 μ 律 PCM 到 32kbit/s ADPCM 之间的转换，实现了对 PCM 信道的扩容。

表 4-2　A 律正输入时的编码表

输入	段号	段长	量化阶矩	编码 n	段边界值 x_n	译码器输出 y_n
8159				(128)	(8159)	8031
4063	8	16	256	127	7903～4319 4063～2143	4191
2015	7	16	128	112	2015～1055	3079
991	6	16	64	96	991～511	1023
479	5	16	32	80	479～239	495
223	4	16	16	64	223～103	231
95	3	16	8	48	95～35 31～3	99
31	2	16	4	32	1	33
	1	15	2	16	0	2
		1	1	1		0

图 4-8 是 32kbit/s ADPCM 编码器和解码器简化框图。编码器的输入信号是 64kbit/s A 律或 μ 律 PCM 编码。首先将其转换为标准 PCM 编码，从中减去估计值，得到差值信号 $d(k)$。15 阶自适应量化器将 $d(k)$ 量化成 4 位二进制值 $I(k)$。逆量化器从这 4 位二进制数中产生量化的差值信号 dq(k)。dq(k)和估计信号 Sq(k)相加得到重构信号 Sr(k)。自适应预测器利用 dq(k)和 Sr(k)生成输入信号的估计值。

解码器包括一个与编码器反馈部分相同的结构，还有 A 律或 μ 律的转换器，以及同步编码调节器。同步编码器用于防止同步级联编码 ADPCM－PCM－ADPCM 在某些情况下产生累积失真。用试图消除下一个 ADPCM 编码的量化失真的方式调节 PCM 输出，以实现同步编码调节。

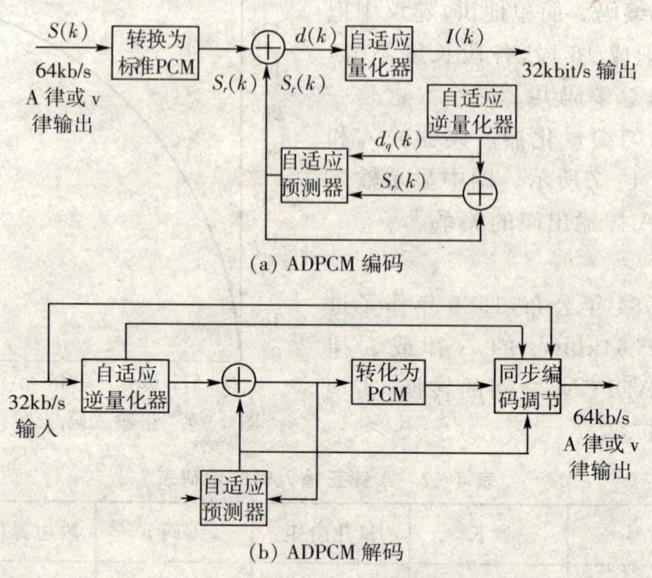

图 4-8　G. 721 简化框图

(3)G. 722

G. 722 建议的带宽音频压缩仍采用波形编码技术，因为要保证既能适用于话音，又能用于其他方式的音频，只能考虑波形编码。G. 722 编码采用了高低两个子带内的 ADPCM 方案，高低子带的划分以 4kHz 为界，然后再对每个子带内采用类似 G. 721 建议的 ADPCM 编码，因此 G. 722 建议的技术方案可以简写为 SB－ADPCM（子带－自适应差分脉冲码调制）。

(4)G. 728

G. 728 建议的技术基础是美国 AT&T 公司贝尔实验室提出的 LD－CELP（低延时－码激励线性预测）算法。该算法考虑了听觉特性，其特点是：(1)以块为单位的后向自适应高阶预测；(2)后向自适应型增益量化；(3)以适应为单位的激励信号量化。

(5)MPEG 中的音频编码

国际标准化组织/国际电工委员会所属 WG11 工作组，制定推荐了 MPEG 标准。现介绍 MPEG I 标准的一部分，对应于 ISO/IEC 11172－3（MPEG－音频）。这部分规定了高质量音频编码方法，存储表示和解码方法。编码器的输入和解码器的输出与现存的 PCM 标准兼容。ISO/IEC 11172 视频、音频的总数据率为 1.5Mb/s。音频使用的采样率为 32kHz，44.1kHz 和 48kHz。编码输出的数据率有许多种，由相关的参数决定。

① 编码器

编码器处理数字音频信号，并生成存储所需的数据流。但编码器的算法并没有标准化，可以使用多种算法，如对音频掩蔽阈值估计的编码、量化和缩放，只要编码器输出的数据能使符合本标准的解码器解出适用的音频流。图 4-9 表明了音频编码器的基本结构。

有四种不同的编码模式：单声道模式、双声道模式、立体声模式和联合立体声模式。

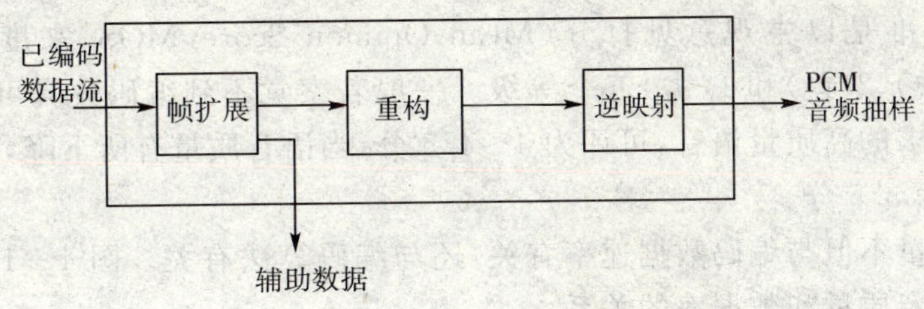

图 4-9　音频编码器基本结构框图

② 编码层次

根据应用需求，可以使用不同层次的编码系统，编码器的复杂性和性能也随之升高。

③存储

已编码的视频数据、音频数据、同步数据、系统数据和辅助数据均可一并存入同一存储介质中。如果限定编辑点与可寻地点一致，音频编辑是很容易的。

对存储器的存取可能包括在通信系统中的远程存取。假定存取被一个功能单元控制，而不是被音频解码器本身控制，这个控制单元接收用户命令，读取并解释数据的基本结构信息，从介质中读取已存储的信息，分解非音频信息，按所需的速率将存储的音频数据流传送给音频解码器。

④ 解码

解码器按编码器定义的语法接收压缩的音频数据流，按解码部分的方法解出数据元素，按滤波器的规定，用这些信息产生数字音频输出。图 4-10 表明了音频解码器的基本结构。

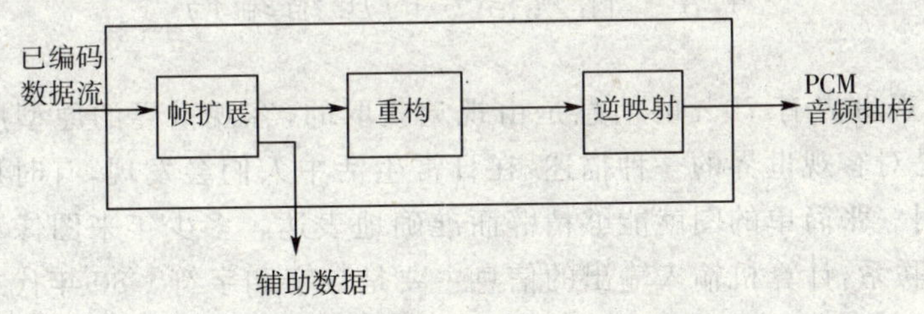

图 4-10　音频解码器结构框图

(6)AC-3 音频编码

AC-3 音频编码标准的起源是 DOLBY AC-1。AC-1 应用的编码技术是自适应增量调制(ADM)，它把 20kHz 的宽带立体声音频信号编码成 512kbps 的数据流。AC-1 曾在卫星电视和调频广播上得到广泛应用。1990 年 DOLBY 实验室推出了立体声编码标准 AC-2，它采用类似 MDCT 的重叠窗口的快速傅立叶变换(FFT)编码技术，其数据率在 256kbps 以下。AC-2 被应用在 PC 声卡和综合业务数字网等方面。

2. 音频信号编码的质量及其评估

音频的质量与其频率范围有关。可以将它们分为电话语音级、调幅广播级、调频广播级和宽带音频级等 4 个质量等级。国际标准确定音频编码的数据速率在 128kb/s 以下。声音重构的质量跟编码的数据速率及编码算法有关。评估数字波形编码系统时，可以用信号/量化噪声化(SNR)为准则，但是音频系统的最终准则应该是人耳听觉上的准则。然而，这种听觉上的准则很难客观量化。现在最常用的音频质量评估法是主观评估法。

主观评估标准是以主观意见打分(Mean Opinion Score,MOS)来度量的,它分为 5(优)、4(良)、3(中)、2(差)和 1(劣)五个等级。一般若察觉不到编码失真可评为 5 分;对于符合长途通信要求的高质量语音,可评为 4～4.5 分;当语音质量有所下降,但尚不致妨碍正常通信时,可评为 3.5 分。

声音重构质量不但与编码数据速率有关,还与编码算法有关。图 4－11 表示了目前三种编译码器的话音质量和数据率的关系。

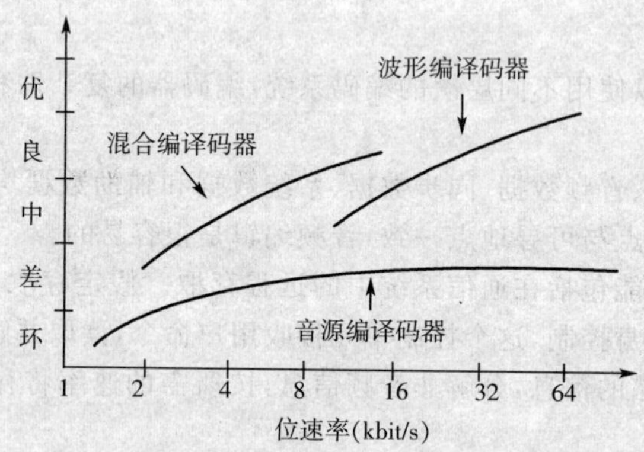

图 4－11　普通编译码器的音质与数据率

4.4　视频信号的压缩编码

人类感知客观世界有 70%的信息是由视觉获取的,客观世界的原型应该是景物和图像,语言和文字是对客观世界的一种描述,在日常生活中人们会发现,有时用语言和文字难以表述的事物,用一张简单的图就能够精辟而准确地表达。多少年来图像和视频与计算机一直没有太多的联系,计算机输入输出的信息主要是数字和字符。80 年代末多媒体计算机技术的出现,使计算机具有综合处理声音、文字、图像和视频信息的能力,它以形象丰富的声、文、图信息和方便的交互性,极大地改善了人机界面,改变了使用计算机的方式,从而为计算机进入人类生活和生产的各个领域打开了大门,为计算机产业开辟了非常广阔的市场。

4.4.1　彩色空间和变换

多媒体计算机处理图像和视频,首先必须把连续的图像函数 $f(x,y)$进行空间和幅值的离散化处理。

采样:空间连续坐标(x,y)的离散化,叫做采样。

量化:$f(x,y)$颜色的离散化,称之为量化。

数字化:两种离散化结合在一起,叫做数字化,离散化的结果称为数字图像。

采样定理阐述了采样间隔与 $f(x,y)$频带之间的依存关系,频带愈窄,相应的采样频率可以降低,采样频率是图像变化频率两倍时,就能保证由离散图像数据无失真地重建原图。实际情况是空域图像 $f(x,y)$一般为有限函数,那么它的频域带宽不可能有限,卷积时混叠现象也不可避免,因而用数字图像表示连续图像总会有些失真。

我们以一幅黑白灰度图像为例。在计算机中灰度级以 2 的整数幂表示，即 $G=2m$，当 $m=8,7,6,\cdots,1$ 时，其对应的灰度等级为 256，128，64，…，2。

2 级灰度构成二值图像，即画面只有黑白之分，没有灰度层次。通常我们采用 256 级灰度，这样可以使 A/D 变换时保证有足够的灰度层次。

而彩色幅度如何量化，这要取决于所选用的彩色空间表示。

1. 颜色的基本概念

人们认为颜色是视觉系统对可见光的感知结果。可见光是波长 380～780nm 之间的电磁波，我们看到的大多数光不是一种波长的光。

人的视觉系统对颜色的感知可归纳出如下几个特性：

(1)眼睛本质上是一个照相机。人的视网膜(human retina)通过神经元来感知外部世界的颜色，每个神经元或者是一个对颜色敏感的锥体(cone)，或者是一个对颜色不敏感的杆状体(rod)。

(2)红、绿和蓝三种锥体细胞对不同频率的光的感知程度不同，对不同亮度的感知程度也不同。这就意味着，人们可以使用数字图像处理技术来降低表示图像的数据量而不使人感到图像质量明显下降。

(3)自然界中的任何一种颜色都可以由 R、G、B 这 3 种颜色值之和来确定，它们构成一个三维的 RGB 矢量空间。这就是说，R、G、B 的数值不同，混合得到的颜色就不同，也就是光波的波长不同。

亮度表示某彩色光的明亮程度，而色度则表示颜色的类别与深浅程度。

三基色(RGB)原理：自然界常见的各种彩色光，都可由红(R)、绿(G)、蓝(B)三种颜色光按不同比例相配而成。同样，绝大多数颜色也可以分解成红、绿、蓝三种色光，这就是色度学中最基本原理——三基色原理。

由于人眼对于相同亮度单色光的主观亮度感觉不同，所以，用相同亮度的三基色混色时，如果把混色后所得单色光亮度定为 100％的话，那么人的主观感觉是绿光仅次于白光是三基色中最亮的。红光次之，亮度约占绿光的一半；蓝光最弱，亮度约占红光的 1/3。当白光的亮度用 Y 来表示时，它和红、绿、蓝三色的关系可用如下的方程描述：

$$Y = 0.299R + 0.587G + 0.114B$$

这就是常用的亮度公式，它是根据美国国家电视制式委员会的 NTSC 制式推导得到的，如果采用 PAL 电视制式时，白光的亮度公式将作如下改动：

$$Y = 0.222R + 0.707G + 0.071B$$

两个公式不同的原因，是由于所选取的显示三基色不同，三基色及其补色的亮度比例图如图 4-12 所示，其中三补色亮度比例等于合成补色的基色亮度比例之和。

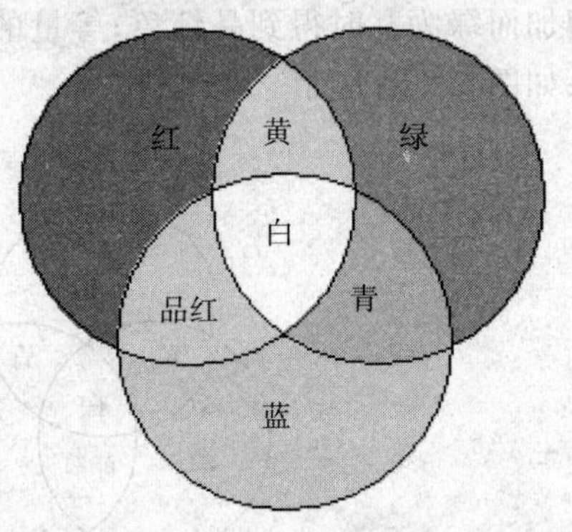

图 4-12　相加混色之三基色及其补色

2. 颜色空间表示

颜色模型(color model)是用简单方法描述所有颜色的一套规则和定义，例如 RGB、CMY、YCrCb 等都是表示颜色的颜色模型。

(1)显示彩色图像用 RGB 相加混色模型

一个能发出光波的物体称为有源物体，它的颜色由该物体发出的光波决定，并且使用 RGB 相加混色模型。电视机和计算机显示器使用的阴极射线管(cathode ray tube,CRT)就是一个有源物体。CRT 使用 3 个电子枪分别产生红(Red)、绿(Green)和蓝(Blue)三种波长的光，并以各种不同的相对强度综合起来产生颜色，如图 4-13 所示。组合这三种光波以产生特定颜色就叫做相加混色，因为这种相加混色是利用 R、G、B 颜色分量产生颜色，所以称为 RGB 相加混色模型。相加混色是计算机应用中定义颜色的基本方法。

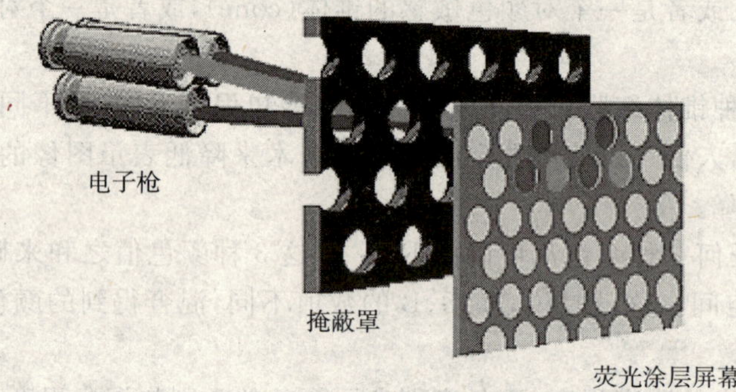

图 4-13 彩色显像管产生颜色的原理

从理论上讲，任何一种颜色都可用三种基本颜色按不同的比例混合得到。三种颜色的光强越强，到达我们眼睛的光就越多，它们的比例不同，我们看到的颜色也就不同，没有光到达眼睛，就是一片漆黑。当三基色按不同强度相加时，总的光强增强，并可得到任何一种颜色。某一种颜色和这三种颜色之间的关系可用下面的式子来描述：

颜色＝R(红色的百分比)＋G(绿色的百分比)＋B(蓝色的百分比)

当三基色等量相加时，得到白色；等量的红绿相加而蓝为 0 值时得到黄色；等量的红蓝相加而绿为 0 时得到品红色；等量的绿蓝相加而红为 0 时得到青色。这些三基色相加的结果如图 4-14 所示。

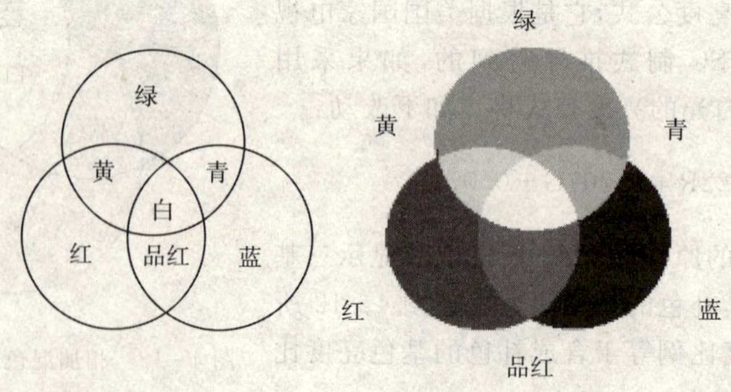

图 4-14 相加混色

(2)打印彩色图像用 CMY 相减混色模型

用彩色墨水或颜料进行混合,这样得到的颜色称为相减色。在理论上说,任何一种颜色都可以用三种基本颜料按一定比例混合得到。这三种颜色是青色(Cyan)、品红(Magenta)和黄色(Yellow),通常写成 CMY,称为 CMY 模型。用这种方法产生的颜色之所以称为相减色,乃是因为它减少了为视觉系统识别颜色所需要的反射光。

表 4-3　16 色 VGA 调色板的值

代码	R	G	B	H	S	L	颜色
0	0	0	0	160	0	0	黑(Black)
1	0	0	128	160	240	60	蓝(Blue)
2	0	128	0	80	240	60	绿(Green)
3	0	128	128	120	240	60	青(Cyan)
4	128	0	0	0	240	60	红(Red)
5	128	0	128	200	240	60	品红(Magenta)
6	128	128	0	40	240	60	褐色(Dark yellow)
7	192	192	192	160	0	180	白(Light gray)
8	128	128	128	160	0	120	深灰(Dark gray)
9	0	0	255	160	240	120	淡蓝(Light blue)
10	0	255	0	80	240	120	淡绿(Light green)
11	0	255	255	120	240	120	淡青(Light cyan)
12	255	0	0	0	240	120	淡红(Light red)
13	255	0	255	200	240	120	淡品红(Light magenta)
14	255	255	0	40	240	120	黄(yellow)
15	255	255	255	160	0	240	高亮白(Bright white)

在相减混色中,当三基色等量相减时得到黑色;等量黄色(Y)和品红(M)相减而青色(C)为 0 时,得到红色(R);等量青色(C)和品红(M)相减而黄色(Y)为 0 时,得到蓝色(B);等量黄色(Y)和青色(C)相减而品红(M)为 0 时,得到绿色(G)。这些三基色相减结果如图 4-15 所示。

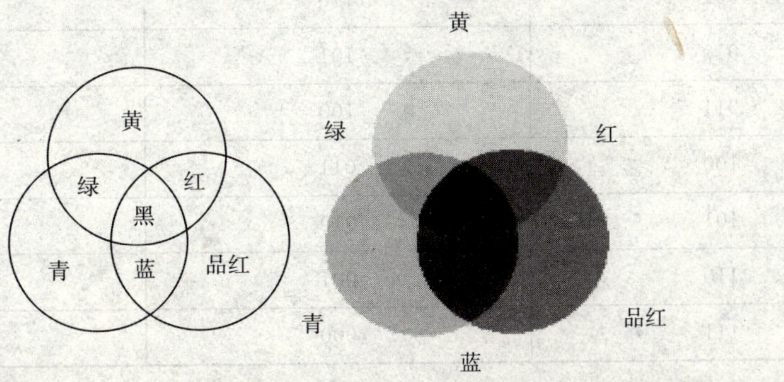

图 4-15　相减混色

彩色打印机采用的就是这种原理，印刷彩色图片也是采用这种原理。按每个像素每种颜色用 1 位表示，相减法产生的 8 种颜色如表 4－4 所示。由于彩色墨水和颜料的化学特性，用等量的三基色得到的黑色不是真正的黑色，因此在印刷术中常加一种真正的黑色(black ink)，所以 CMY 又写成 CMYK。

表 4－4 相减色

青色	品红	黄色	相减色
0	0	0	白
0	0	1	黄
0	1	0	品红
0	1	1	红
1	0	0	青
1	0	1	绿
1	1	0	蓝
1	1	1	黑

相加色与相减色之间有一个直接关系，如表 4－5 所示。利用它们之间的关系，可以把显示的颜色转换成输出打印的颜色。相加混色和相减混色之间成对出现互补色。例如，当 RGB 为 1∶1∶1 时，在相加混色中产生白色，而 CMY 为 1∶1∶1 时，在相减混色中产生黑色。从另一个角度也可以看它们的互补性。从表 4－5 中可以看到，在 RGB 中的颜色为 1 的地方，在 CMY 对应的位置上，其颜色值为 0。例如 RGB 为 0∶1∶0 时，对应 CMY 为 1∶0∶1。

表 4－5 相加色与相减色的关系

相加混色	相减混色	生成的颜色
RGB	CMY	
000	111	黑
001	110	蓝
010	101	绿
011	100	青
100	011	红
101	010	品红
110	001	黄
111	000	白

注：RGB 彩色空间和 CMY 彩色空间可以使用图 4－16 所示的立方体来表示。

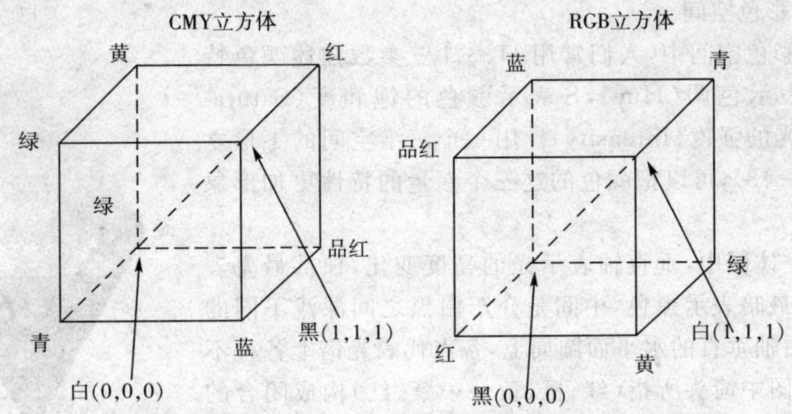

图4-16　RGB彩色空间和CMY彩色空间的表示法

(3)YUV 和 YIQ 彩色空间

在现代彩色电视系统中，通常采用三管彩色摄像机或彩色 CCD 摄像机，它把摄得的彩色图像信号，经分色棱镜分成 R0、G0、B0 三个分量的信号，分别经放大和 γ 校正得到 RGB，再经过矩阵变换电路得到亮度信号 Y、色差信号 R－Y 和 B－Y，最后发送端将 Y、R－Y 及 B－Y 三个信号进行编码，用同一信道发送出去。这就是我们常用的 YUV 彩色空间，采用 YUV 彩色空间的好处如下：

①亮度信号 Y 解决了彩色电视机与黑白电视机的兼容问题；

②大量实验表明，人眼对彩色图像细节的分辨本领比对黑白的低得多，因此对色度信号 U、V，可以采用“大面积着色原理”。用亮度信号 Y 传送细节，用色差信号 UV 进行大面积涂色。因此彩色图像的清晰度由亮度信号的带宽保证(PAL 制亮度信号 Y 的带宽采用 4.43MHz)，而把色度信号的带宽变窄(PAL 制色度信号带宽限制在 1.3MHz)。

正是由于这个原因，在多媒体计算机中采用了 YUV 彩色空间，数字化后通常为 Y∶U∶V ＝ 8∶4∶4 或者是 Y∶U∶V ＝ 8∶2∶2，后者具体的做法是把亮度信号 Y 的每个像素都数字化为 8bit(256 级亮度)，而 U，V 色差信号每四个像素用一个 8bit 数据表示，即粒度变大。将一个像素用 24bit 表示压缩为用 12bit 表示，而人的眼睛却感觉不出来。

美国、日本等国采用的 NTSC 制，选用了 YIQ 彩色空间，Y 仍为亮度信号，I、Q 仍为色差信号，但它们与 U、V 是不同的，其区别是色度矢量图中的位置不同，如图 4-30 所示，Q、I 为互相正交的坐标轴，它与 U、V 正交轴之间呈 33°夹角。

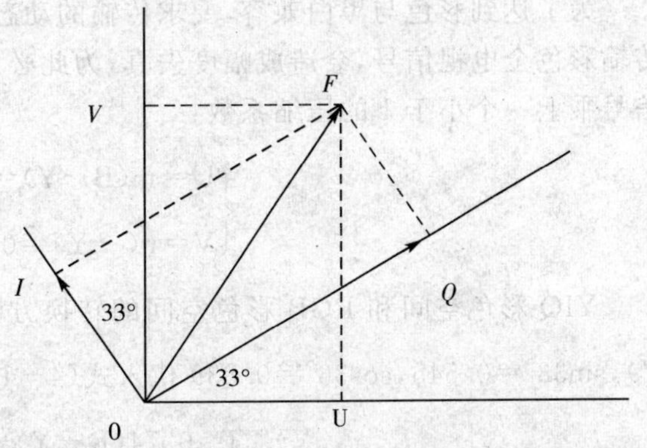

图4-17　IQ 轴与 UV 轴的关系

由图 4-17 可知 I、Q 与 V、U 之间的关系可以表示成：

$$\begin{cases} I = V\cos 33° - U\min 33° \\ Q = V\sin 33° + U\cos 33° \end{cases} \quad (4-1)$$

(4)HSI 彩色空间

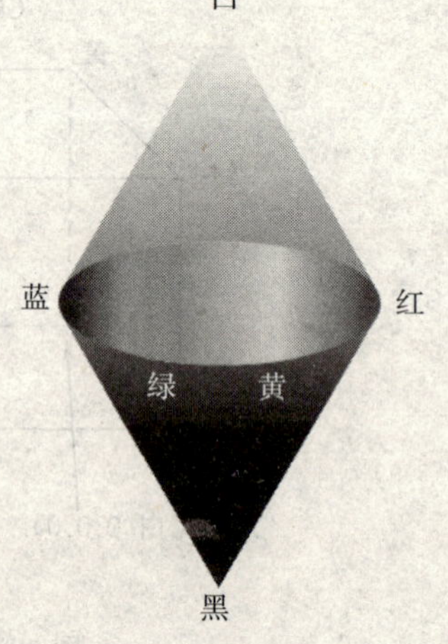

图 4－18　颜色立体图

在 HSI 彩色空间中，人们常用 H、S、I 三参数描述颜色特性，其中 H 表示色调（Hue），S 表示颜色的饱和度（Saturation），I 表示光的强度（Intensity）。用一个三维空间的枣形立体图（见图 4－18），可以把颜色的这三个参量的特性更加形象地表示出来。

在颜色立体图中，垂直轴表示光的亮度变化，顶部最亮表示白色，底部最暗表示黑色，中间是介于白黑之间深浅不同的灰度。与黑白轴垂直的水平面圆周上，各点代表光谱上各种不同的色调，如图中箭头所指（红、橙、黄……紫、红）构成闭合的圆环。处于圆周上的点是饱和的颜色。圆周上各点与圆形中心点的亮度相同，从圆周到圆心过渡表示颜色饱和度的逐渐降低，当颜色在枣形立体图同一平面上变化时，只改变色调和饱和度而亮度不变。

3. 彩色空间的转换

彩色摄像机最初得到的是经过 g 校正的 RGB 信号，为了和黑白电视机兼容及压缩编码，在传送过程中包含亮度信号和色差信号，亮度方程简化如下：

$$Y=0.3R+0.59G+0.11B \tag{4-2}$$

公式表明，用三基色显示彩色时，各基色组成亮度 Y 的比例关系是恒定的。这些比例系数有时称之为“可见度系数”，它们的和为 1，这表示当基色信号电压 ER、EG、EB 各为 1V 时，构成亮度信号 EY 也是 1V。

三个色差信号 B－Y，R－Y，G－Y 中有两个是独立的，最后一个可用亮度方程和两个色差信号通过运算得到，表达式如下：

$$\begin{cases} B-Y=B-0.3R-0.59G-0.11B=-0.3R-0.59G+0.89B \\ R-Y=R-0.3R-0.59G-0.11B=0.7R-0.59G-0.11B \\ Y=0.3R+0.59G+0.11B \end{cases} \tag{4-3}$$

为了达到彩色与黑白兼容，要求传输的动态范围满足亮度信号的要求，如果按上述方法传输彩色全电视信号，会造成幅度失真，为此必须对彩色信号进行压缩，压缩方法是让色差信号乘上一个小于 1 的压缩系数：

$$\begin{cases} U=m(B-Y)=0.49(B-Y) \\ V=n(-Y)=0.877(R-Y) \end{cases} \tag{4-4}$$

YIQ 彩色空间和 RGB 彩色空间的转换方法是：将 $V=0.877(R-Y)$，$U=0.493(B-Y)$，$\sin 33°=0.545$，$\cos 33°=0.839$ 代入式(4－1)，可得到：

$$\begin{cases} I=0.74(R-Y)-0.27(B-Y) \\ Q=0.48(R-Y)+0.41(B-Y) \end{cases} \tag{4-5}$$

将式(4－3)代入式(4－5)，整理后得到：

$$\begin{bmatrix} Y \\ I \\ Q \end{bmatrix} = \begin{bmatrix} 0.3 & 0.59 & 0.11 \\ 0.6 & -0.28 & -0.32 \\ 0.21 & -0.52 & 0.31 \end{bmatrix} \begin{bmatrix} R \\ G \\ B \end{bmatrix} \tag{4-6}$$

4.4.2　JPEG 静止图像压缩算法

联合图像专家小组，多年来一直致力于标准化工作，他们开发研制出连续色调、多级灰度、静止图像的数字图像压缩编码方法。这个压缩编码方法称为 JPEG 算法。JPEG 算法被确定为 JPEG 国际标准，它是国际上，彩色、灰度、静止图像的第一个国际标准。JPEG 标准是一个适用范围广泛的通用标准。它不仅适于静止图像的压缩；电视图像序列的帧内图像的压缩编码，也常采用 JPEG 压缩标准。

在 JPEG 编码中用到了我们已学过的变换编码、预测编码和熵编码等原理和方法。这一章前面几节讲的内容是这一部分的基础。因此我们把重点放在 JPEG 的编码算法的具体实现上。

JPEG 标准定义了两种基本压缩算法：一是基于 DCT 变换有失真的压缩算法，二是基于空间预测编码 DPCM 的无失真压缩算法，DPCM 预测编码如图 4－19 所示。我们将重点讲述基于 DCT 变换有失真的压缩算法。

1. 无失真的预测编码

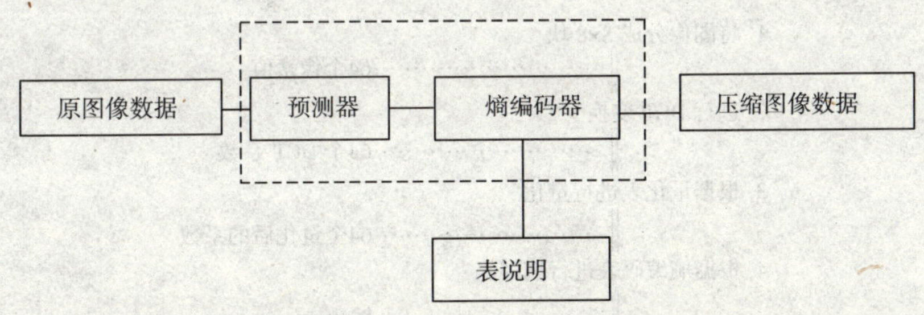

图 4－19　DPCM 预测编码框图

这幅图是无失真的预测编码的原理图，由无失真编码器实现数据压缩，它由预测器和熵编码器组成。预测器采用的是基于 DPCM 预测编码方法，例如对“X”点的预测值“$\hat{X}$”由“a、b、c”算出，进行三阶预测；该预测器提供了 7 个选项，如表 4－6 所示，选“1、2、3”是一维预测；选“4、5、6、7”是二维预测。

熵编码器是对 $X-\hat{X}$ 的差进行无失真的熵编码，比如算术编码或哈夫曼编码。

表 4－6　无失真预测方法

选择位	预测值
0	非预测
1	a
2	b
3	c
4	A+B+C
5	A+((B−C)/2)
6	B+((A−C)/2)
7	A+B/2

2. 基于离散余弦变换(DCT)的有失真压缩编码

(1)基于 DCT 的有失真编码处理过程图

首先来看"基于 DCT 的编码器处理步骤"图,如图 4－20 所示。从这幅图我们可以看出 JPEG 编码的处理过程,从总的来说是这样的:对于一幅图像首先将其分成许多个"8×8"的小块,也就是每个小块有 8×8＝64 个像素;分成多少个小块要看图像的分辨率,分辨率高,分的块就多,分辨率小,分的块就少。然后对(每一个)8×8 的块进行 DCT 变换(二维),经过 DCT 变换后就得到频域的 64 个离散余弦变换系数,得到 64 个离散余弦变换系数后,要对这 64 个系数进行量化,量化是根据"表说明"也就是量化表进行的。量化表是 JPEG 组织根据人的眼睛视觉特性规定好的,直接用量化表去除得到的 64 个系数就是量化,量化后得到的仍是一个(8×8)64 的系数,而这一系数已是低频集中在左上角的一个 8×8 的系数了。最后再利用熵编码表对其进行熵编码,熵编码后得到的就是已压缩的图像数据。

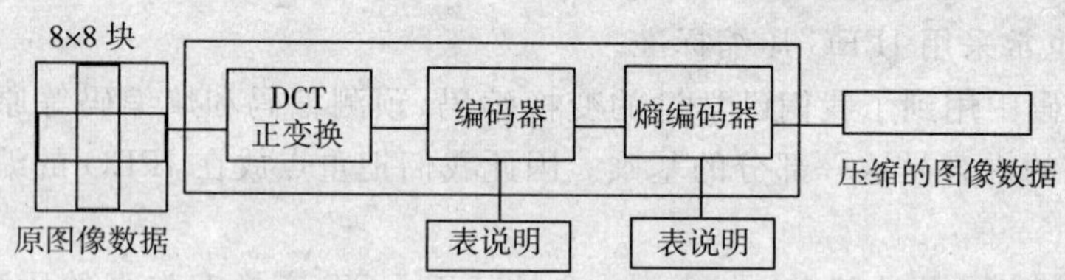

图 4－20　基于 DCT 解码器处理步骤

(2)基于 DCT 的有失真编码处理总过程

DCT 的有失真编码处理总过程如图 4－21 所示。

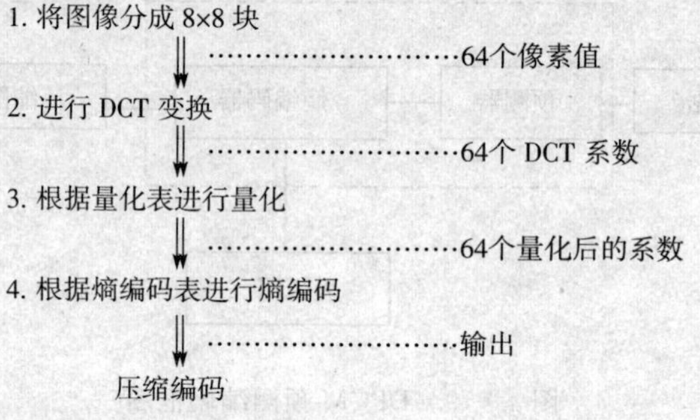

图 4－21　有失真编码处理总过程

(3)各步骤的具体实现

① 将图像分成 8×8 的块

对于第一步,将图像分成 8×8 的块,如图 4－22 所示,我们想解释的是:按什么次序分?是按从左到右,从上到下的次序来分,并按该顺序送入 DCT 编码器,一个接一个的变换。第二个要说的是:被压缩的图像可以是黑白图像,也可以是彩色图像,对于黑白图像每小块只有 64 个灰度值作为下一步的输入;对于彩色图像不仅要有 64 个亮度值,而且还有色差值,这两种值要分别做 DCT 变换。

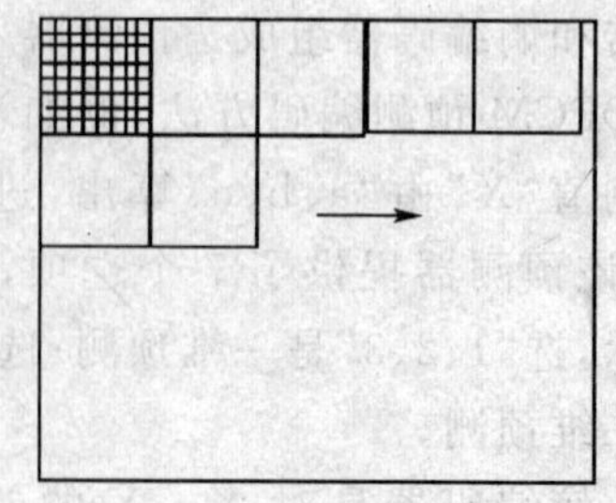

图 4－22　图像分成 8×8 的块

分法:从左到右,从上到下。

黑白图像：64 个灰度值。

彩色图像：64 个亮度分量，64 个色差分量。

【例】 分辨率为 576 行×720 列的彩色图像

有亮度子块：576/8×720/8＝6480 个

有色差子块：576/8×360/8＝3240 个

② 进行 DCT 变换

JPEG 在编码时用的是离散余弦正变换（FDCT），其数学表达式为：

FDCT 变换：

$$F(u,v)=\frac{1}{4}C(u)C(v)\left[\sum_{x=0}^{7}\sum_{y=0}^{7}f(x,y)\cos\frac{(2X+1)}{16}u\pi\cos\frac{(2y+1)}{16}v\pi\right] \tag{4-7}$$

式(4－12)中：$\begin{cases} C(u),\quad C(v)=\dfrac{1}{\sqrt{2}},\quad u=v=0 \\ C(u),\quad C(v)=1,\quad \text{其他} \end{cases}$

其输入数据是：把原始图像分成 8×8 的多个子块的同时将原始图像的采样数据从无符号整数变成有符号的整数。即若采样精度为 P 位，采样数据在范围$[0,2^{p}-1]$内，则变换成在范围$[-2p^{-1},2p^{-1}-1]$内，以此作为 DCT 的输入。输出数据是：DCT 变换系数——64 个基信号的幅值。

3. 量化

量化的方法：JPEG 在 JPEG 标准中采用线性均匀量化器。

均匀量化就是“多到一”的映射，它的定义为：

均匀量化定义为，对 64 个 DCT 变换系数 $F(u,v)$，除以量化步长，四舍五入取整，如下：

$$F^{Q}(u,v)=\text{Integer Round}\left(\frac{F(u,v)}{Q(u,v)}\right) \tag{4-8}$$

其中，$Q(u,v)$是量化器步长。

4. DC 系数的编码和 AC 系数的行程编码

在做熵编码之前，先明确两个概念：DC 系数和 AC 系数。

量化后得到的仍是 64 个系数，量化并没有改变系数的性质。大家知道 DCT 变换是将数据域从时（空）域变换到频域，在频域平面上变换系数是二维频域变量 u 和 v 的函数。对应于 $u=0,v=0$ 的系数，称做直流分量，即 DC 系数，其余 63 个系数称做 AC 系数，即交流分量。如图 4－23，红点位置上的系数就是直流系数，其他 63 个绿点位置上的系数就是交流分量。

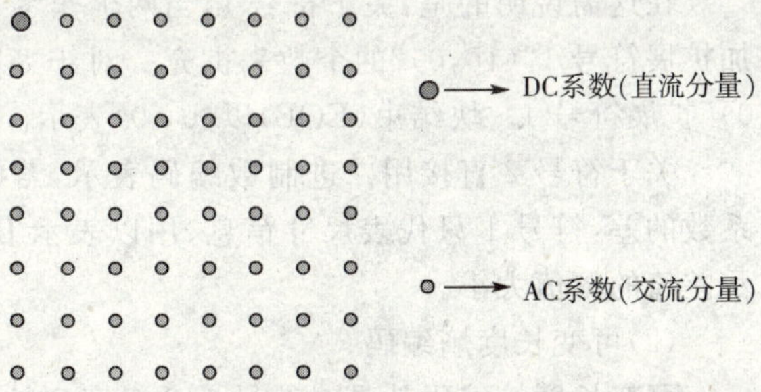

DC系数(直流分量)

AC系数(交流分量)

图 4－23　DC 系数和 AC 系数

DC 系数：对应于 u＝0，v＝0 的系数，称做直流分量，即 DC 系数。

AC 系数：其余 63 个系数称做 AC 系数，即交流分量。DC 系数是 64 个图像采样平均值。因为在一幅图像中像素之间的灰度或色差信号变化缓慢，相邻的 8×8 块之间有更强的相关性，所以相邻块的 DC 系数值很接近，对量化后前后两块之间的 DC 系数差值，进行编码，可以用较少的比特数。DC 系数包含了整个图像能量的主要部分，远离直流系数的高频交流系数大多数为零或趋于零。例如，图 4－24 是某一特定 8×8 图像块的量化后的 DCT 系数。可见 DC 系数值最大，离直流系数远的大部分都为零。

【例】 图 4－24 是某一特定 8×8 图像块的量化后的 DCT 系数。

48	12	0	0	0	0	0	0
－10	8	0	0	0	0	0	0
2	0	0	0	0	0	0	0
0	0	0	0	0	0	0	0
0	0	0	0	0	0	0	0
0	0	0	0	0	0	0	0
0	0	0	0	0	0	0	0
0	0	0	0	0	0	0	0

图 4－24　8×8 量化后的系数

5. 熵编码

为了进一步达到压缩数据的目的，需对量化后的 DC 系数和行程编码后的 AC 系数进行基于统计特性的熵编码。JPEG 建议使用两种熵编码方法：哈夫曼（Huffman）编码和自适应二进制算术编码（Adaptive Binary Arithmetic Coding）。

熵编码可分成两步进行，首先把 DC 和 AC 系数转换成一个中间格式的符号序列，然后给这些符号赋予变长码字。

（1）熵编码的中间格式表示

对交流系数 AC 的中间格式，由两个符号组成。

符号 1（行程，尺寸）

符号 2（幅值）

这个中间格式符号就是上面所说的 AC 系数行程编码的码字。可以这样理解：

符号 1 就是：第一个字节（NNNN——行程，SSSS——尺寸）

符号 2 就是：第二个字节（幅值——下一个非零值的实际值。）

在这需说明的是：关于符号 1，当两个非零 AC 系数之间连续零的个数超过 15 时，用增加扩展符号 1“（15，0）”的个数来扩充。对于 8×8 块的 63 个 AC 系数最多增加三个“（15，0）”扩展符号 1。块结束（EOB）以（0，0）表示。

关于符号 2 直接用二进制数编码表示，若幅值为负数用反码表示。对于直流分量 DC 系数的差，符号 1 只代表尺寸信息，用以表示 DC 系数差值的幅值所需的比特数；符号 2 表示差值的幅值大小。

（2）可变长度熵编码

可变长度熵编码就是对符号 1、2 对序列的统计编码。对 DC 系数和 AC 系数中的符号 1，查“哈夫曼码表”进行编码。“哈夫曼变长码表”和“哈夫曼变长整数表”是 JPEG 标准制定的，必须作为 JPEG 编码器的一部分输入。

设“NNNN”的值为“n”，SSSS 的值为“s”，则符号 1 可以写成符号 1（n，s）例如符号 1（3，4）表示非零两个符号之间有 3 个“0”，下一个非零符号用 4 比特，对符号 1 的编码就是在 AC 系数表中，查 3/4 所对应的编码。

4.4.3　MPEG 运动图像压缩算法

MPEG(Moving Picture Experts Group)的中文意思是运动图像专家小组。MPEG 和 JPEG 两个专家小组,都是在 ISO 领导下的专家小组,其小组成员也有很大的交叠。JPEG 的目标是专门集中于静止图像压缩,MPEG 的目标是针对活动图像的数据压缩,但是静止图像与活动图像之间有密切关系。

多媒体运动图像和伴音的数据压缩编码标准,即 MPEG 标准,实际上包括三个部分:MPEG 视频、MPEG 音频和 MPEG 系统。本节的重点放在 MPEG 视频压缩技术上。

1. MPEG 视频压缩算法的基本技术

(1)MPEG－1 视频压缩

MPEG 视频压缩技术分为帧内图像数据压缩和帧间图像数据压缩技术。帧内压缩算法与 JPEG 压缩算法大致相同,采用基于 DCT 的变换编码技术,用以减少空域冗余信息。我们把重点放在帧间压缩技术上。下面我们讲 MPEG 的帧间编码技术。

① 时域冗余量的减少

由于 MPEG 对视频信号作随机存取的重要要求,和通过帧间运动补偿可有效地压缩资料比特数,MPEG 采用了三种类型的图像:

◆帧内图(Intrapictures,I);

◆预测图(Predicted Pictures,P);

◆双向预测图(Bidirectional Prediction,B)。

I 图像也叫 I 帧,就是静态图像,用 JPEG 帧内压缩的方法得到,压缩比适度,压缩后变成 1～2 个比特/像素;P 图像(P 帧)由最近的 I 帧或 P 帧经过预测编码得到,称为前向预测,而且可以作为下一个 B 帧或 P 帧的照图像;B 图像(B 帧)可以使用前一个和后一个图像作参考图像,也叫双向预测;也可以使用前后两个参考图像,因而 B 帧用到了前项预测、后项预测还有帧内编码。帧内图(I)和预测图(P)及双向预测图(B)沿时间轴上的顺序排列,如图 4－25 所示。是在沿时间轴方向的排列中,每 8 帧图像内,有

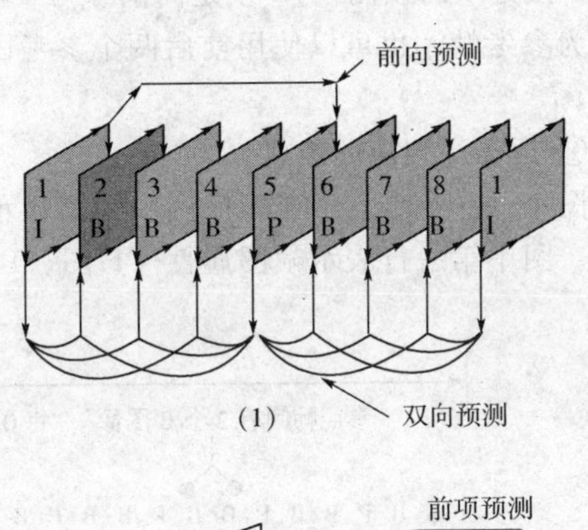

(1)

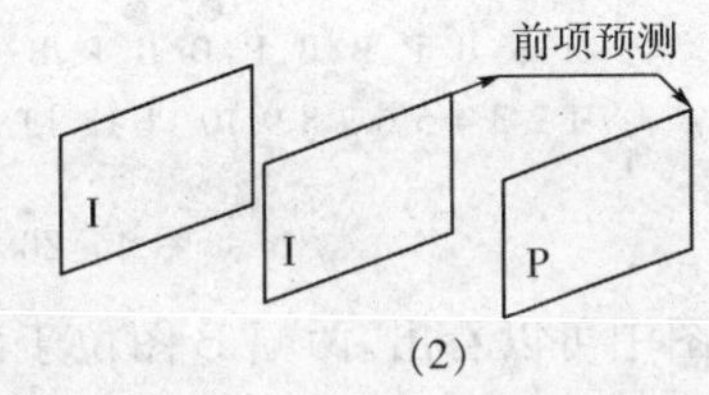

(2)

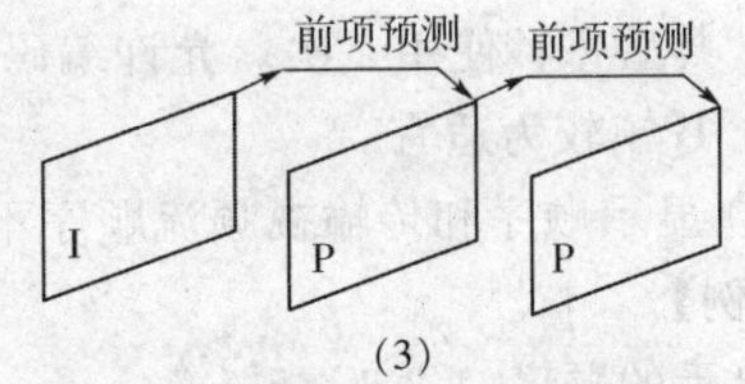

(3)

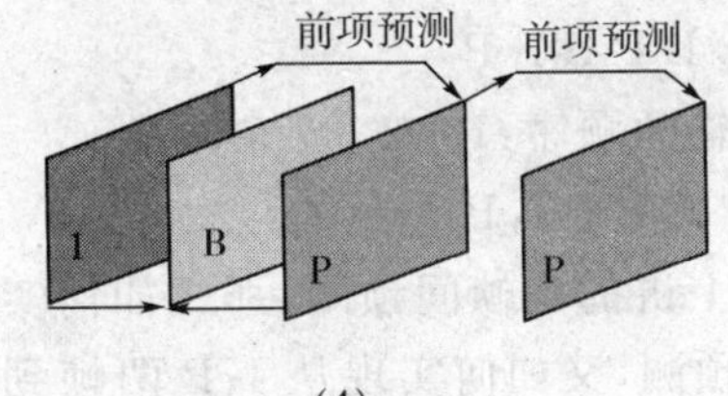

(4)

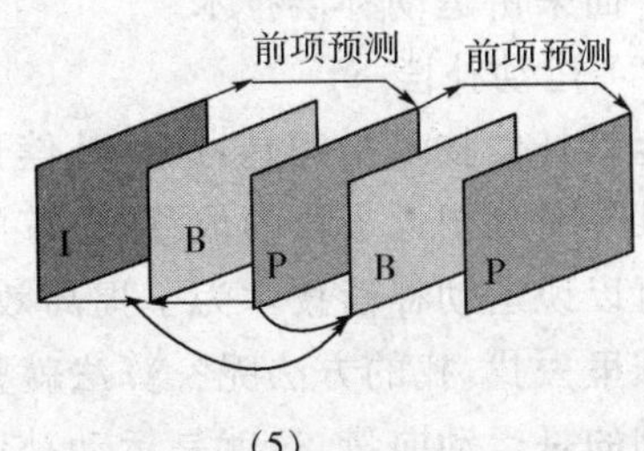

(5)

图 4－25　帧间编码

一幅帧内图(I),一幅预测图(P),6 幅插补图(B)。(B)图处于(I)图和(P)图之间。(I)、(P)和(P)、(I)之间各包括 3 个(B)图。

第 1 帧为 I 帧用的是帧内编码,也就是 JPEG 编码(显示(1))。第 2 帧为 P 帧,P 帧用到了帧间预测,由 I 帧预测 P 帧,也就是说 P 帧预测的“源”是 I 帧,叫前向预测编码(显示(2);P 帧的“源”也可以是 P 帧(显示(3));

B 帧是双向预测帧,B 帧是向前参考 I 帧,向后参考 P 帧而得到的(显示(4));但 B 帧不能作为参考帧。也可以使用前后两个参考图像(显示(5))通过双向预测可以获得很高的压缩比。

② 运动序列流的组成

图 4-26 示出一个视频序列中帧图显示顺序的例子,这也是帧编码器输入帧图的排列顺序。图中第一行表示帧图属性[(I)图、(P)图、(B)图],第二行是编码器输入帧图的编号。

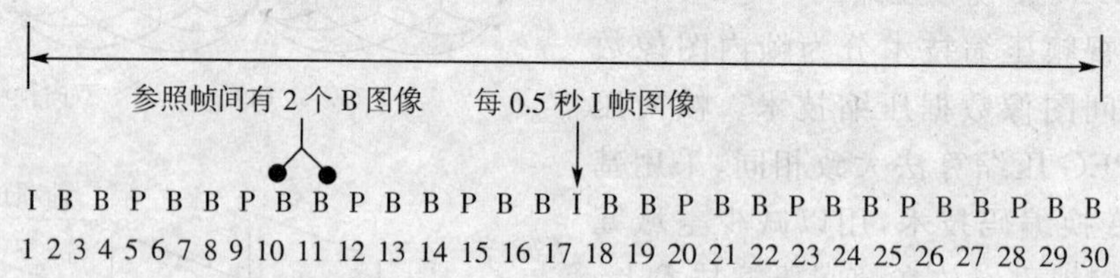

图 4-26 典型的图像类型的显示次序

从图中可以看出,两幅 B 图位于两幅参考图之间,一般在每 0.5 秒给一个 I 帧,这样可以避免误差变大。组成视频流编码时,允许编码端自行选择 I 帧的使用频率和在视频流的位置。典型每秒使用 2 次。允许编码端自行选择任何两帧参考图像(I,P)之间的 B 帧。插入两个 B 帧较为适宜。

③ 显示顺序和传输视频流顺序不一致

【例】

显示的顺序:1 2 3 4 5 6 7

I B B P B B P

传输的顺序:1 4 2 3 7 5 6

I P B B P B B

以上讲的是帧间预测,那么如何实现两帧之间的预测呢?也就是说如何实现从 I 帧的 P 帧的预测,又如何实现从 I、P 两帧到 B 帧的双向预测。MPEG 中采用的是运动补偿技术。下面来讲运动补偿技术。

(2) 运动补偿

运动补偿技术指的是:运动补偿预测是以子块(16×16)为预测单元,把当前子块认为是先前某一时刻图像子块的位移,位移的内容包括运动方向和运动幅度。

可以说运动补偿技术为了提高效率,是在宏块一级运算的,拿当前帧的一个宏块,到另外一帧里去找,找的方法呢?算法就是匹配算法,如何匹配呢?用的是搜索算法,如果找到了得到的是运动向量,这就是运动补偿。运动补偿技术主要用于消除 P、B 图像在时间上的冗余,提高压缩效率是在宏块一级。

(3)运动表示

假设前一帧为 I0,后一帧为 I2,当前帧为 I1,预测的点坐标为 X,MV01 是该点相对于 I0 帧的运动向量,MV21 是该点相对于 I2 帧的运动向量。

B 图中宏块的预测方式宏块类型预测器预测误差

帧内 I I1(x) I1(x)－I'1(x)

前向预测 F I1(x)＝I0(x＋mv01) 1(x)－I'1(x)

后向预测 B I1(x)＝I2(x＋mv21) I1(x)－I'1(x)

双向预测 A I1(x)＝1/2[I0 (X＋MV01)＋I2(X＋MV21)] I1(x)－I'1(x)

对于 B、F 块,只包含一个运动向量,A 块包含两个运动向量以差分的形式编码。

2. MPEG 量化器设计要考虑的因素

JPEG 是针对静止图像,而 MPEG 中的视频信号不仅包含有静止图像(帧内图),还有运动信息(帧间预测图),因此,其量化器应特别考虑。一方面量化器要能通过行程编码使大部分数据得以压缩,另一方面要求通过量化器,编码器输出一个与信道传输速率相匹配的位流。通常,MPEG 量化器设计要考虑下述因素:

(1)视觉加权量化;

(2)帧内块和帧间块的量化;

(3)可自适应调整量化步长。

经过前述一系列的帧内和帧间的压缩处理,可将视频信号压缩到 0.5～1bit/p ixel,压缩数据速率为 1.2Mb/s,重建的图像质量相当于 VHS 记录质量。

习 题

1. 怎样实现数据压缩?
2. 数据压缩技术的 3 个重要指标是什么?
3. 常用的压缩编码方法可分为哪两类?
4. Huffman 编码的基本原理是什么?
5. 人的听觉感知机理特点是什么?
6. 图像压缩方法分为几个类型?
7. 无损压缩和有损压缩的编码分别有哪几种?

第5章　多媒体数据制作技术

【本章要点】

本章主要介绍了有关计算机多媒体中媒体元素的处理和多媒体素材的加工。内容涉及数字音频的处理技术、数字图像处理技术和动画制作技术。

【核心概念】

计算机多媒体技术　媒体元素　数字音频　图形图像　动画

从表面上看，计算机多媒体技术是把文字、图像、声音、视频、动画集成一起的技术，其实它的内核和关键是信息数字化。信息数字化是电脑信息存储的关键，也是计算机多媒体技术的本质特征。

5.1　数字音频处理技术

多媒体音频的主要作用是直接通过讲话表达信息，制造某种效果和气氛，演奏音乐等。在多媒体系统中使用的音频技术主要包括音频的数字化和乐器数字化接口 MIDI。数字化的音频信息是可以通过相对应的软件进行处理和加工的。

要想在多媒体作品中加入高质量的语言解说、背景音乐和各种音响效果等音频元素，就必须借助于音频编辑软件。音频编辑软件可以处理波型音频和 MIDI 音频，能够以极高的精确性切割、拷贝、粘贴及以其他方式编辑加工声音的节段。常见的音频编辑软件有：Sound Forge、WaveEdit、Cakewalk，还有国产的音乐大师等。

多媒体作品中的声音除了用专门的音频编辑软件来制作，也可以在某些多媒体著作系统中完成，如在著作系统 MM Director 中，就提供了许多预先制作好的基本音频素材供用户使用，有鸟鸣声、机关枪声等三十几种声音。

5.1.1　GoldWave 的简介和特性

GoldWave 是一款相当棒的数码录音及编辑软件，除了附有许多的效果处理功能外，还能将编辑好的文件存成 WAV、MP3、WMA、RAW、AFC 等格式，而且若用户的 CD－ROM 是 SCSI 接口方式，它可以不经由声卡直接抽取 CD－ROM 中的音乐来录制编辑。GoldWave 是一个“环保”的工具。安装程序不会改写系统文件。另外，请检查机器显卡是否在 16 色以上。

将文件解压到某一个目录下，不安装，直接运行 goldwave.exe 即可。以下是 GoldWave 的特性：

1. 直观、可定制的用户界面，使操作更简便；

2. 多文档界面可以同时打开多个文件，简化了文件之间的操作；

3. 编辑较长的音乐时，GoldWave 会自动使用硬盘，而编辑较短的音乐时，GoldWave 就会在速度较快的内存中编辑；

4. GoldWave 允许使用很多种声音效果，如：多普勒、倒转、回声、混响等；

5. 精密的过滤器(如降噪器和突变过滤器)帮助修复声音文件；

6. 批转换命令可以把一组声音文件转换为不同的格式和类型。该功能可以转换立体声为单声道,转换8位声音到16位声音,或者是文件类型支持的任意属性的组合。如果安装了MPEG多媒体数字信号编解码器,还可以把原有的声音文件压缩为MP3的格式,在保持出色的声音质量的前提下使声音文件的尺寸缩小为原有尺寸的十分之一左右。

5.1.2　波形文件的剪辑

1. 打开GoldWave。

打开音频文件danshu. wav和shuangshu. wav,如图5-1所示。

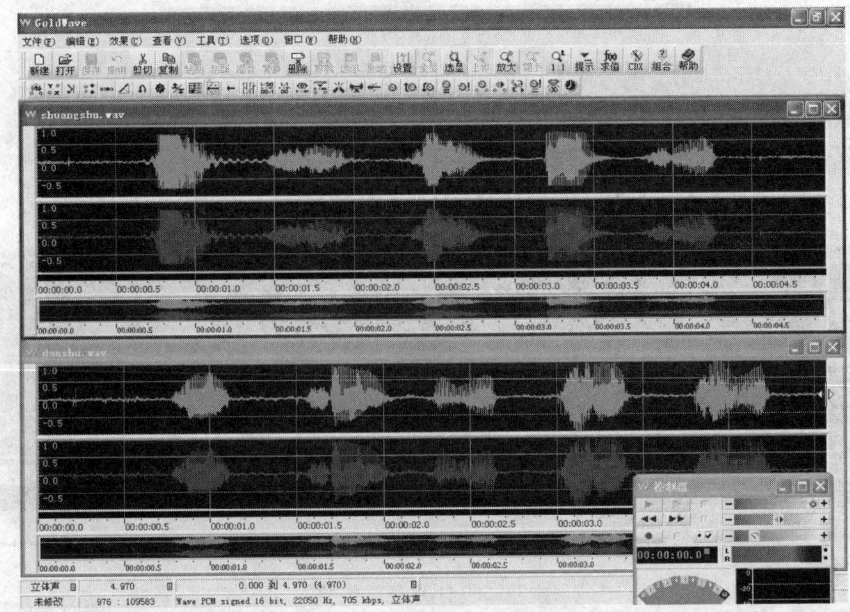

图5-1　打开音频文件

2. 在单数中选择读数"1"的波形部分。

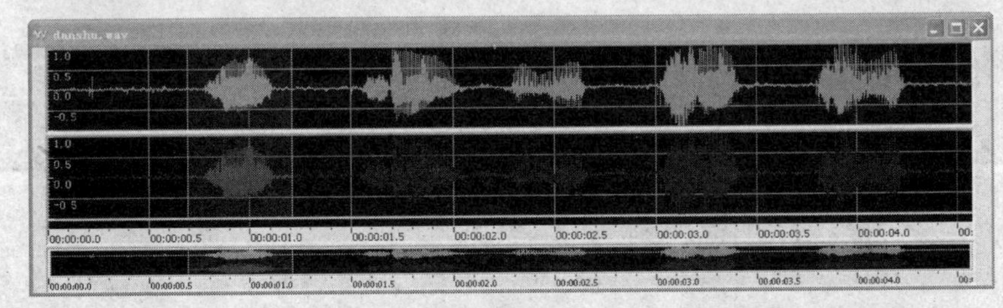

图5-2　打开音频文件

3. 对选择部分进行复制。

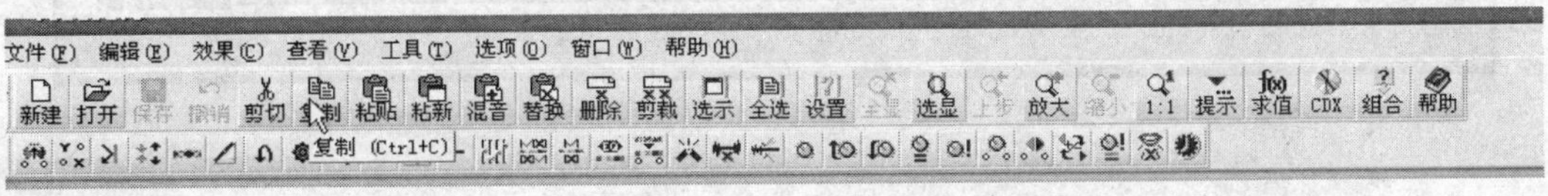

图5-3　复制音频文件

4. 在工具栏上新建一个音频文件把持续时间改成 10 秒。

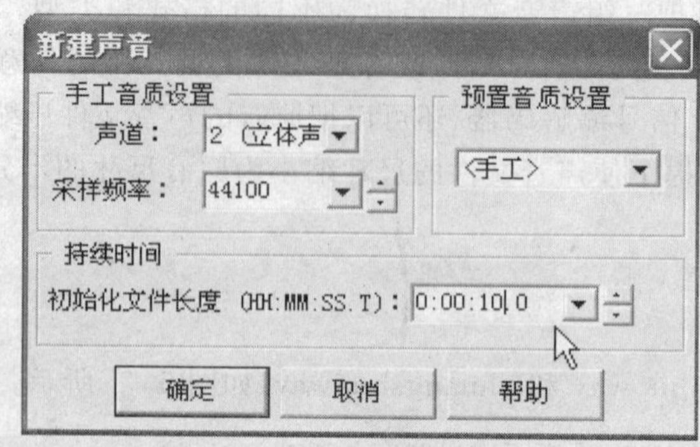

图 5-4　新建音频文件

5. 在新的音频文件中“粘贴”。
6. 在双数文件中选择读数“2”的部分并且复制。
7. 按“Ctrl+A”全选高亮后，将光标移动到波形最后点击，如图呈暗色显示。

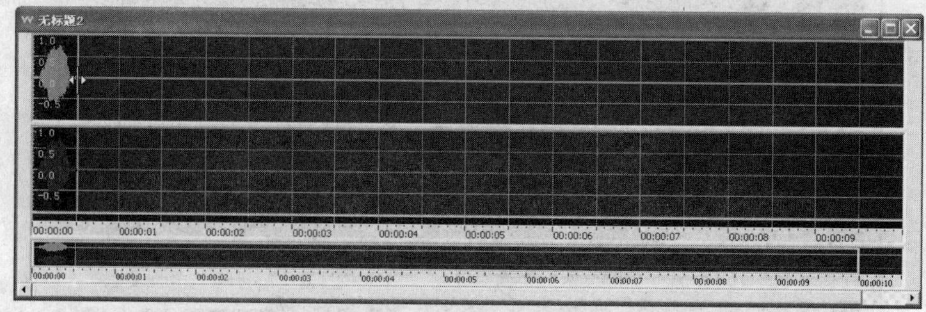

图 5-5　打开音频文件

8. 粘贴，结果如图。

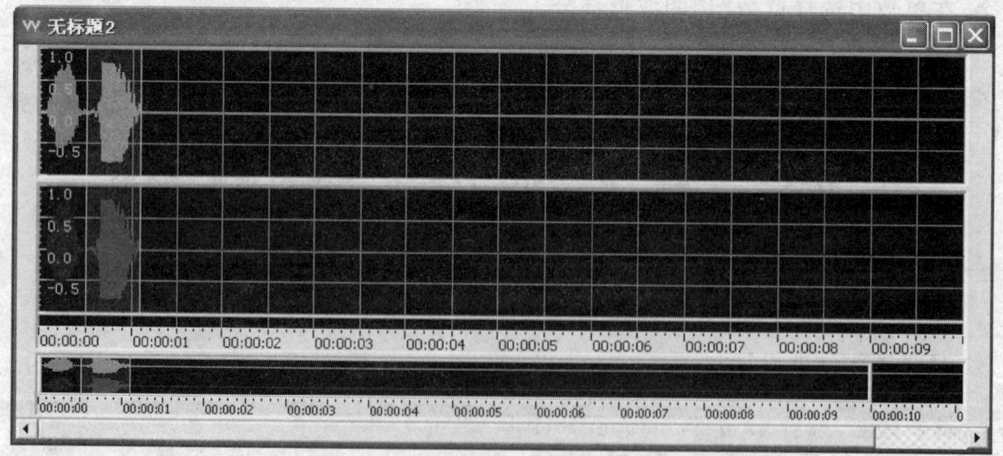

图 5-6　粘贴

9. 依次类推将可将数字任意排列。

10. 最终结果如图,全选高亮显示状态下在波形结束位置右键鼠标。

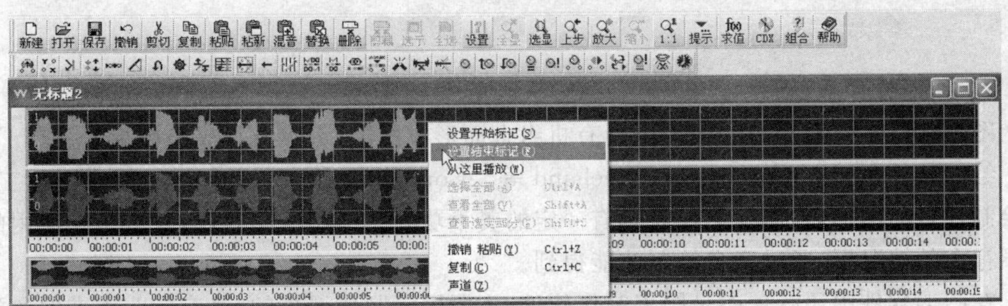

图 5-7　点击右键

11. 点击工具栏上裁减命令或者直接使用快捷键“Ctrl+T”将直线部分删除。

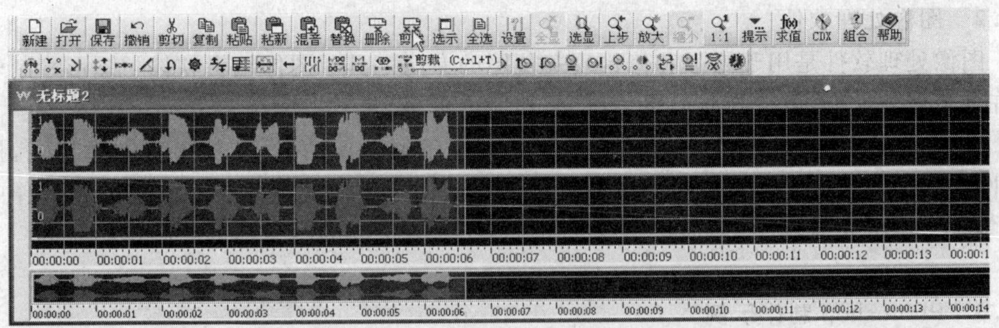

图 5-8　点击裁减命令

12. 存盘。

到这里,我们已经介绍了 GoldWave 的基本功能,GoldWave 是一个功能很强大的软件,使用起来也很方便。

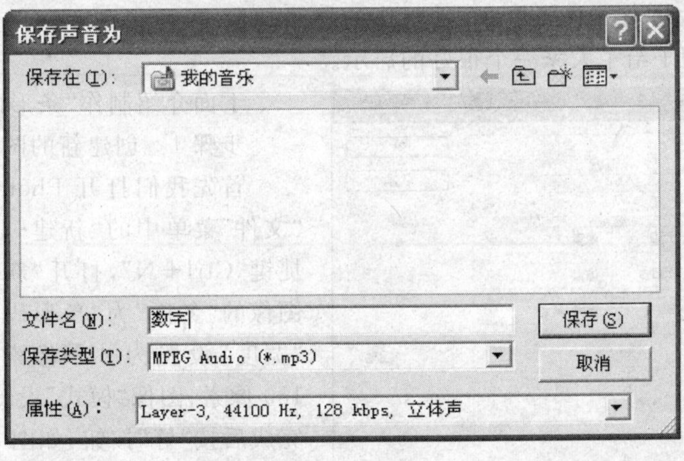

保存声音为
保存在(I): 我的音乐
文件名(N): 数字　保存(S)
保存类型(T): MPEG Audio (*.mp3)　取消
属性(A): Layer-3, 44100 Hz, 128 kbps, 立体声

图 5-9　保存

5.2 图像处理技术

5.2.1 图形软件

图形软件主要对点、线、面等进行有机组合而形成图形，大多支持矢量图形。

绘图软件主要有 CorelDraw、Freehand 等。CorelDraw 和 Freehand 是手绘图形工具，可绘制任意的图形，它需要创作者具有一定的美术功底。使用绘图软件，一般是在使用的图片不存在的情况下，通过亲自绘制才能得到。

在图形软件中还有一类是图表制作软件，主要用于制作漂亮的、具有专业水准的各类图表，如：电路图、建筑平面图、医学图形、化学公式、机械和电子工程图、地图以及许多其他类型的商业和技术图表，代表产品有 SmartDraw 和 Visio 2000 等。

5.2.2 图像处理软件

图像处理软件是用于增强和修饰现存位图的专门工具。图像编辑软件与图形绘制软件有许多类似的地方，但在画质上更为讲究，功能也更多。

在众多的图像处理软件中，Photoshop 具有完备的图像功能，支持多种图像格式，提供多种图像效果，是一个非常理想的图像处理工具；Fireworks 是具有强大功能的 Web 作图工具，集合了位图处理软件和矢量图形软件的特性，具有优异的网络图形的制作功能。

5.2.3 Photoshop 制作示例

大家经常会在一些商品的背面见到各式各样的条形码，这个也能在 Photoshop 里面做出来吗？是的，我们通过使用 Photoshop 的“添加杂点”滤镜和“动感模糊”滤镜配合色阶参数的调整，就可以迅速的制作出条形码纹理效果来，实例完成后的效果如图 5－10 所示。

图 5－10 条形码最终效果图

提示：效果看起来虽然简单，可是制作的思路却值得大家推敲，这个例子给了大家一个很好的启示。

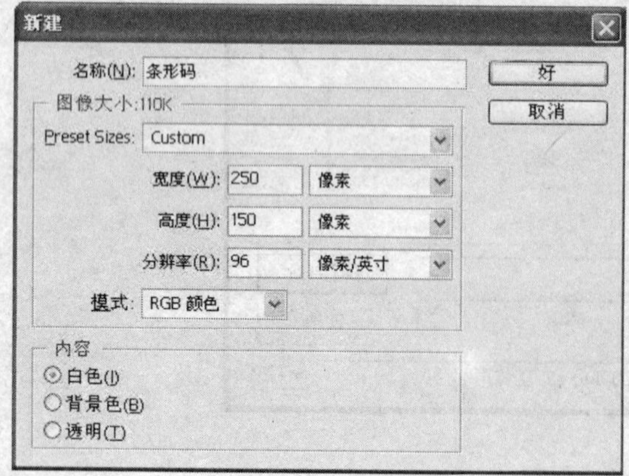

图 5－11 新建文件窗口

下面介绍制作“条形码”的操作步骤。

步骤 1 创建新的图像文件

首先我们打开 Photoshop 软件，执行“文件”菜单中的“新建…”命令，或者按快捷键“Ctrl＋N”，打开“新建”对话框，输入图像的“名称”为“条形码”，然后把图像的“宽度”设置为 250 像素；“高度”设置为 150 像素；图像“模式”设置为“RGB 颜色”。完成后按“好”按钮，如图 5－11 所示。

步骤 2 制作杂点效果

接下来，我们执行“滤镜”→“杂色”→

“添加杂色…”命令打开“添加杂色”滤镜对话框，设置“数量”为 400％；“分布”为“平均分布”；勾选“单色”多选框，完成后按“好”按钮，这样就为图像添加了杂点底纹，效果如图 5－12 至图 5－13 所示。

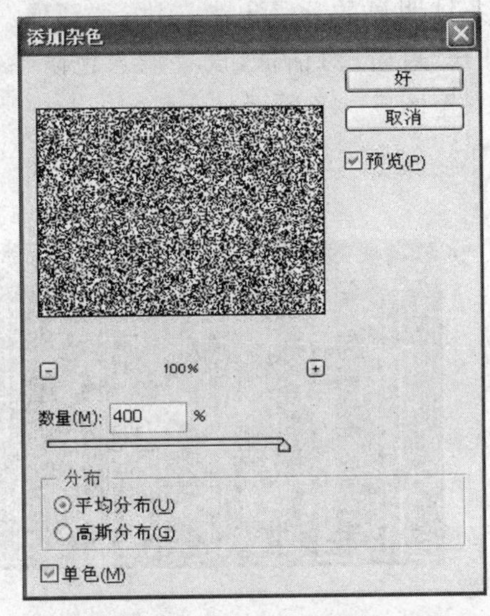

图 5－12　“添加杂色”对话框

图 5－13　添加杂点效果

提示：“添加杂色…”命令可以产生随机分布的杂点纹理，利用它的这种特点我们可以通过形变处理，把它转换成间隔随机的条形码效果。

步骤 3　对杂点进行动感模糊处理产生竖条纹理

为了进一步产生竖条的纹理效果，我们可以通过“动感模糊”滤镜对杂点底纹进行处理实现。执行“滤镜”→“模糊”→“动感模糊…”命令打开“动感模糊”滤镜对话框，设置“角度”参数为 90 度，“距离”参数为 999 像素，完成后按“好”按钮，效果如图 5－14 至图 5－15 所示。

图 5－14　“动感模糊”滤镜对话框

图 5－15　动感模糊后的效果

提示:杂点滤镜配合动感模糊滤镜能产生疏密不均的平行线条。这个技巧,我们还会经常用到。

步骤 4　分隔竖条纹理

接下来,我们对竖条纹理进行色阶处理,使黑白条纹明显的分隔出来。执行“图像”→“调整”→“色阶…”命令,或者按快捷键“Ctrl＋L”,打开“色阶”对话框,设置输入色阶参数为:20;0.50;145,完成后按“好”按钮。效果如图 5－16 至图 5－17 所示。

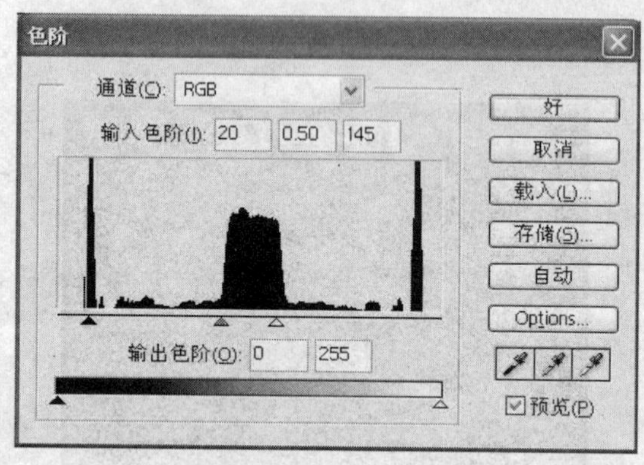

图 5－16　调整图像的色阶

图 5－17　调整了色阶后的效果

步骤 5　加强分隔的效果

为了使效果更加明显,在原来的基础上再执行一次色阶命令,这次将输入色阶参数设置为:10;0.55;115,完成后按“好”按钮,效果如图 5－18 至图 5－19 所示。

提示:使用色阶命令可以有效地实现图像的色域分离,这就是一个很好的例子。

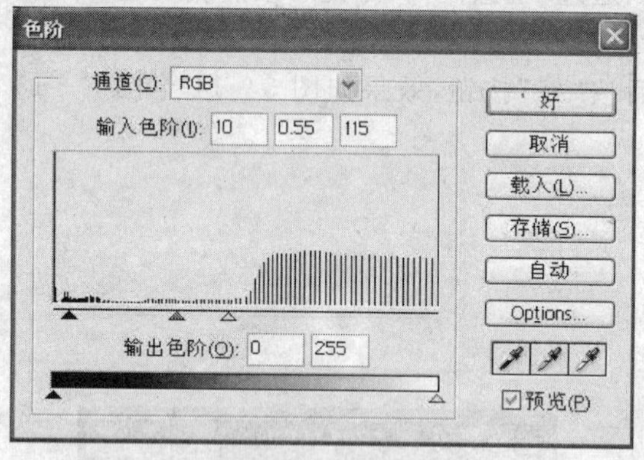

图 5－18　再次调整图像色阶

图 5－19　调整了两次色阶后的效果

步骤 6　设置需要的纹理范围

点击工具箱中的“矩形选框工具”按钮,或者按快捷键 M,选择“矩形选框工具”,然后在图像中点击鼠标左键并拖动,制作一个矩形选区,选取我们最终所需要的范围,如图 5－20 至图 5－21 所示。

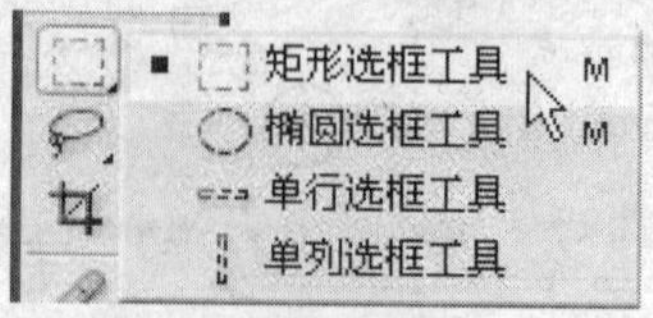

图 5－20　选择“矩形选框工具”

步骤7　去掉不需要的部分

执行“选择”→“反选”命令，或者按快捷键“Shift＋Ctrl＋I”，将刚刚建立的选区反选，然后按键盘上的Delete键删除不需要的图像，随后执行“选择”→“取消选择”命令，或者按快捷键“Ctrl＋D”，取消选区。完成后效果如图5－22所示。

图5－21　建立矩形选区

图5－22　清除了多余图像后的效果

步骤8　处理一下纹理效果的外形

现在条形码纹理的底纹已经基本制作完毕了，接下来我们需要在条形码底部适当的地方添加文字以完成最终的效果。首先还是选用工具箱中的“矩形选框工具”，在图像中选择需要给文字预留挖空的区域，然后按键盘上的Delete键将相应的区域删除。随后执行“选择”→“取消选择”命令，或者按快捷键“Ctrl＋D”，取消选区，效果如图5－23至图5－24所示。

图5－23　在需要清除的区域建立选区

图5－24　清除选区后的效果

步骤9　加入条形码的指示文字

点击工具箱中的“文字工具”按钮，或者按快捷键“T”，选择“文字工具”(如图5－25所示)，然后按键盘上的Enter键调出“文字工具”的选项栏，如图5－26所示。在选项栏中读者可以根据实际的需要设置文字的字体和大小，随后在图像上合适的位置点击鼠标左键开始添加文字。完成后按“Ctrl＋Enter”组合键完成文字编辑状态。现在的效果如图5－27所示。

图5－25　选择“文字工具”

图5－26　设置文字属性

提示："文字工具"我们经常使用，但是要控制好它的格式并不简单。我们要把一大串文字服服帖帖地放到条形码中间，就需要对文字的大小和间距等参数作细致的调整。

至此，条形码纹理的制作全部完成，最终效果如图 5－27 所示。

这个例子操作起来并不困难，关键是我们要能够想到怎样用 Photoshop 自身的功能来模仿这种有趣的效果，这就是使用 Photoshop 的乐趣所在。

图 5－27　输入文字

5.3　动画制作技术

5.3.1　动画的基本概念

1. 动画发展的历史

早在 1831 年，法国人 Joseph Antoine Plateau 就把画好的图片按照顺序放在一部机器的圆盘上，圆盘可以在机器的带动下转动。这部机器还有一个观察窗，用来观看活动图片效果。在机器的带动下，圆盘低速旋转。圆盘上的图片也随着圆盘旋转。从观察窗看过去，图片似乎动了起来，形成动的画面，这就是原始动画的雏形。

1906 年，美国人 J. Steward 制作出一部接近现代动画概念的影片，片名叫"滑稽面孔的幽默形象"(Humorous Phase of A Funny Face)。他经过反复地琢磨和推敲，不断修改画稿，终于完成这部接近动画的短片。

1908 年，法国人 Emile Cohl 首创用负片制作动画影片。所谓负片，是影像与实际色彩恰好相反的胶片，如同今天的普通胶卷底片。采用负片制作动画，从概念上解决了影片载体的问题，为今后动画片的发展奠定了基础。

1909 年，美国人 Winsor Mccay 用一万张图片表现一段动画故事，这是迄今为止世界上公认的第一部像样的动画短片。从此以后，动画片的创作和制作水平日趋成熟，人们已经开始有意识地制作表现各种内容的动画片。

1915 年，美国人 Eerl Hurd 创造了新的动画制作工艺，他先在塑料胶片上画动画片，然后再把画在塑料胶片上的一幅幅图片拍摄成动画电影。多少年来，这种动画制作工艺一直被沿用着。

从 1928 年开始，Walt Disney 逐渐把动画影片推向了巅峰。他在完善了动画体系和制作工艺的同时，把动画片的制作与商业价值联系了起来，被人们誉为商业动画之父。直到如今，他创办的迪斯尼公司还在为全世界的人们创造出丰富多彩的动画片，"迪斯尼"是 20 世纪最伟大的动画公司。如今的动画，计算机的加入使动画的制作变简单了，所以网上有好多的人用 FLASH 做一些短小的动画。

2. 动画制作软件

动画制作软件有二维动画软件和三维动画软件之分。

二维动画软件有很多，Flash 和 Animator Pro 是其中的佼佼者。Flash 动画是由交互式矢量图形组成的动画，所以容量小，下载速度快，动画的大小可以随用户的屏幕大小而自如缩放，是网络动画的首选工具；Animator Pro 美国 AutoDesk 公司推出的动画工具，是一种集图像处理、动画设计、音乐编辑与合成、脚本编辑和动画播出于一体的二维动画制作软件，常用于制作动画片。

使用最广泛的三维动画制作工具是 AutoDesk 公司推出的 3DS MAX。3DS MAX 功能强大，广泛应用于三维动画设计、影视广告设计、室内外装饰设计等领域，但其动画制作相对复杂，不易掌握，因此在一些要求不高的三维制作中，经常使用一些简单的工具，如 Cool3D，它可以很方便地制作字体动画和片头动画。

5.3.2　GIF 动画制作技术

GIF 是 Graphics Interchange Format 的缩写，这种类型的文件主要用于网络传输和 BBS 用户使用的图像文件格式，也是目前网络上使用最频繁的文件格式。由 CompuServe 公司在 1987 年推出，其中 GIF89a 这个版本允许一个文件存储多个图像，可以实现动画功能，GIF 动画也基本成了网络图像动画的代名词。

1. GIF Animator5 基础

(1)GIF Animator5 的界面

Ulead GIF Animator 5 是目前比较常用的 GIF 动画制作软件之一，它具有 Ulead 公司产品友好的用户界面和简单的操作过程，是一款功能强大又容易掌握的软件。它的操作界面如图 5 - 28 所示。

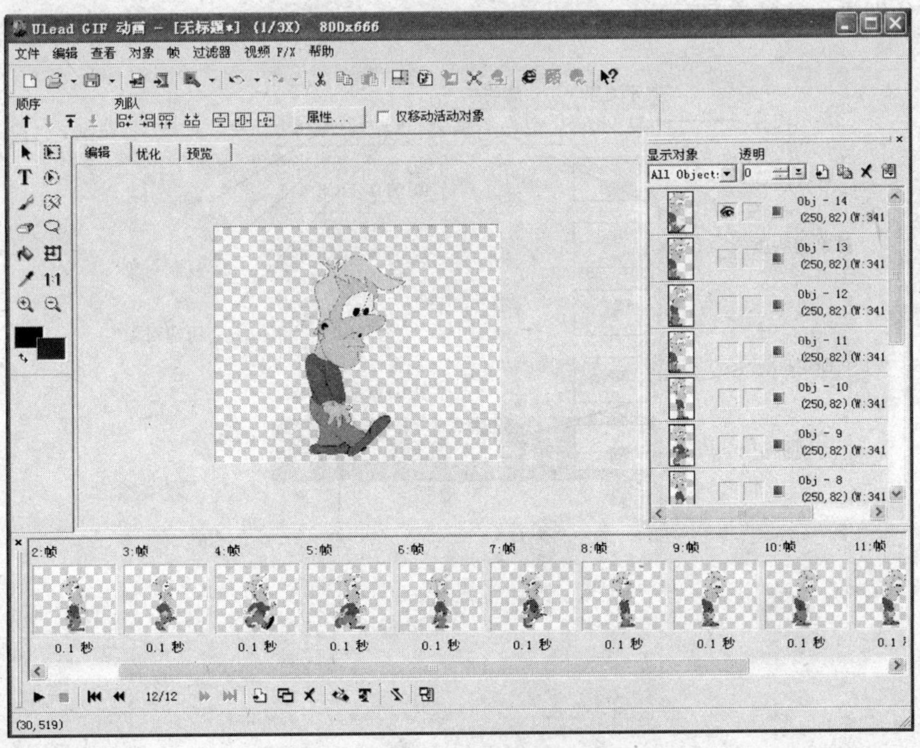

图 5 - 28　Ulead GIF Animator 5 界面

（2）GIF 动画创作过程

在 Ulead GIF Animator 5 中创作 GIF 动画的方式一般有两种。一种是将多个内容不同但连续的画面作为帧，将其按顺序添加到“帧”面板中，通过设置每帧的显示时间来实现动画；另一种是设置两个或多个关键帧，通过使用场景过渡实现帧和帧之间的过渡动画。在 Ulead GIF Animator 5 中的“视频 F/X”菜单下有多种场景过渡的效果，可以使用这些特效在两个帧之间增加动画效果。下面用实例来演示怎么实现这两种动画。

2. 制作实例 1——跳动的青蛙

首先做一个多个连续帧组成的动画，在这之前要准备好一组连续的图片，分别命名为 frog01. jpg、frog02. jpg……frog05. jpg，如图 5－29 所示。

图 5－29　动画素材

操作步骤如下：

（1）打开 GIF Animator 5，单击新建图标，在弹出的对话框中设置画布的大小尺寸，宽度为 70，高度 42，也就是素材图片的大小，背景为白色，单击“确定”按钮。

（2）这时在对象管理器中就有了第一个对象，同时在帧窗格中也出现了第一帧，还需要导入其他的帧来组成动画。单击“常用”工具栏中的“添加图像”图标，在弹出的对话框中选择准备好的 5 幅图片，在对话框最下方选择“插入为新建帧”选项，这个选项可以使新插入的对象分别作为一帧来显示。

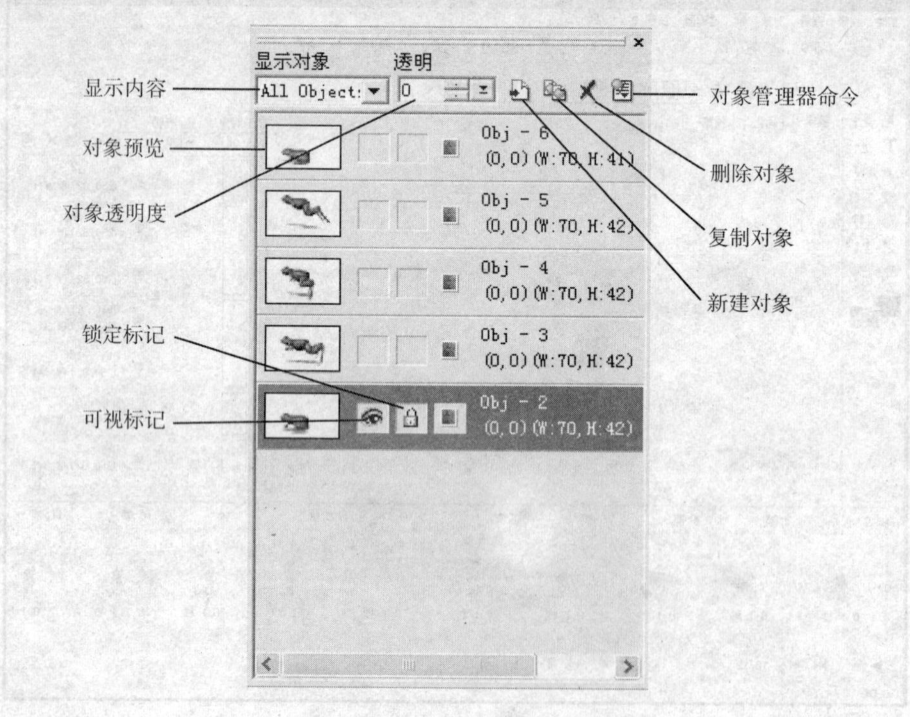

图 5－30　对象管理器

(3)在 GIF Animator 5 中还可以插入视频和动画文件，只要单击“常用”工具栏中的“插入视频文件”图标，就可以在弹出的对话框中选择视频或动画文件，将文件拆分为帧，添加到 GIF 动画中。在对象管理器中可以看到所导入的文件以对象的形式出现，设置动画时，可以根据不同的帧出现的不同对象来实现动画。单击对象管理器的图标表示对象是否可见，如图 5－30 所示。

同时对象管理器具有层一样的性质，不透明的层可以覆盖下面的层。在“显示对象”下拉列表框中可以选择在当前帧显示所有对象还是显示可见对象。每个对象右边用参数表示对象的名称、大小和图像中的位置。

(4)把 5 幅图导入动画中，能看到在帧面板中出现了 5 帧画面。帧面板显示了当前动画中播放的每一帧画面，多个画面连续播放就形成了动画，如图 5－31 所示。

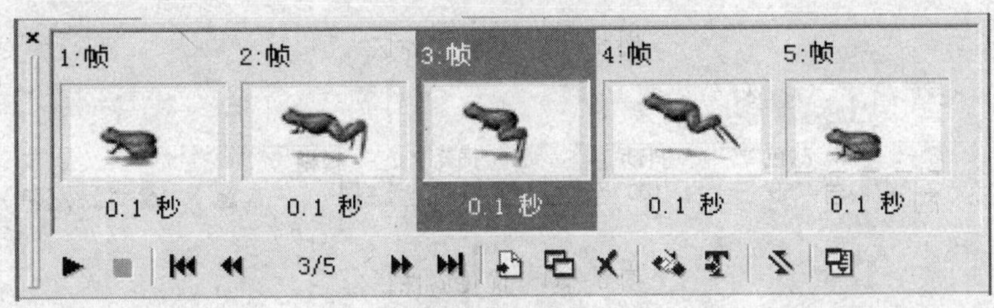

图 5－31　“帧”面板

(5)单击“播放动画”按钮，就可以看到中间工作窗口中的画面动了起来，单击“停止播放”按钮，停止动画播放。如果觉得动画过快，可以将每帧的长度拉长，双击“帧面板”中的某一帧，弹出“画面帧属性”对话框，如图 5－32 所示。在“延迟”数值框中填写这一帧延长的时间，范围从 1～100，表示 1/100s 到 1s，默认为 1/10s。将每帧改为 1/25s，这时再播放动画，就能看到明显比刚才慢很多，但如果延时太长，则动画就显得不连贯了。

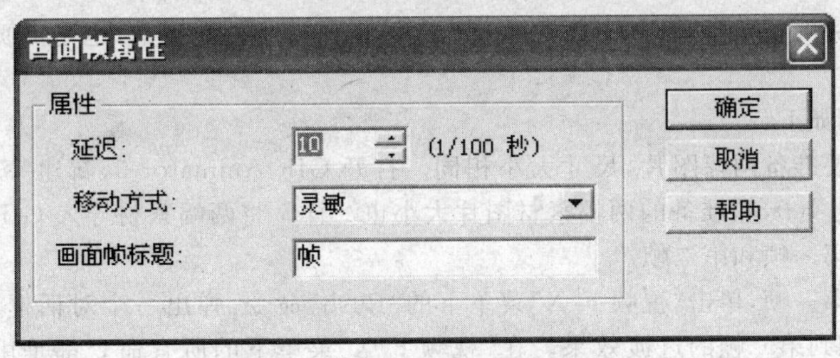

图 5－32　“画面帧属性”对话框

(6)现在选择工作区上方的“预览”选项卡，就可以预览设置的动画。

(7)因为 GIF 动画大多在网络上发布，所以要尽量减少动画文档的大小，在输出成为 GIF 动画之前，还要对动画进行优化压缩。选择工作区中的“优化”选项卡，这时工作区就变成两个部分，左边表示压缩后的动画，如图 5－33 所示。也可以在工具属性栏中设置动画的压缩格式，如图 5－34 所示。

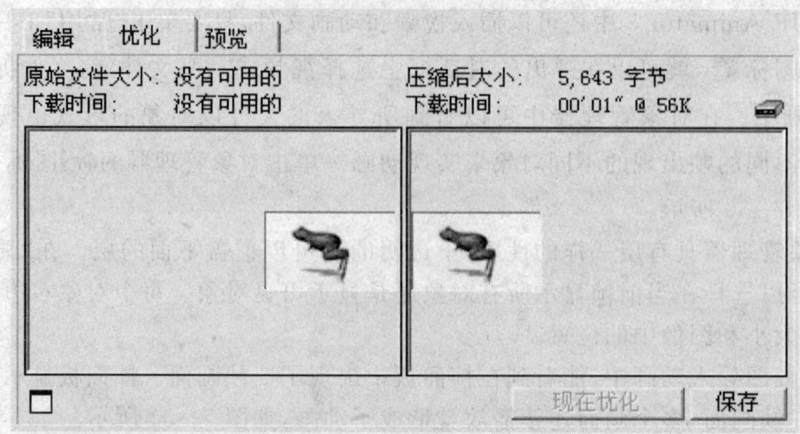

图 5-33　优化工作区

图 5-34　优化属性栏

(8)一般颜色数量设置的越少,则动画的存储容量就越小。这里设置不同的压缩格式,以求动画比较小,但对图像质量不要有太大的影响。在 GIF Animator 5 中提供了优化向导功能,单击“优化属性”面板中的图标,可以弹出“压缩向导”对话框,根据向导指示完成优化,非常简单。优化完成后,单击优化工作区右下角的“保存”按钮输出动画。

3. 制作实例 2——网页的 Banner

通过上面的例子,认识了 GIF Animator 5 的 3 个重要内容,对象、帧和压缩。这里再使用 F/X 视频过滤效果和 Banner 文字制作一个网页的 Banner。所谓 Banner 就是在网页最上方,在标志旁的长条动画,其中通常是一些广告和宣传通告之类的,也是网页中比较醒目的地方。

操作步骤如下:

(1)首先要准备两幅图片,尺寸大小相同。打开 GIF Animator 5,新建一个文件,宽设为 600,高设为 100,和准备的两幅素材图片大小也一样。将两幅素材导入 GIF Animator 5 中,分别设为第一帧和第二帧。

(2)选中第一帧,单击“视频 F/X”菜单下的“Push”命令,弹出一个对话框,在其中可以设置从第一帧到第二帧的过渡效果。在“视频 F/X”菜单下的所有命令都是用来实现相邻两帧之间的过渡效果的,它可以根据设在两帧之间插入帧的数量,创造两帧平滑过渡的效果,从形状上变化,如钟表效果、翻页效果;从颜色上变化如渐变过渡、色相饱和度过渡等效果,如图 5-35 所示。

(3)在“过渡效果”下拉列表框中可以选择过渡的形状和类型,“画面帧”用来设置在两帧之间插入过渡帧的数量,设置为 15 帧,“延迟时间”表示过渡帧每帧的显示时间长短,对话框右侧是过渡效果的预览画面,在预览画面下的 4 个箭头表示动画发出的方向,设置完成后单击“确定”按钮。原先两帧加上过渡效果的 15 帧,这时在“帧面板”中显示有 17 帧。

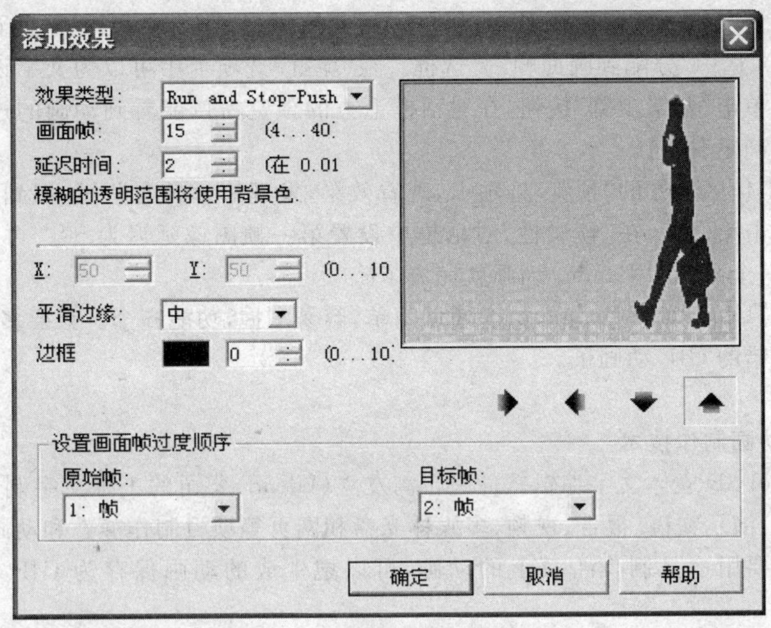

图 5-35　过渡效果

(4)再在 Banner 中插入文字，选中第一帧，单击“帧面板”上的“添加 Banner 文字”按钮，弹出一个对话框，如图 5-36 所示。

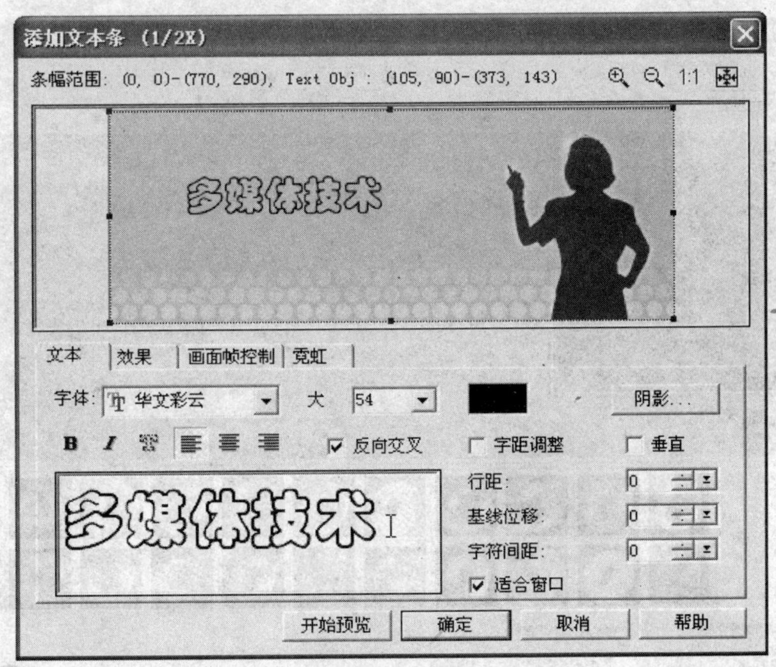

图 5-36　“添加文本条”对话框

(5)在对话框左下方的“文本”输入框中输入滚动的文字，并设置它的颜色、大小和字体等，选择“效果”选项卡，在进入场景方式中选择“垂直合并”，画面帧数设为 17，取消选择“退出场景”选项，使文字最后留在场景中。选择“画面帧控制”选项卡，延迟时间设为 10，关键帧延迟设为 50，选中“分配到画面帧”复选框。在“霓虹”选项卡中可以为文字设置外发光的效果。设定后单击“开始预览”按钮，在对话框上方的预览窗口能看到动画的过程。如果设置无误，单击“确定”按钮。

(6)单击工作区上方的“预览”选项卡，观看效果，发现第一帧有些短，回到编辑窗口，在“帧面板”中双击第一帧，在“帧属性”对话框中设置第一帧图像延迟为 50。再观察效果，是否满意，至此一个简单的 Banner 动画就完成了。

总体而言，Ulead GIF Animator 5 使用简单，容易掌握，功能齐全。只要多使用几次，就能够做出很不错的 GIF 动画了。

5.3.3　三维动画制作技术

Ulead Cool 3D 立体文字编辑软件是台湾友立(Ulead)公司的三维文字制作工具，它可让用户替文件、演示文稿、报告、视频、多媒体光盘和网页等项目制作静态和动画的出色立体标题。它的主要用途是制作主页上的动画，可以把生成的动画保存为 GIF 和 AVI 文件格式。

1. Ulead Cool 3D 简介

Ulead Cool 3D 作为 Ulead 公司产品，同样具有友好的用户界面和简单的操作过程，比起 3DS MAX、MAYA 这样的大型三维软件，它更能受到初学者的青睐，成为目前比较常用的三维动画制作软件之一。它的操作界面如图 5 - 37 所示。

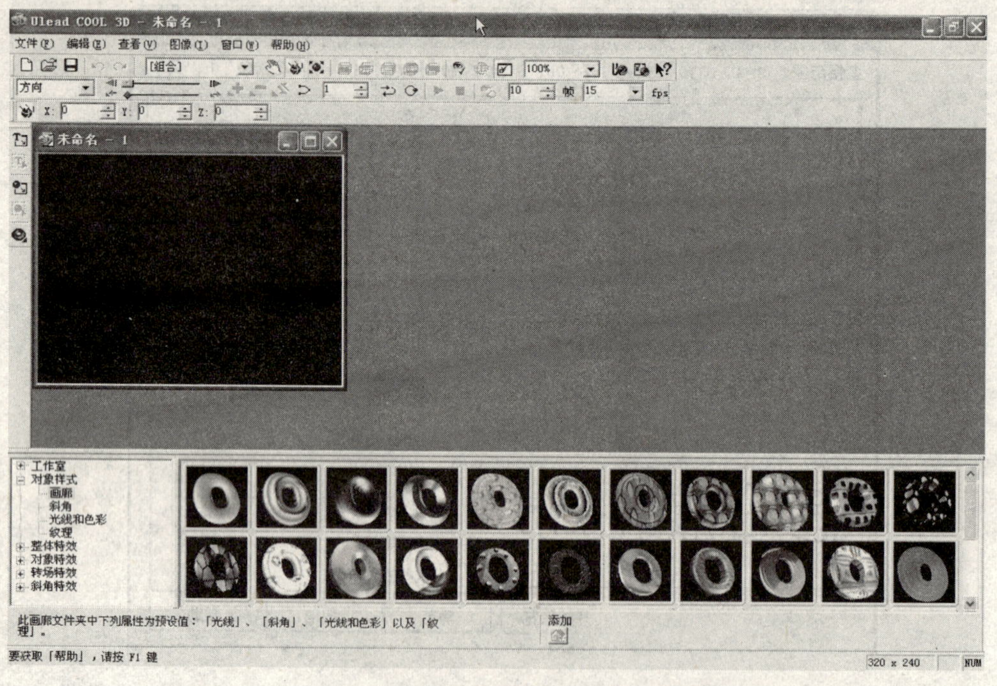

图 5 - 37　Cool 3D 操作界面

Ulead Cool 3D 提供主画格的时间轴，可以轻松制作 3D 动态效果的横幅广告图片，只需输入文字内容，然后套用“百宝箱”的外挂特效，就可以建立斜角、火焰和爆破等特效，达到控制动画播放、建立复杂的3D动画效果。

2. 制作3D文字动画

(1)新建文档：打开Cool 3D，单击新建图标，可建立一个3D文字动画。

(2)改变尺寸：将动画调整为合适的尺寸，点选菜单"图像"、"尺寸"，从"尺寸"对话窗口设定新的尺寸大小。如图5-38所示。

(3)插入文字：从"对象工具列"点选钮或从菜单"编辑"→"插入文字"(F3)出现文字对话窗口，如图5-39所示，在左上方的文字输入区中输入"多媒体技术"，并设好合适的字型与大小。

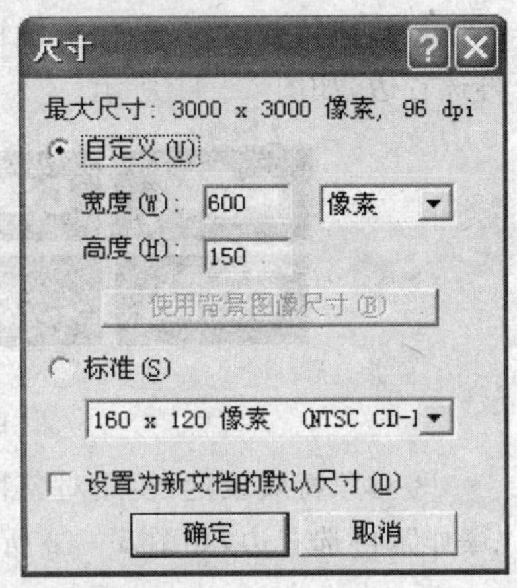

图5-38　"尺寸"对话框

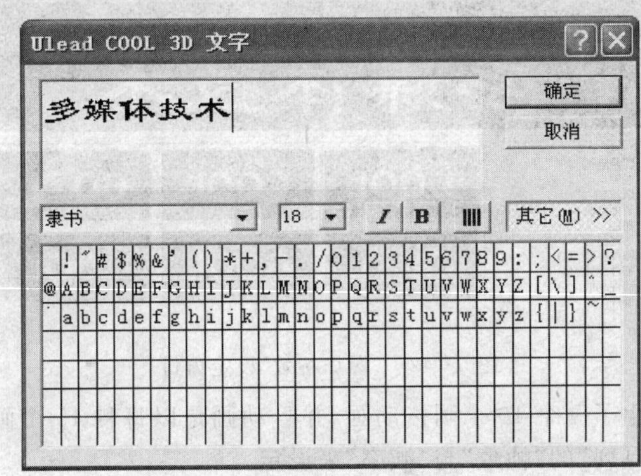

图5-39　"插入文字"对话框

(4)使用百宝箱

①对象样式设定：从百宝箱左方目录对象样式中，可设定"图库"、"光线"、"材质"与"斜角"等属性，如图5-40所示。我们可以先测试设定后产生的效果，如果要检查效果选"动画工具列"的"▶"钮。

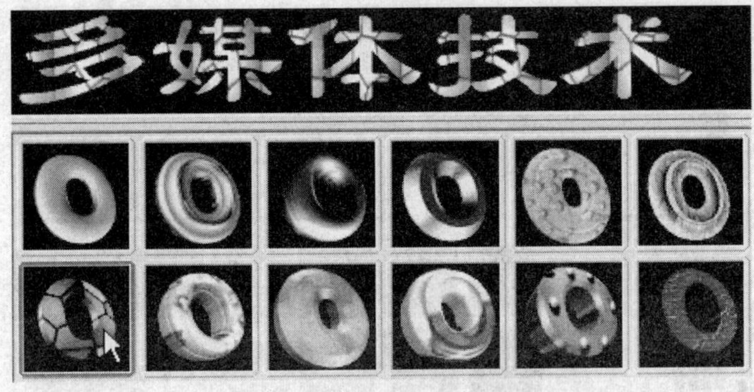

图5-40　"对象样式"设定窗口

②整体特效设定：使用整体特效，达成综合的效果。如先选目录“整体效果”→“火焰”，再选右边，如图 5－41 所示。

图 5－41 “火焰特效”设定窗口

③对象特效设定：使用对象特效，达成多种效果的叠加效果。如先选目录“对象效果”→“爆炸”，再选右边，如图 5－42 所示。

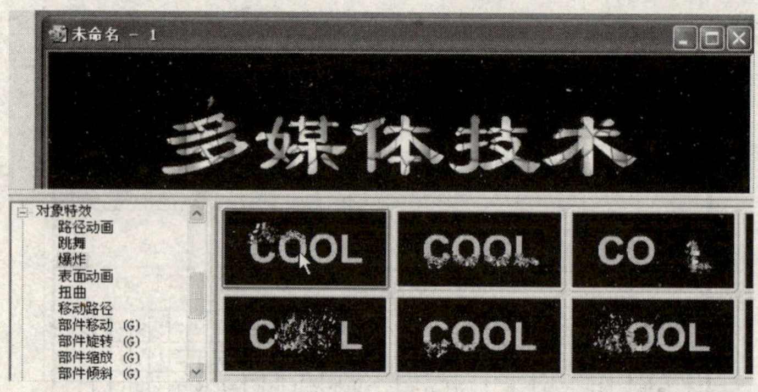

图 5－42 “爆炸特效”设定窗口

上述的例子，产生了一个 10 个画格动画，并且动画是以每秒 15 个画面的速度播放，相关设定可由“动画工具列”的“帧数”与“帧率”来设定。

图 5－43 动画工具列

④为动画加上背景图：从“百宝箱”的“工作室”→“背景”点选“背景图库”或点选“属性工具列”的增加图按钮，加载图片作为背景，如图 5－44 所示。

图 5－44 “背景特效”设定窗口

⑤输出图档：在 Cool 3D 中我们虽然可以存盘，但是所储存的档案是 Cool 3D 的格式，扩展名为 .c3d，其他的绘图软件不能使用。但是常常我们需要把在 Cool 3D 中画好的立体字拿到别的绘图软件中去合成、处理，或是存成 GIF 或 JPEG 的格式，可以在网络上使用，这时就要输出图档了。

选菜单“图像”→“输出质量”调整屏幕上显示的质量。

(1)选“文件”→“创建动画文件”，选“GIF 动画文件”或“视频文件”给文件名称后，按“保存”。

(2)选“文件”→“建立图像文件”，选“BMP”、“GIF”或“JPG”文件。

从制作过程不难看出，Cool 3D 在三维上的优势已经使其成为多媒体设计制作中十分容易操作的一个软件，只要略加学习就能制作出不错的片头效果。

5.3.4　Flash 动画制作技术

Flash 是一款用于矢量图创作和矢量动画制作的专业软件，主要应用在网页设计和多媒体制作中，具有强大的功能而且性能独特。Flash 制作的矢量图动画，大大增加了网页和多媒体设计的观赏性，由于它存储容量小，而且具有矢量图的特性，放大而不失真，图像效果清晰、可以同步音效等特点，再加上它超强的交互性，甚至可以用它来制作游戏，很快受到广大设计人员和计算机爱好者的青睐，在网络上出现了一批设计出众的人，被称之为“闪客”，他们用 Flash 表现了精彩的设计技巧。

1. Flash 动画基础

(1)Flash 8 界面

首先认识一下 Flash 8 的工作界面，如图 5－45 所示。

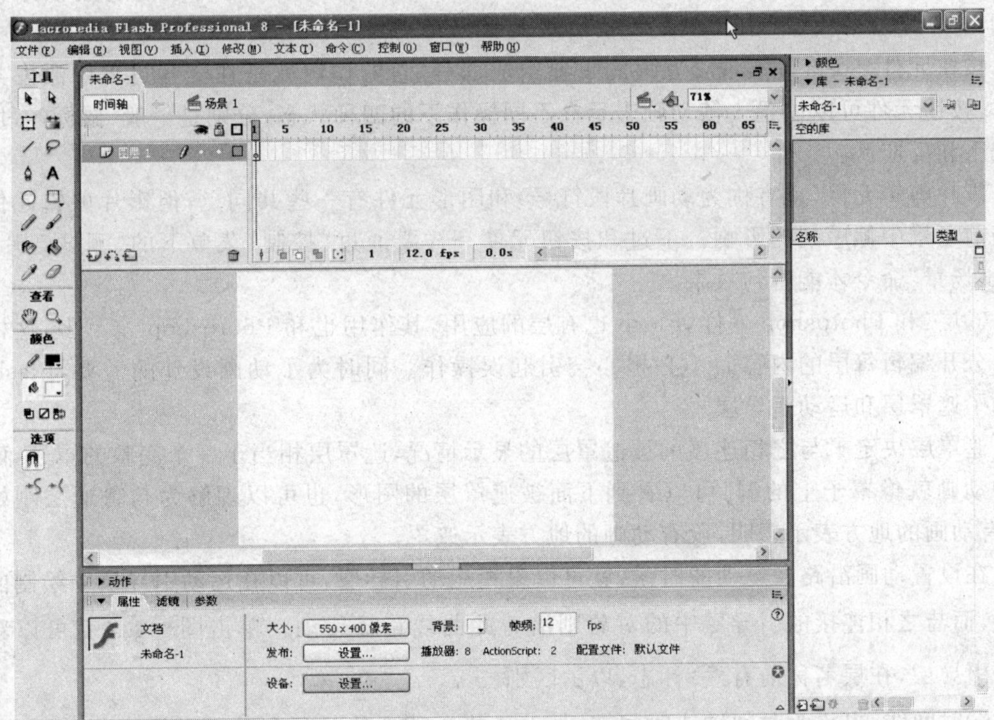

图 5－45　Flash 8 操作界面

在 Flash 8 的操作界面中包括：菜单栏、"时间线"窗口、"绘图"工具栏、"库"窗口、舞台、浮动面板等内容。

(2)Flash 动画的要素

在学习 Flash 动画之前，先要了解其中的概念。

①舞台：是组织动画中各部件的窗口，相当于 Photoshop 中的画布，其大小就是输出动画的大小。

②场景：Flash 动画中提供了多场景动画的制作功能，也就是说在一个动画中可能涉及多个场景，可以单击"时间线"窗口中的按钮来切换场景。

③帧：帧代表动画中的图像，很多的帧顺序排列播放就形成了动画。帧具有时间性，一是它自身的长度，就是显示一帧从头到尾的时间，可以调节帧率来控制一帧的长度。另一个是一帧在帧序列中的位置，不同的位置会产生不同的动画效果。

④关键帧：Flash 采用了一种简单的动画制作方案，即采用关键帧处理技术的差值动画，这样在 Flash 中只要设置动画的开始帧和结束帧，中间的帧动画效果就会由计算机自动计算完成，而设定的开始帧和结束帧就称为关键帧。而在动作多变的动画中，有时需要设置两个以上的关键帧来表示动画在特定时间位置的动作。

⑤元件：在 Flash 动画中，大量的动画效果是依靠一个个小物件、小动画组成的，这些物件在 Flash 中可以进行独立的编辑和进行重复的使用。这些物件和动画被称为元件(也有的称为符号)。元件分为三种，即图形元件、按钮元件和影片剪辑元件。

图形元件的内容可以是单帧的矢量图、图像、声音或动画，它可以实现移动、缩放等动画效果，同时具有相对独立的编辑区域和播放时间，但在场景中要受到当前场景帧序列的限制。

按钮元件是 Flash 实现交互性的重要组成部分，它的作用就是在交互过程中激发某一事件，按钮元件可以设置 4 帧动画表示在不同操作下的四种状态，分别是一般、鼠标经过、鼠标按下和反应区。

影片剪辑元件(也有称为动画片段符号)和图形元件有一些共同点，但影片剪辑元件不受当前场景中帧序列的影响。不过和按钮元件一样要通过"控制"菜单下的"测试影片"和"测试场景"命令才能看到效果。

⑥层：和 Photoshop 一样，Flash 也有层的应用，其作用也和 Photoshop 差不多，这样就可以分开编辑每层的内容而不必担心会引起误操作。同时为了动画设计的需要，Flash 还添加了遮罩层和运动引导层。

遮罩层决定了与之相连接的被遮罩层的显示情况，遮罩层相当于一个完整的罩子，而里面的动画就像罩子上的洞，可以看到下面被遮罩层的图形，也可以理解为与普通层刚好相反，有动画的地方表示透明，没有动画的地方表示遮罩。

在设置动画沿路径运动的时候，就可以设置运动引导层，可以在运动引导层中绘制曲线路径，而与之相连接的引导层中的对象则沿着此曲线路径运动。单击图标就可以新建一个引导层，在层名称前有标志，以示区别。

⑦时间线：也称为时间轴或时间链，是表示整个动画的时间和动画进程之间关系，在时间线中以时间先后顺序排列，也表示了动画发生的顺序。在"时间线"面板上包含了层、帧和

动画等元素，在这里就可以设置不同层和在不同时间发生动作的每一帧动画。

2. 制作实例——星星闪烁文字

星星闪烁文字特效，仿佛是星星写字的特效，非常的不错。无数的星星流动着、闪烁着，组成 flash 的字样，非常漂亮。实例完成后的效果如图 5－46 所示。

下面介绍制作“星星闪烁文字特效”的操作步骤：

图 5－46　星星闪烁文字特效

(1)启动 Flash，选择“文件”→“新建”命令，新建一个 Flash 文档，并将舞台背景颜色设为黑色。

(2)新建一个图形文件，命名为 light。在编辑区中绘制出如图 5－47 所示的图形。

图 5－47　light 图形

(3)新建一个名为 starlight 的图形文件，进入元件编辑窗口，从“库”面板中将元件 light 拖拽到当前元件编辑区中心处。按“Ctrl＋T”组合键打开“变形”面板，在其中设置各项参数，如图 5－48 所示；然后单击“复制并应用变形”按钮三次，即可得到“星星”图形元件，如图 5－49 所示。

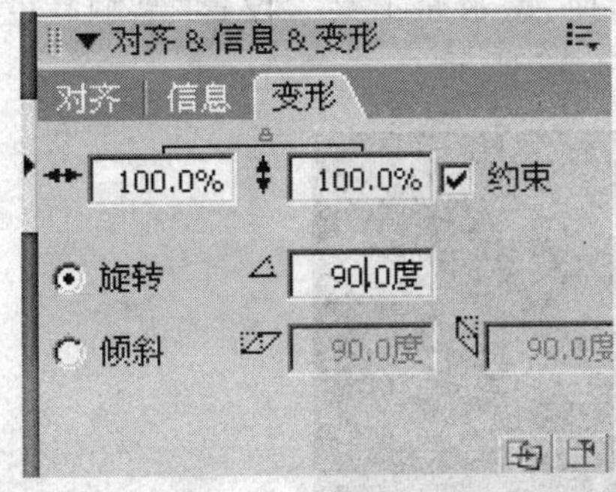

图 5－48　变形面板

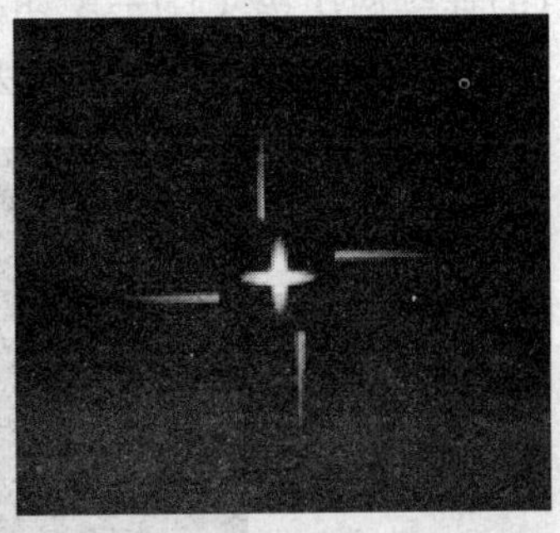

图 5－49　“星星”图形元件

(4)新建一个名为 star 的影片剪辑元件，进入元件编辑窗口，将元件 starlight 从“库”面板中拖入当前元件编辑区，使其中心与元件编辑区中心对齐。分别选中第 10 帧和第 20 帧，并按“F6”键插入关键帧。

(5)单击第 1 帧，选中 starlight 元件实例，在“属性”面板中设置 Alpha 值为 10%，并修改其尺寸为原来的 50%，如图 5－50 所示。选中第 10 帧，利用“变形”面板使元件旋转 10 度。再选中第 20 帧，设置其 Alpha 值为 20%，其尺寸为原来的 50%。

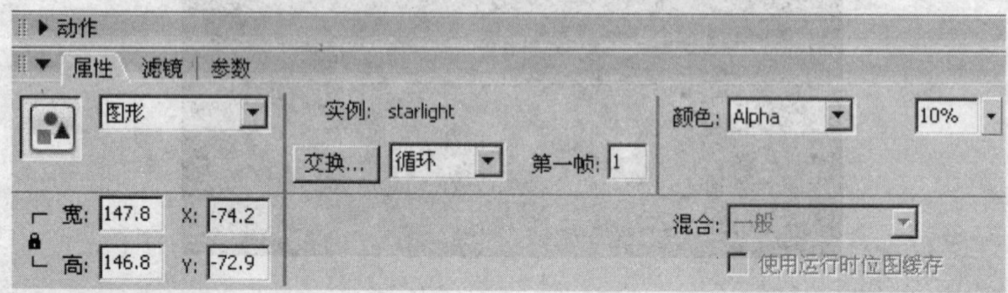

图 5－50　属性面板

(6)选中“图层 1”的第 1 帧，在“属性”面板中设置“补间”为“动作”，“旋转”为“逆时针”。选中第 10 帧，在其“属性”面板中设置“补间”为“动作”，“旋转”为“顺时针”。

(7)返回“场景 1”编辑窗口，从“库”面板中将元件 star 拖入舞台。在“图层 1”上面添加一个动作引导图层，锁定“图层 1”。

(8)选择“文本工具”，在引导层上输入文本 Flash，文本属性设置如图 5－51 所示。

图 5－51　Flash 文本

(9)连续两次按“Ctrl＋B”组合键将文本打散。选择“墨水瓶工具”，设置“笔触高度”为 1，单击各个字母得到轮廓线，删去多余的部分，如图 5－52 所示。

图 5－52　Flash 轮廓线

(10)选中引导层的第 97 帧，按“F5”键插入普通帧。

(11)选中“图层 1”第 1 帧，在工具箱下方的“选项”选项区中单击“对齐对象”按钮，将元件 star 移动到字母 F 上方端点处，如图 5－53 所示。在“属性”面板中设置元件的实例名称为 star，如图 5－54 所示。

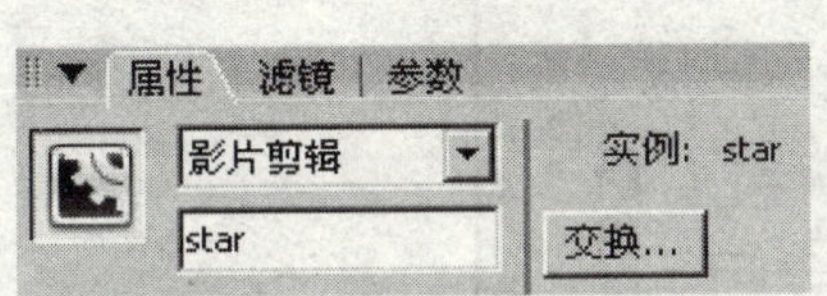

图 5－53　放置 star 元件位置

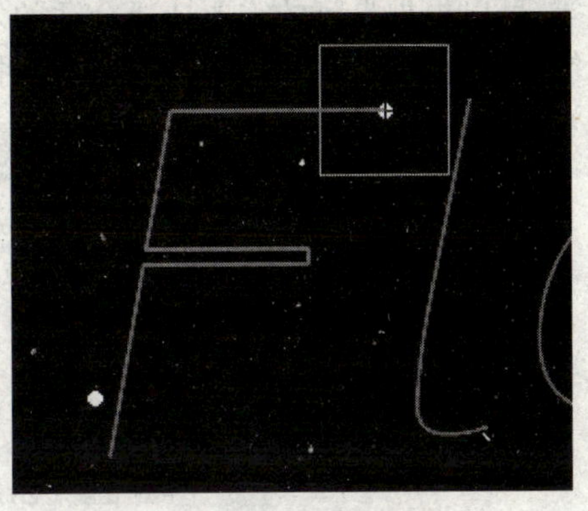

图 5－54　属性面板

(12)选中“图层 1”的第 27 帧，并按“F6”键插入关键帧，将元件 star 移动到字母 F 下方端点处，这样就完成了一个字母动画的制作。同样，分别在第 28、41、42、59、60、76、77、97 帧按“F6”键插入关键帧。

(13)单击“图层 1”，在“属性”面板中设置“补间”为“动作”，完成整个字母动画。

(14)新建一个名为“动作”的影片剪辑元件，进入元件编辑窗口，选中第 1 帧，按“F9”键打开“动作－帧”面板，添加如图 5－55 所示的动作语句。

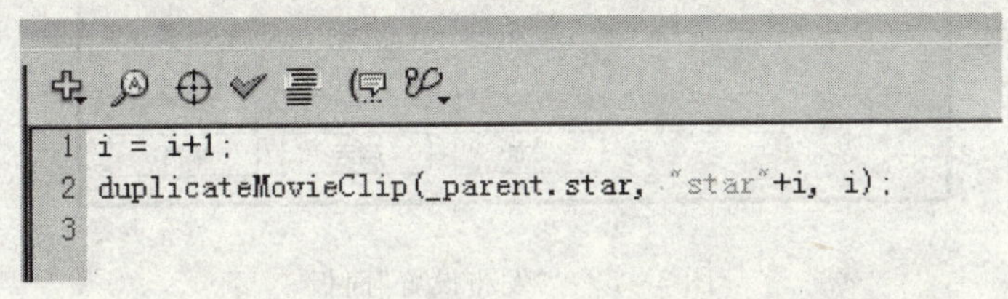

图 5－55　动作面板

(15)在第 2 帧添加动作语句“gotoAndPlay(1)”，表示循环播放第 1 帧。

(16)返回“场景 1”，新建“图层 3”，在“库”面板中将元件“动作”拖拽到舞台中，然后删除第 159 帧，使动作语句对该帧不起作用。

(17)选中“场景 1”的第 97 帧，添加动作语句：stop( )；，此时的“时间轴”面板如图 5－56 所示。

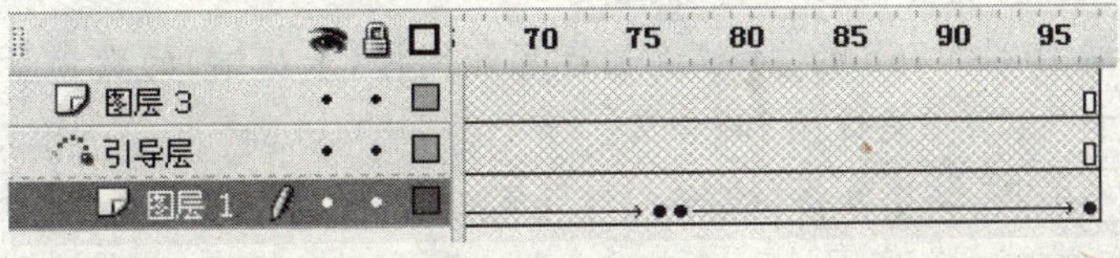

图 5－56　时间轴面板

(18)按“Ctrl+Enter”组合键测试影片,观看动画效果。

(19)影片输出:当 Flash 作品完成后,默认存为 *.fla 格式,但发布时要存为 *.swf 格式,这里要用到发布命令。单击“文件”菜单中的“发布设置”命令,在弹出的对话框中设置发布的格式和内容,包括发布成 Flash 动画形式、网页格式、JPG 格式甚至可执行的 EXE 格式等,可以根据自己的需要选择合适的发布格式,如图 5-57 所示。设置完成后单击“发布”按钮,Flash 会按所设发布格式存储各种格式的文件。

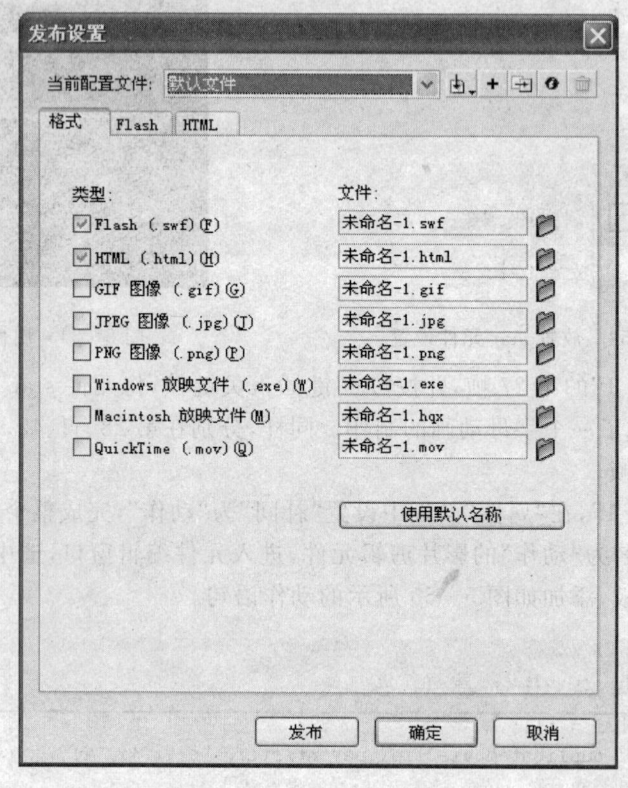

图 5-57 “发布设置”面板

习 题

1. 简述音频数字化的步骤。

2. 列举三个以上的音频文件格式,并说明其特点。

3. 计算一分钟 44.1kHz 的采样频率,双声道 16 位采样位数的音频文件,其波形文件所需的存储容量。

4. 试计算一幅 1024×768 的 24 位真彩色原始图像(未压缩)的数据量。

5. 简述动画中“帧”和“关键帧”的含义。

6. 试说明 Flash 中“影片剪辑”的特点和用法。

第 6 章　多媒体中的视频技术

【本章要点】

本章主要介绍了多媒体中视频技术的相关知识。通过本章的学习，要求掌握多媒体视频的基本概念，视频播放软件的使用方法，学习采用不同的途径和方法获取视频素材，掌握对获取的视频素材进行编辑加工处理的视频编辑软件 Premiere 的应用。

【核心概念】

视频　数字视频　视频采集　视频处理　Premiere 软件

6.1 多媒体中的视频技术

6.1.1 视频的产生

视觉是人类感知外部世界的一个最重要的途径，有关研究表明，有效信息的 55%～60%依赖于面对面的视觉效果。在多媒体技术中，视频已成为多媒体系统的重要组成要素之一，与其相关的多媒体视频处理技术在目前以至将来都是多媒体应用的一个核心技术。计算机数字视频处理技术是当前世界上发展最快的领域之一，以美国几家著名的数字视频公司牵头开发的一系列计算机数字非线性编辑系统，将整个后期制作的平台移至计算机上，并实现了可靠的广播级质量。

6.1.2 视频的相关概念

1. 什么是"视频"

视频是由一系列单独的图像组成的，当在屏幕上播放图像的速度达到一定程度的时候，视觉上就会产生平滑和连续的动态画面效果。

凡是通过视觉传递信息的媒体，都属于视觉媒体。视频是多媒体的重要组成部分，是人们容易接受的信息媒体，包括静态视频（静态图像）和动态视频（电影、动画）。从信号的记录形式来看，一般有模拟视频信号和数字视频信号两种。

动态视频信息是由多幅图像画面序列构成的，每幅画面称为一帧。每幅画面保持一个极短的时间，利用人眼的视觉暂留效应快速更换另一幅画面，连续不断，就产生了连续运动的感觉。如果把音频信号加进去，就可以实现视频、音频信号的同时播放。

动画一般是由人们绘制的画面组成的，视频一般是由摄像机摄制的画面组成的。视频和动画一样，都可以产生 AVI、MOV 和 GIF 等格式的文件。

2. 数字视频的获取

视频来自于数字摄像机、数字化的模拟摄像资料等视频素材库。视频信号有两种，一种是模拟视频信号，另一种是数字视频信号，它需要专门的工具软件进行编辑和处理。我们家中的电视机、收录机处理的都是模拟信号。模拟信号在时间和幅度上具有连续性，它是基于模拟技术以及图像显示的国际标准来产生视频画面的，具有成本低、还原性好等优点，因此，我们从电视机中看到的大自然风景会让你有身临其境的感觉。生活中，HDTV 制式的电视信号属于视频信号，用数字摄像机摄制的视频信号也是数字视频信号。

数字视频信号还可以通过对模拟视频信号进行视频的数字化来获得。视频的数字化是指在一定的时间内以一定的速度对模拟视频信号进行采样，再进行模/数转换、色彩空间变换等处理，将模拟视频信号转换为相应的数字视频信号，并进行编辑、特效、压缩与解压缩、传输、存储等处理的计算机技术。它具有随机存取、无损传输与复制、高比率压缩与解压缩的优势。但是模拟视频信号转换为相应的数字视频信号后，存储在计算机中的数据是相当大的，因此还需要将这些视频数据压缩后再进行保存。常用的压缩编码方法有无损压缩(也叫冗余压缩)和有损压缩(也叫熵压缩)。视频信号压缩通常采用 MPEG 压缩，压缩比可达 100∶1 到 200∶1。

与模拟视频相比，数字视频具有以下优点：

(1)数字视频可以无失真地进行无限次拷贝，而模拟视频信息每转录一次，就会有一次误差积累，产生信息失真。

(2)可以用许多新方法对数字视频进行创造性的编辑，如字幕、电视特技等。

(3)使用数字视频可以用较少的时间和费用创作出用于培训教育的交互节目，可以真正实现将视频融进计算机系统中以及用计算机播放电影节目等。

数字视频也有不可避免的缺点，例如：数字视频是由一系列的帧组成，每个帧是一幅静止的图像，并且图像也使用位图文件形式表示。而通常视频每秒钟需要显示 30 帧，因此数字视频需要巨大的存储容量。在存储和传输数字视频的过程中必须使用压缩编码。

6.1.3 视频的制式

目前世界各地使用的视频标准不完全相同，不同的制式，对视频信号的解码方式、色彩处理的方式以及屏幕扫描频率的要求都有所不同，因此如果计算机系统处理的视频信号的制式与连接的视频设备的制式不同，在播放时，图像的效果就会有明显下降，甚至根本无法播放。通常所用的制式有以下几种：

1. NTSC 制式

NTSC 是 National Television System Committe 的缩写，译为国家电视制式委员会。它是美国于 1953 年研制成功的一种兼容的彩色电视制式。它规定每秒 30 帧，每帧 526 行，水平分辨率为 240～400 个像素点，隔行扫描，扫描频率 60Hz，宽高比例 4∶3。北美各国、日本等一些国家使用这种制式。

2. PAL 制式

PAL 是 Phase Alternate Line 的缩写，译为相位逐行交换。它是原联邦德国 1962 年制定的一种电视制式。它规定每秒 25 帧，每帧 625 行，水平分辨率为 240～400 个像素点，隔行扫描，扫描频率 50Hz，宽高比例 4∶3。我国和西欧大部分国家都使用这种制式。

3. SECAM 制式

SECAM 是 Sequential Color Memory System 的缩写，译为顺序传送彩色存储。它是法国于 1965 年提出的一种标准。它规定每秒 25 帧，每帧 625 行，隔行扫描，扫描频率为 50Hz，宽高比例 4∶3。上述指标均与 PAL 制式相同，不同点主要在于色度信号的处理上。法国、俄罗斯、非洲地区使用这种制式。

4. HDTV

HDTV 是 High Definition TV 的缩写，译为高清晰度电视。它是正在蓬勃发展的电视标准，尚未完全统一，但一般认为，宽高比例 16∶9，每帧扫描在 1000 行以上，采用逐行扫描方式，有较高扫描频率，传送信号全部数字化。它是正在发展的电视标准，世界上已经有一些国家开始播放 HDTV 制式的电视节目，我国也将在近几年开始播放 HDTV 制式的电视节目。

视频处理中常用到以下概念：

(1)模拟信号

模拟信号是由摄像机等获取设备直接获得的信号，它是随机连续变化的信号，它的信号波形在时间和幅度上都是连续的。

(2)数字信号

数字信号是模拟信号经过采样和量化后而获得的信号，它的信号波形沿时间轴方向是离散的，在信号幅度方向也是离散的。计算机中的数字信号就是连续信号经过采样和量化后得到的离散信号。

(3)扫描

扫描的概念来自摄像机的原理，摄像机利用光敏设备——电荷耦合器(CCDS)在二维图像上移动感测点，从而把二维图像信息转换为一维的电信号，这个过程叫做扫描。扫描时，随着扫描点的移动，图像信息的亮度和色彩的变化而不断输出变化的电信号。这些电信号是随着时间连续变化的模拟视频信号。扫描分为逐行扫描和隔行扫描。图 6-1 所示为逐行扫描示意图。

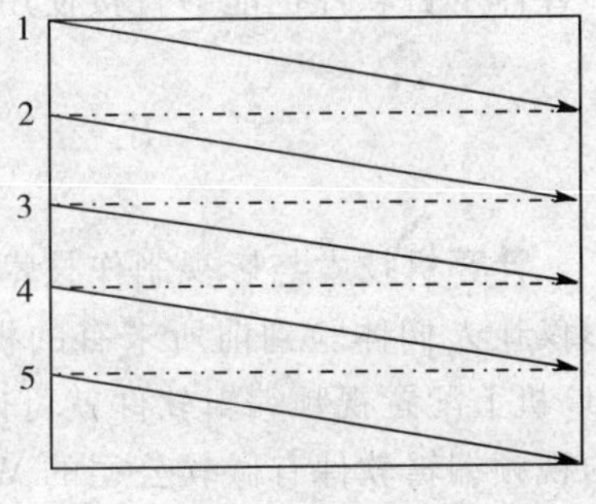

图 6-1　逐行扫描示意图

(4)帧

帧是扫描图像获得的模拟信号。扫描的过程是从左上角开始，水平向右，到达图像右边沿后迅速返回左边，另起一行重新扫描，这种从一行到另一行的返回过程称为水平消隐。每一帧结束后，扫描点从图像的右下角返回左上角，再开始新的一帧的扫描，从右下角返回左上角的时间间隔称为垂直消隐，电视视频传送之前，每一帧之前还要加入帧同步信号，每一行加入行同步信号，以保证接收、播放的同步。帧的长宽比是 4∶3。

(5)场

每个电视帧都是通过扫描屏幕两次而产生的，第二个扫描的线条刚好填满第一次扫描所留下的缝隙。每个扫描即称为一个场。因此 25 帧/秒的电视画面实际上为 50 场/秒。

(6)视频信号的参数

视频信号的参数包括行频，场频，帧频。行频是每秒钟扫描多少行，场频是每秒钟扫描多少场，帧频是每秒钟扫描多少帧。

因为采取了不同的编码方式，所以视频才出现了众多的文件格式，当然在同一编码方式之下一般情况，码率越高，品质越接近源文件的质量，体积也越大，反之质量越差，体积越小。但是如果是在不同格式间比较就稍有困难，因为编码是一个比较复杂的过程，很难将不同格式编出相同体积的文件，目前在就网络流行以及大部分人能操作的情况下，RM 或者 RM-

VB是一个不错的选择,同样的内容要是一定要编码到与某些视频格式文件一样大小的体积,那么它的画面会更好些。

6.1.4 常见的视频处理功能

1. 视频剪辑

根据需要,剪除不需要的视频片段。连续多段视频信息,在连接时,还可以添加过渡效果等。

2. 视频叠加

根据需要,把多个视频影像叠加在一起。

3. 视频和声音同步

在单纯的视频信息上添加声音并精确定位,保证视频和声音的同步。

4. 添加特殊效果

使用滤镜加工视频影像,使影像具有各种特殊效果,滤镜的作用和效果类似于 Photoshop 中的滤镜。

在 Windows 环境中。编辑加工的视频文件可以直接通过媒体播放器进行播放,大多数多媒体平台软件也能够直接使用视频文件,例如 Powerpoint、Authorware 等。

6.2 Premiere 软件的基本使用

计算机技术与影视制作技术的结合是电影发展史上的一座里程碑,数字视频编辑技术不仅让人们体验到前所未有的视觉冲击效果,也为人们的日常生活带来了无穷的乐趣,在 PC 机上配置视频编辑软件就可以轻松地完成复杂的视频后期制作。目前在 PC 机上流行的视频编辑软件有微软公司的 Windows Movie Maker,Adobe 公司的 Premiere 以及友立公司的会声会影等。

6.2.1 Premiere 简介

目前,在个人计算机的视频处理领域中,Premiere 是最流行的软件之一,它是 Adobe 公司开发的非线性视频编辑软件,其强大的实时视频和音频编辑工具可对各个方面进行精确的虚拟控制,Premiere 作为一款专业非线性视频编辑软件受到了广大视频编辑专业人员和视频爱好者的好评。它可以配合多种硬件进行视频捕获和输出,并提供各种精确的视频编辑工具,能产生广播级质量的视频文件,因此,它可以为多媒体应用系统增添高水平的创意。

6.2.2 Premiere 的主要功能

1. 将多种多媒体数据综合处理为一个视频文件;

2. 具有多种活动图像的特级处理功能;

3. 可以配音或叠加文字和图像;

4. 可以实时采集视频信号,采集精度取决于视频卡和计算机的功能,主要的数据文件格式为 AVI。

6.2.3　Premiere 的硬件环境及安装

1. 硬件环境

由于 Premiere 是对视、音频进行处理的软件，而视、音频占用的磁盘空间比较大，处理起来也很占系统资源，所以对计算机的硬件要求比较高。Premiere 6.0 对计算机系统的要求如下：

CPU：最低 Intel Pentium 处理器，推荐 Pentium Ⅲ 以上处理器。

内存：64MB 或以上内存。

硬盘：20GB 以上硬盘，或硬盘阵列。

显卡：24 位真彩色显卡及兼容显示器。

视频采集卡、音频卡以及相应的驱动程序。

同时，为了发挥 Premiere 更大的效能，还应有 Quick Time 、Microsoft DirectX 等视频采集硬件支持的视频软件。

2. 安装 Premiere 6.0

找到光盘或硬盘上的 Premiere 6.0 所在文件目录下的 Setup.exe 文件，双击开始运行安装文件，需要注意的是安装完成后，将弹出“系统重启”的提示窗口。

6.2.4　Premiere 的工作界面

软件安装成功以后，从“开始”菜单中启动 Premiere，会弹出如图 6-2 所示的载入工程设置对话框，我们选择默认设置，单击确定按钮，进入 Premiere 工作界面。

主界面有三个窗口：

(1)“项目工程”窗口：放置和组织素材的地方。

(2)“监视器”窗口：监视和简单编辑视频的地方。

(3)“时间线”窗口：编辑视频的地方。

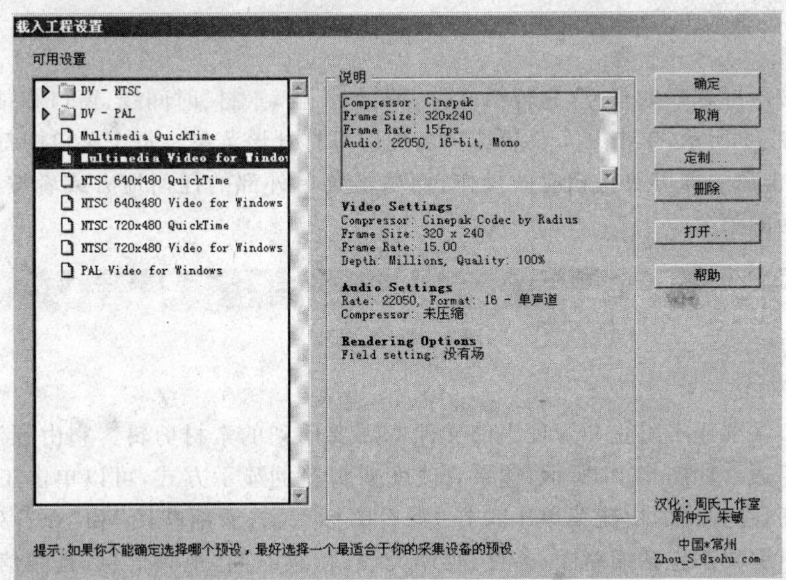

图 6-2　Premiere 6.0 载入工程窗口

主界面还有三个面板组：

(1)“特技/视频/音频”面板组。

(2)“效果控制/信息”面板组。

(3)“导航/历史/命令”面板组。

Premiere 应用程序窗口由标题栏、菜单栏、工程窗口、监视器窗口、时间线窗口和工具面板等几部分组成，如图 6-3 所示。

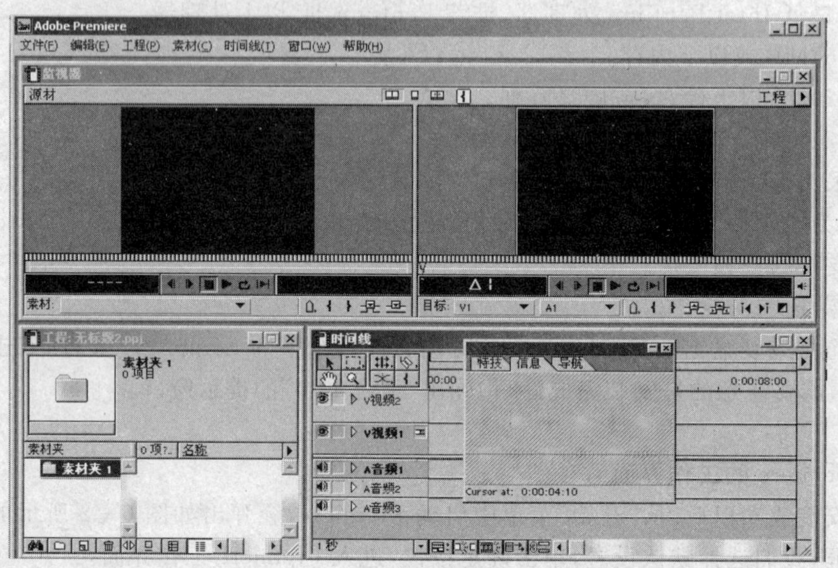

图 6-3　Premiere 应用程序窗口

1. 标题栏

标题栏位于 Premiere 应用程序窗口的顶端，它显示该应用程序的名称，标题栏左边是 Adobe Premiere 图标，单击该图标可以打开窗口的控制菜单，它包括还原、移动、大小、最小化、最大化和关闭等命令。

2. 菜单栏

菜单栏位于标题栏的下方，它包括文件、编辑、工程、素材、时间线、窗口和帮助 7 个菜单选项。如图 6-4 所示，单击某个菜单选项名称即可打开该菜单。每个菜单中都包含数量不等的命令，单击命令即可执行相应的操作，而单击菜单外部的任何地方或者按下 ESC 键将关闭当前打开的菜单。

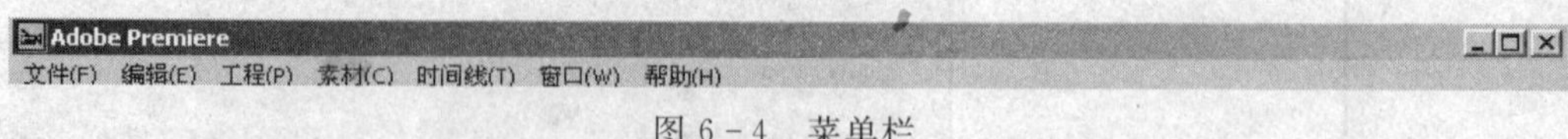

图 6-4　菜单栏

3. 工程窗口

工程窗口主要用于阻止和管理当前文件中需要用到的素材剪辑。它由预演区域、剪辑箱和工具栏组成。如图 6-5 所示，如果要改变剪辑箱的显示方式，可以单击工程窗口右侧的三角形按钮，在弹出的快捷菜单中选择“查看图标”、“查看缩略图”和“查看列表”三种方式。每个素材剪辑都包括缩略图、名称、媒体类型、持续时间、视频信息、音频信息和注释日志等。

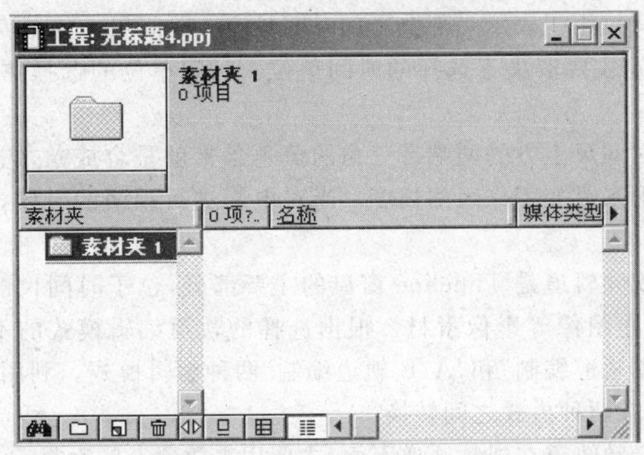

图 6-5　工程窗口

4. 监视器窗口

监视器窗口主要由两个窗口组成，如图 6-6 所示。左边是素材监视窗口，用于播放原始素材，右边是节目监视窗口，用来对 Timeline 中的轨道影片进行预览。在监视窗口下半部分是一些常用的编辑控制按钮，利用它们可以对素材进行编辑。

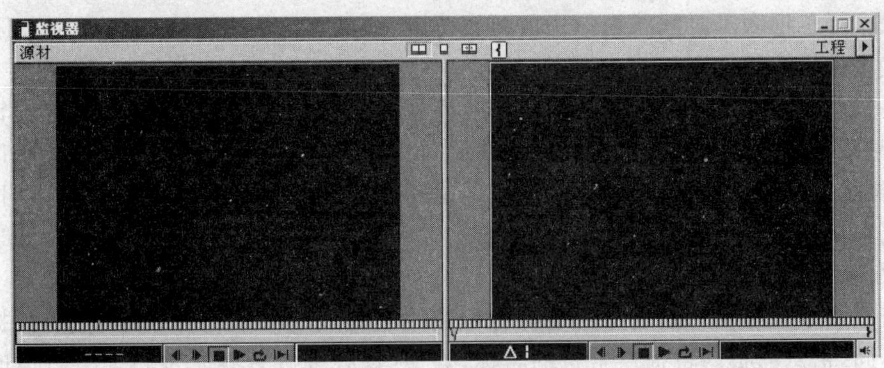

图 6-6　监视器窗口

5. 时间线窗口

时间线窗口可以说是 Premiere 中最主要的窗口。时间线窗口是用于组接工程项目窗口中的素材片断，制作影视节目的编辑窗口。视频、音频素材的大部分编辑和合成特技效果等都是在时间线窗口中完成的，如图 6-7 所示。时间线窗口由下面几个部分组成：

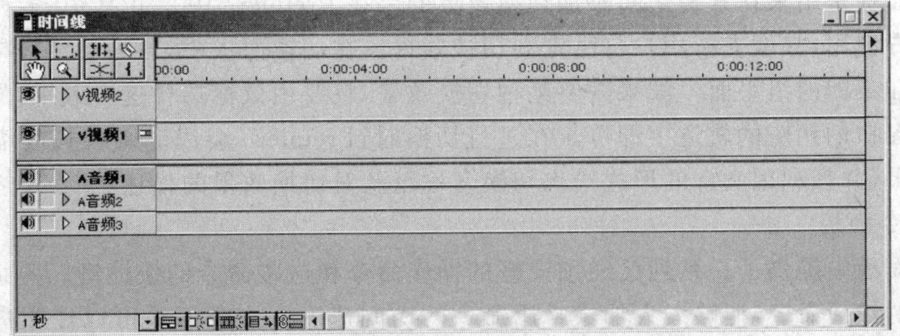

图 6-7　时间线窗口

(1)时间尺:时间尺用于表示一部电影的时间长度。时间尺上的刻度可以代表从1帧到8分钟的时间间隔,这主要取决于选择的时间单位。时间单位的选择在时间线窗口的左下角。

(2)合成条:在时间尺上方的两端带三角的黄色条带就是合成条,它标示了工作区的长度。可以拖动三角形来改变工作区的长度。当对电影进行预演的时候,只有工作区内的素材会被预演。

(3)视频轨道:视频轨道是Timeline窗口的主要部分,位于时间尺的下部,视频轨道主要用来放置视频、静止图像等影像素材。根据选择的轨道编辑模式的不同,视频轨道也不同,视频轨道分为"单轨道编制"和"A/B轨道编制"两种编辑模式。利用:"窗口"->"工作区域"菜单选项可以在两种模式之间转换。

(4)音频轨道:音频轨道在视频轨道下面,主要用来放置音频素材。

在Premiere中最多可以放置99道视频轨道和音频轨道。可以在时间线窗口中的任意位置单击右键来增加视频、音频轨道。

6. 导航面板

在导航面板中使用了不同的颜色来表示时间线窗口里面的各种信息,黄色线条代表视频素材的长度和位置,淡绿色线条代表音频素材的长度和位置,蓝色线条代表切换效果的长度和位置。绿色框表示时间线窗口中的可视范围,淡蓝色块代表合成条覆盖的范围,而红色细线则代表编辑线的位置。

只要按住Shift键的同时用鼠标在导航面板的目标位置单击左键,即可将编辑线移到目标处,时间线窗中的编辑线也会相应地移到目标位置,而在导航面板底部左边的时间指示器,它的显示方式和别的窗口是不一样的,但是作用完全一样。在其中可以输入时间数字,让编辑线直接移动到该时间位置。

7. 信息面板

在信息面板中显示的是选定的素材和切换的类型、长度、鼠标位置等信息,根据所选定信息的不同,信息面板内将提供素材的名称、类型(视频或者音频)、数目、长度(以时间方式显示)、尺寸等;如果素材在时间线窗口中,那么信息面板内除了上面所显示的信息外,还会给出相应素材在时间线窗口内的入、出点位置(用时间显示)和当前的光标位置。如果对时间线窗口中的素材采用了淡入、淡出等特技效果,信息面板还会给出淡入、淡出效果的程度等信息。

8. 特技面板(也叫转场效果)

特技面板是用来在素材之间添加切换效果的。在Premiere中一共有70多种切换效果提供给用户使用,甚至支持用户自己定制切换效果。在切换面板中,各种切换效果按照不同的类别放在不同的组里面。如果需要某种切换效果,只要用鼠标选择这个效果,然后拖动到Timeline窗口的相应的轨道上即可。在进行切换时,Premiere会以动画模拟的缩略图给出简单的效果,并且利用文字的形式给出切换名称以及对切换效果的描述。

9. 命令面板

命令面板中提供了一系列已经预设好的操作命令和这些命令的快捷键。熟练掌握命令面板里面的快捷命令,能够大大加快常用命令的访问速度。命令面板可以让用户根据自己的需要设置菜单命令和编辑快捷键。

10. 效果控制面板

效果控制面板用于控制对象的运动、透明度、效果等设置。

11. 视频过滤面板

视频过滤面板列出了 Premiere 自带的几十种视频过滤效果。通过为对象应用视频效果,用户可以调节对象色调、明度,施加特效等。

12. 音频效果面板

通过为对象应用音频效果,用户可以为对象调节音量、均衡,施加特效等。

13. 历史面板

在历史面板中,最多能够记录 99 个操作步骤,用户可以利用所记录的操作步骤随时返回到以前的任何状态。

另外,对于节目编辑以外的操作是不会被历史面板记录下来的,比如各窗口、面板、系统参数的变化就不会被记录下来,而且一旦用户关闭了正在编辑操作的项目,那么该项目所有的历史记录都会被删除,并且回到最后一次被保存时候的状态。

6.2.5　Premiere 视频的采集

数字视频的采集除了用图像、动画等应用软件制作生成外,一般是采用摄像机录制完成的。早期的摄像机是模拟摄像机,有些数字摄像机虽然是按照数字方式录制的,但是输出方式还是只有模拟信号,在这种情况下,必须借助视频采集卡将模拟信号转换成数字信号。目前,视频采集卡的种类多种多样,功能也非常丰富,有内置插卡式的,也有外置盒式的。一般采用 USB 接口与计算机相连,各种采集卡一般都配备了相应的驱动程序和采集程序,可以根据使用说明书来完成操作。

随着科技的发展。数字摄像机逐渐走入家庭,这种数字摄像机有多种接口方式,有模拟信号输出接口,也有数字信号输出接口,对于数字信号输出接口,一般采用 IEEE1394 标准 Premiere 直接实现了对 IEEE1394 接口的支持,可以通过该端口随时从 DV 摄像机或 DV 录像机采集数字视频,目前,许多计算机上都备有 IEEE1394 接口。如果计算机上没有这个接口,可以买一块 IEEE1394 接口卡。

在 IEEE1394 接口卡安装完毕后,通过连接线与 DV 摄像机的 DV 接口相连接,通过 Premiere 就可以直接采集数字视频信号。

操作步骤如下:

1. 将摄像机连接到 IEEE1394 接口,打开摄像机的电源,并将摄像机设置成播放模式(VTR 或 VCR)。

2. 单击“开始”|“程序”|“Adobe”|“Premiere 6.0”命令,启动 Adobe Premiere 6.0 应用程序。

3. 单击“文件”|“采集”|“影片采集”菜单命令,进入“影片采集”对话框,如图 6-8 所示。

4. 在“影片采集”对话框右侧的“设置”选项卡中,单击底部“编辑”按钮,出现如图 6-9 所示的“参数选择”对话框,设置采集数字视频文件的存储路径,一般设置时应将视频采集到读取速度最快的硬盘上。

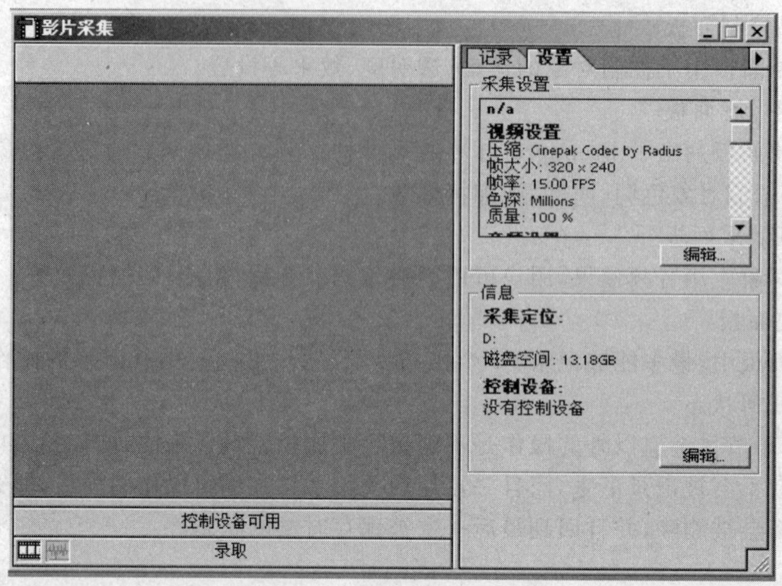

图 6-8 影片采集窗口

5. 单击"影片采集"对话框下方的"采集"按钮，开始进行采集，按下键盘上的 ESC 键就可以停止采集。这样便可以采集一段 AVI 文件，Premiere 支持模拟视频信号和数字视频信号的采集。我们将在以后的教材中对 Premiere 6.0 提供通过视频采集卡将录像带中的模拟视频信号捕捉成数字视频功能。

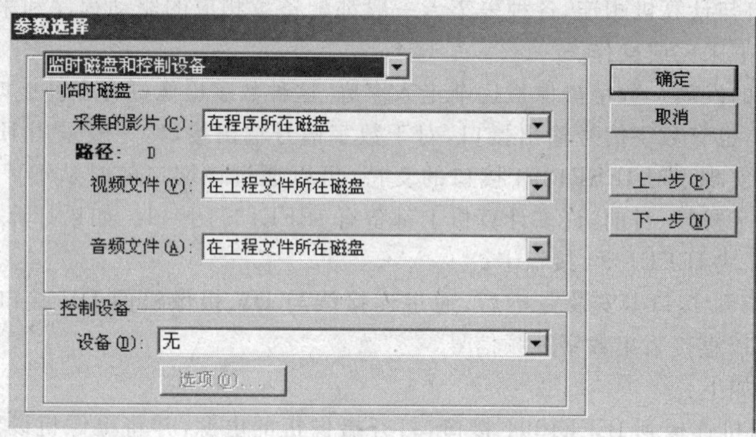

图 6-9 "参数选择"对话框

6.2.6 使用 Premiere 6.0 视频编辑的基本功能

1. 创建一个新项目

当启动 Premiere 6.0 或新建项目时，首先弹出"载入工程设置"对话框，在对话框左侧的列表中提供了 Premiere 6.0 可以编辑的几种项目类型，可以利用鼠标选取想要编辑的项目类型。对话框中间的说明栏中提供了使用者所选择的项目类型的基本参数描述，其中滚动列表中列出了所选项目的压缩(Compressor)、帧尺寸(Frame size)、帧速率(Frame rate)和音频(Audio)等基本参数，在它的下面则列出了该项目的视频设置(Video Settings)、音频设置(Audio Settings)和表现选项(Rendering Options)的基本情况。单击“确定”按钮确定。如图 6－10 所示。

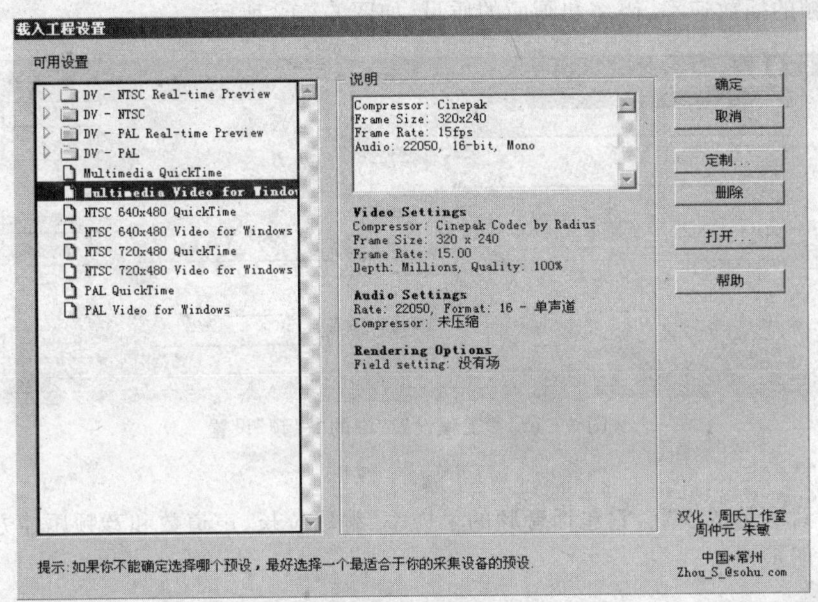

图 6－10　“载入工程设置”对话框

2. 设置参数

如果不想编辑列表提供的项目类型,单击“确定”按钮确定后,直接进入编辑界面。如果已有的预设置不能满足需要,单击“定制”按钮可以显示传统的项目设置对话框。在这里,可以通过下拉菜单选择项目的种类,如图 6－11 所示。

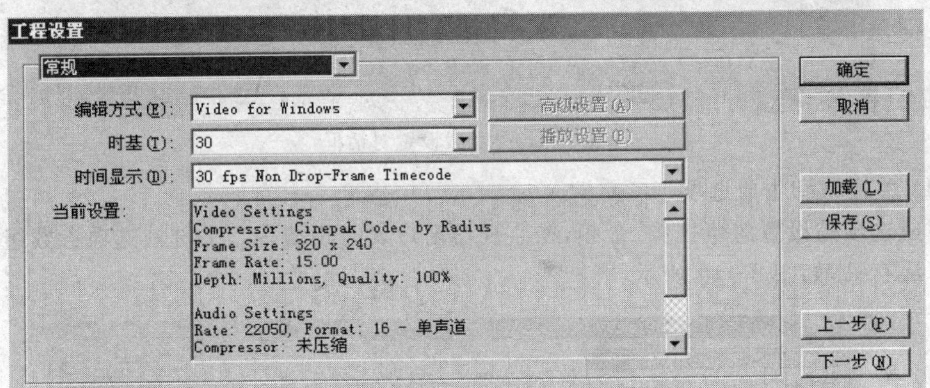

图 6－11　“工程设置”对话框

(1) 常规

“编辑方式”:在 PC 机上,一般选择 Video for Windows。注意它并不是实际输出的视频格式。实际输出的视频格式在 Export 中设置。

“时基”:选择预演视频的播放速率,应与实际视频制式一致。对于 PAL 制应选 25 帧/秒。

“时间显示”:选择在时间线窗口中时间的显示格式。

（2）视频

设置预演视频的参数。包括预演视频的压缩方案、彩色深度、视频画面的大小、画面的宽高比、视频的播放速率、码率和画面的质量，如图 6－12 所示。

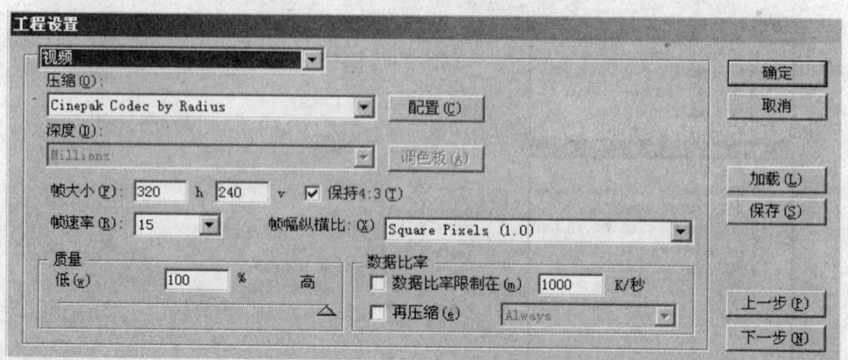

图 6－12　“工程设置”中的“视频”设置

（3）音频

播放声音参数的设置，它包括音频的采样率、编码位长、声道数和音频压缩方案等参数，如图 6－13 所示。

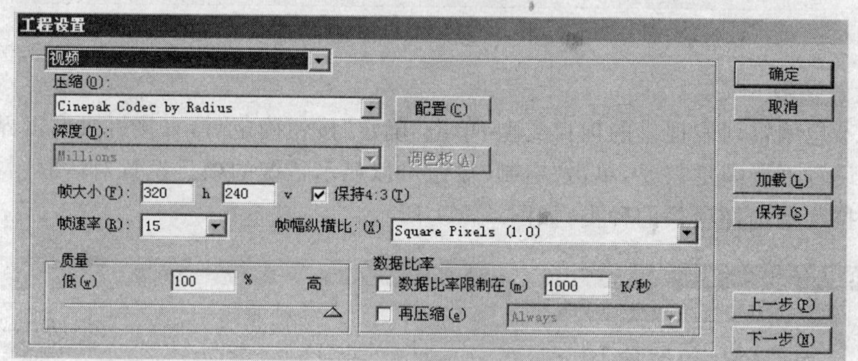

图 6－13　音频设置对话框

（4）关键帧和生成选项

生成选项是设置忽略视频、音频，在监视器窗口实时预演等。关键帧选项参数组与视频压缩算法有关，如图 6－14 所示。

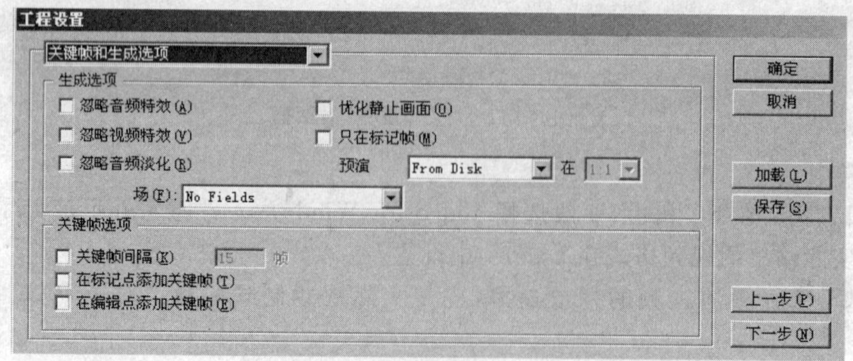

图 6－14　关键帧和生成选项的设置

(5) 采集

视频捕获设置和所用的视频捕获卡有关,采集格式是控制 Premiere 如何从录像带或摄像机里获取视频和音频。前面的设置不会影响到该项的设置,一般可以选择的视频采集模式有 QuickTime Capture 和 DV/IEEE1394 Capture,如果安装了不同的视频采集卡,这里也同样会出现。如图 6-15 所示。

图 6-15 采集对话框

一般来说,采用什么样的设置取决于正在编辑的项目。而且,许多视频采集卡为项目提供了自己的预定义设置或者优化的推荐设置,这些都可以通过设置查看器得到。

通过其中的选项,可以设置以上项目的相关参数。单击“删除”按钮可以删除当前选定的项目类型。

注意:这种删除是不能恢复的,必须在十分确定的情况下才可以删除,否则会为今后的编辑工作带来不便。

3. 导入素材

项目建立后,必须把原始素材导入到项目窗口中。导入的内容可以是视频或音频文件,也可以是视频或音频文件夹以及项目文件。下面将导入两段素材文件。

双击项目窗口的空白处,在弹出的“导入”对话框中选择需要导入的素材文件,单击“确定”按钮。在工程项目窗口中出现了鹰 1. avi 和 鹰 2. avi 的视频素材文件,如图 6-16 所示。

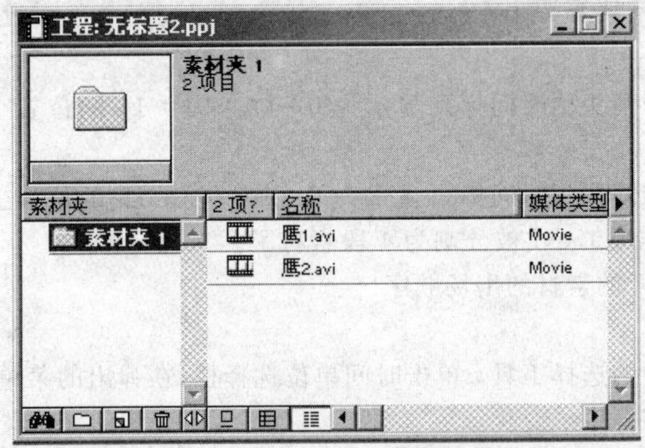

图 6-16 视频素材剪辑

(1)对素材进行适当的处理,操作步骤如下:

①将素材拖动到时间标尺窗口中,并会看到素材片段,拖动鹰 1.avi 到时间标尺窗口中的 V 视频 2 轨道中,单击时间标尺窗口中的时间单位选择栏,在弹出的菜单中选择 1 帧;这样,时间标尺窗口中的标尺单位发生了变化,鹰 1.avi 的显示也有相应的改变,如图 6-17 所示。

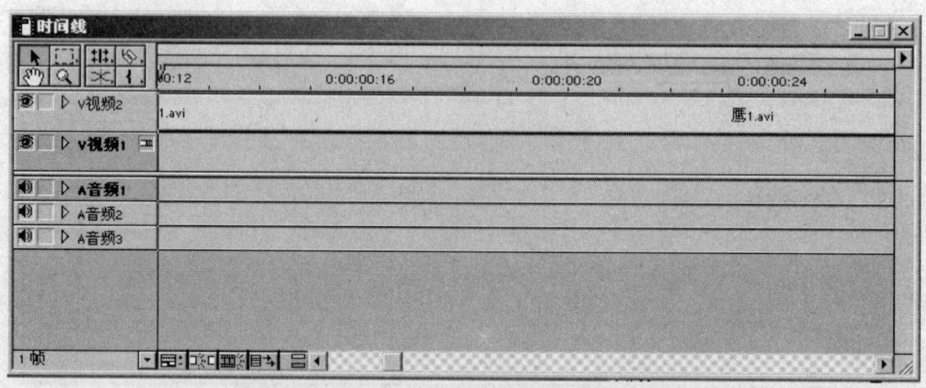

图 6-17 “时间线”窗口中的时间单位选择栏

②拖动时间标尺窗口上方的时间定位箭头到时间标尺显示时间为 0:00:00:22 的位置上。选择时间标尺窗口中工具栏里的剃刀工具,鹰 1.avi 显示为 0:00:00:22 的帧分线上单击鹰 1.avi,素材被一分为二,如图 6-18 所示。

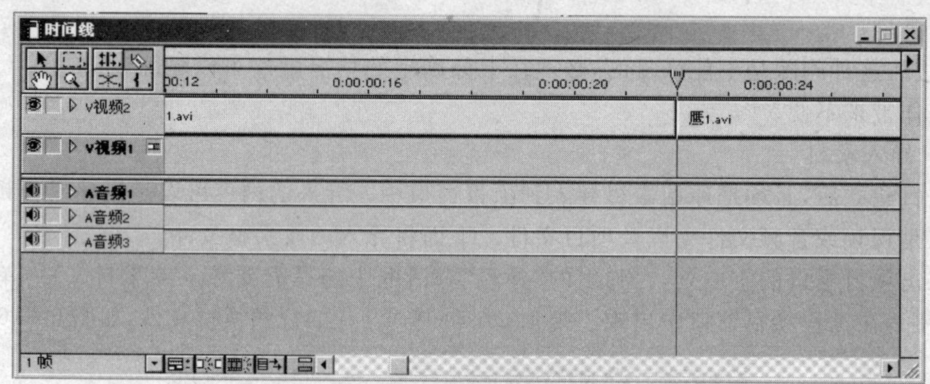

图 6-18 一分为二的素材

③拖动时间定位箭头到时间标尺显示为 0:00:01:16 的位置上,用剃刀工具,将鹰 1.avi 分为 3 段。

④拖动时间定位箭头到时间标尺显示为 0:00:03:15 的位置上,用剃刀工具,将鹰 1.avi 分为 4 段,这样鹰 1.avi 被分割为 4 段素材了。

(2)安排已分割开的素材的出场顺序

操作步骤如下:

①选择工具栏中的选择工具,单击时间单位选择栏,在弹出的菜单中选择 1 秒选项,时间标尺窗口中的单位发生了变化。

②单击 鹰 1.avi 中第 2 段素材使之被选中,单击 Del 键删除。

③拖动鹰 1.avi 中第 4 段素材到被删除的第 2 段素材的位置上,如图 6-19 所示。

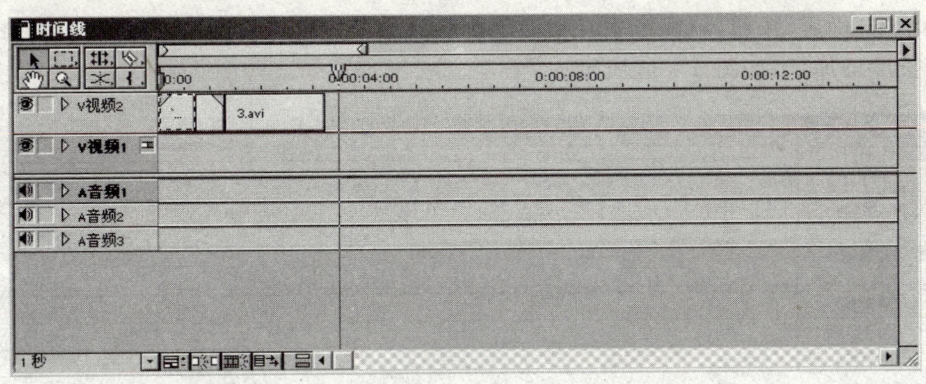

图 6 - 19

④移动素材的位置，将它们连接在一起，使它们产生连续的效果。将时间定位箭头拖动到鹰 1. avi 入点的位置上，单击监视器窗口的"播放"按钮观看效果。再将项目窗口中的鹰 2. avi 拖动到 V 视频 1 轨道中，放在素材鹰 1. avi 的后面。

拖动时间标尺窗口上的时间定位箭头，观察监视器窗口的演示效果。至此，影片的素材剪辑就完成了。下面需要对素材做进一步的加工和调整。

(3)调整素材的速度

① 首先拖动鹰 2. avi 向后移动，与鹰 1. avi 空出 1 秒的位置，如图 6 - 20 所示。

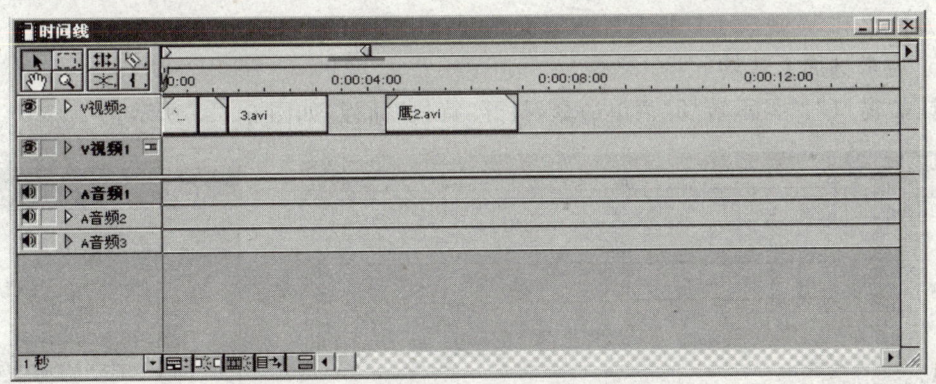

图 6 - 20　拖动显示

② 右击目前鹰 1. avi 中的第 3 段素材，从弹出的快捷菜单中选择"播放速度"菜单命令，弹出"素材速率"对话框，如图 6 - 21 所示。

③其中，显示的时间是当前素材的速度。选择"新的持续时间"，将文本框中的 0 : 00 : 01 : 29 改为 0 : 00 : 02 : 29，如图 6 - 22 所示。

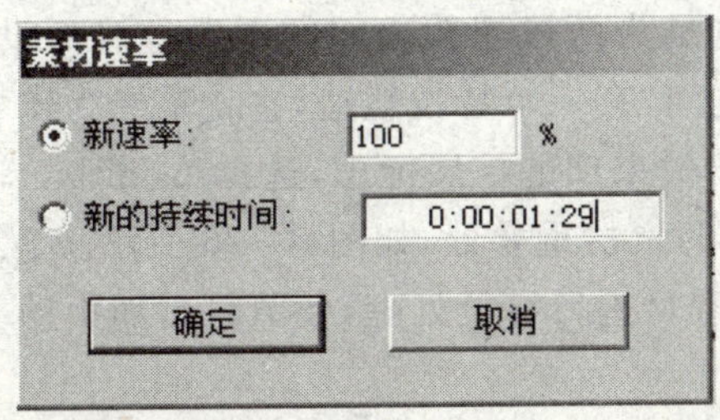

图 6 - 21　素材速度

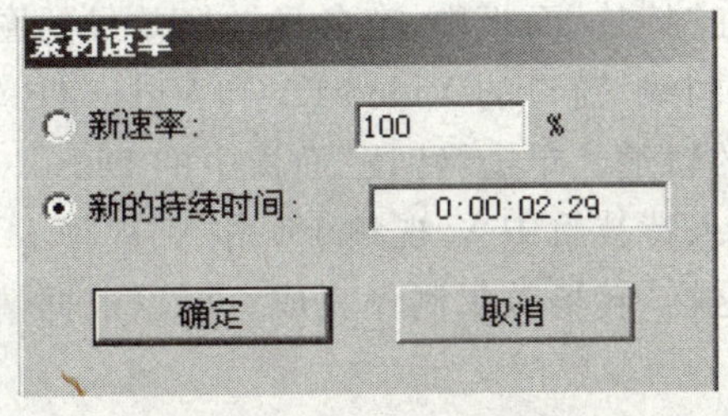

图 6 - 22　选择"新的持续时间"

④单击“确定”按钮，就能产生一个慢动作的效果了。可以看到，在“时间线”窗口中的这个素材长度增加了，如图 6－23 所示。

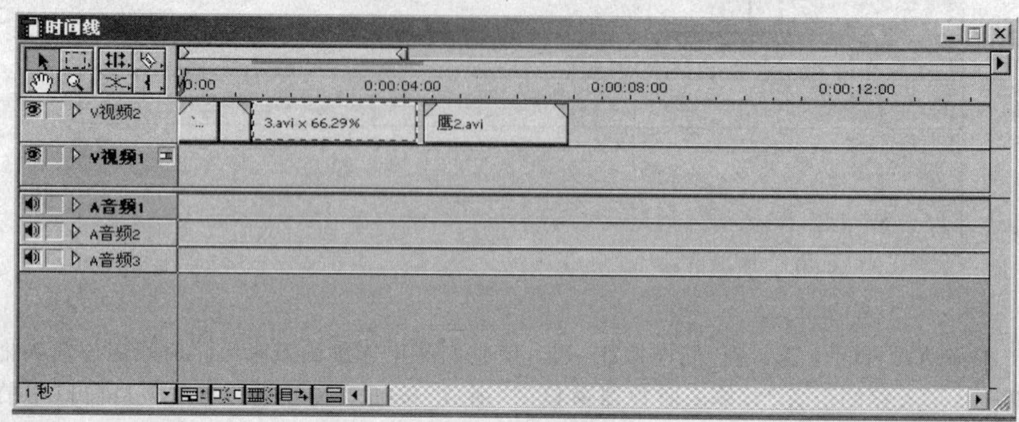

图 6－23 慢动作效果

⑤单击监视器窗口的“播放”按钮，观看变化。用同样的方法，将鹰 2. avi 这段素材的新的持续时间改为 0：00：02：29。

(4)调整素材的轨道

单击“选择工具”，将鹰 2. avi 拖动到 V 视频 1B 轨道中，将鹰 1. avi 拖动到视频 1A 轨道中，并使之和 V 视频 1A 的素材产生重叠，如图 6－24 所示。

(5)为素材加入转场

选择“窗口”|“显示转场”菜单命令，打开“特技”面板，如图 6－25 所示。

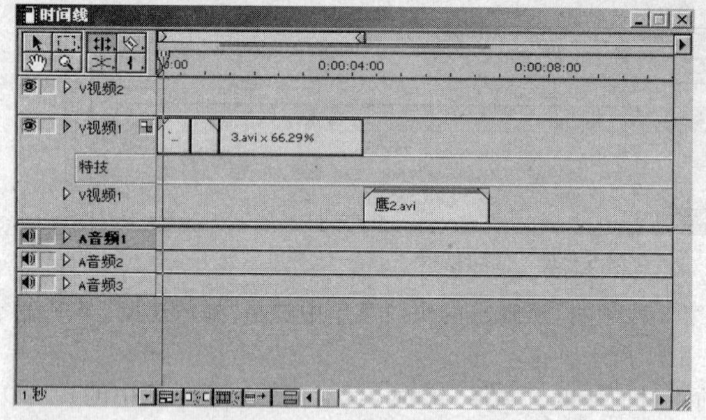

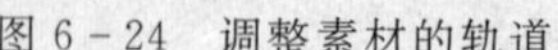
图 6－24 调整素材的轨道

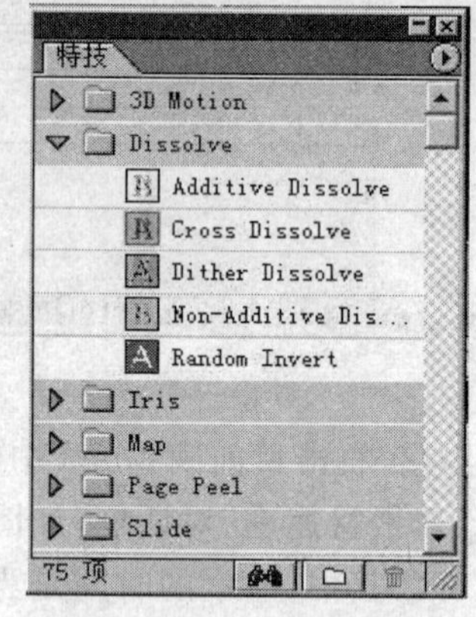

图 6－25 特技面板

在“特技”面板中，有各种转场效果的图标，这是为两段视频之间的平滑过渡而设计的。在“时间线”窗口的 Video 1A 和 Video 1B 轨道之间，有一个特技轨道，它就是专为转场效果提供的轨道。单击“特技”面板中的 Dissolve 转场效果项的扩展标志，选择 Additive 转场效果，拖入特技轨中 V 视频 1A 和 V 视频 1B 轨道的素材重叠处，如图 6－26 所示。

这样，转场效果制作完成。可以根据情况对素材进行特技处理，使节目更加生动。

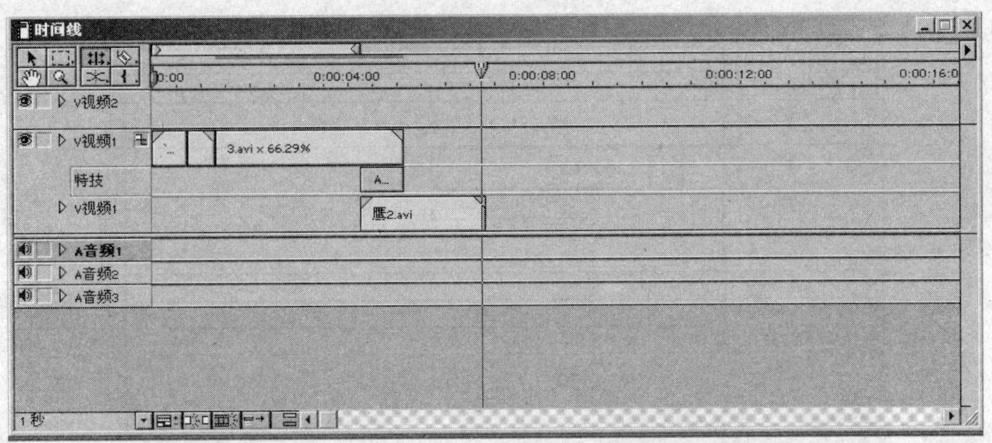

图 6-26　为素材加入转场效果

(6) 使用滤镜效果

选择“窗口”|“显示视频滤镜效果”菜单命令，弹出“视频”面板，如图 6-27 所示。

单击“Adjust”效果项上的扩展标志，单击并拖动 Brightness&Contrast 滤镜效果，到鹰2. avi 上，随之会弹出“效果控制”面板，如图 6-28 所示。拖动 Contrast 滑块到 4. 1 的位置上，并观察监视器窗口。这样就增加了素材的对比度，使素材的效果更加清晰。到这里为止，视频文件已经处理完成。下面将为视频素材加上音乐。

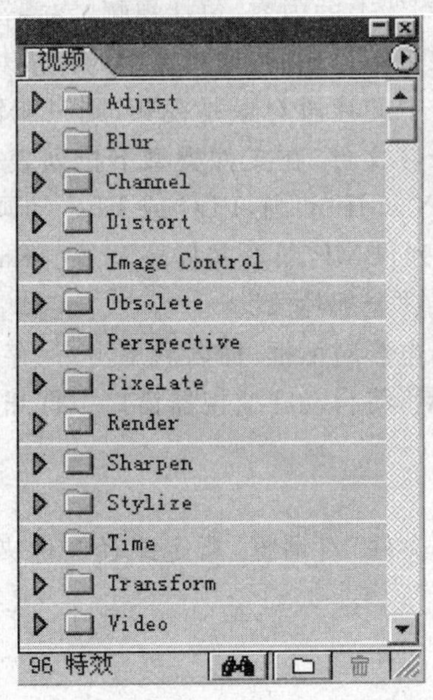

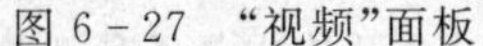
图 6-27　“视频”面板　　图 6-28　“效果控制”面板

(7)为视频配音

双击工程项目窗口的空白处，在弹出的“导入”对话框中素材文件夹中的“01. wav 文件”单击“确定”按钮，01. wav 文件就会出现在项目窗口中。拖动 01. wav 文件到“时间线”窗口的 A 音频 1 轨道中，如图 6-29 所示。

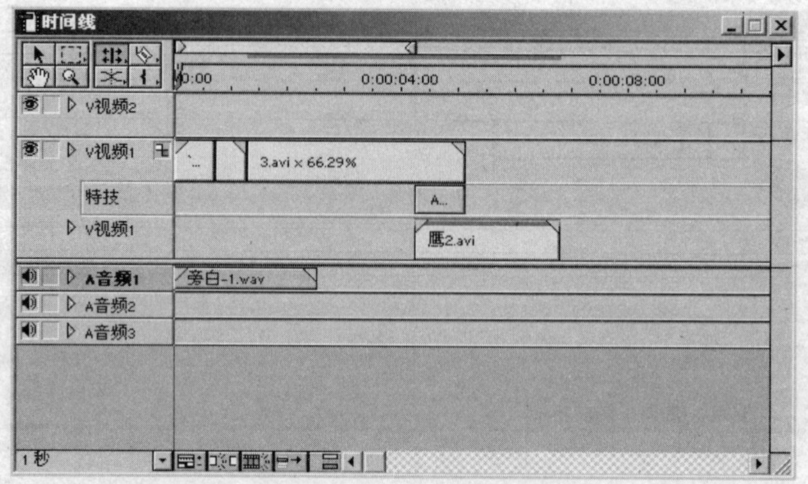

图 6－29　添加音乐到 A 音频 1 轨道

至此，节目的编辑制作已经全部完成。下面，就要生成这个节目来欣赏一下制作效果。

(8) 预览节目

单击监视器窗口的“播放”按钮，观看一下制作效果，如果觉得满意，可以将项目保存。

(9) 保存文件

制作完成的片段输出包括两种输出形式，一种是片段输出，另一种是时间线输出，前者输出的是当前选中的片段，后者输出的是所有时间线上的内容，包括视频，字幕音频等。

输出片段时，由于选择的对象不同，输出结果也不尽相同，如果选中的片段对象是字幕，则可以输出为 AVI 视频或单帧图形图像，如果选中的片段对象是视频，则只能输出为 AVI 视频，如果选中的对象是音频，则只可以输出为音频文件，在文件类型下拉列表框用来选择电影格式。Premiere 支持的格式有 . AVI，. MOV，GIF 动画，FLC 或 FLC 动画，TIF 图形文件序列，TGA 图形文件序列，GIF 图形文件序列，BMP 图形文件序列等。Range 下拉列表框用来设置输出的范围，可以是“入点到出点”或“全部片段”。

设置好其他参数后单击“OK”确定，回到输出电影对话框，命名后单击“保存”按钮，屏幕上出现电影输出的进度显示框，当电影输出完成后，将自动在监视器窗口中打开并播放已经输出的电影。

①保存为 . ppj 格式

单击“文件”|“另存为”菜单命令，打开“保存文件”对话框，指定路径文件夹，为文件命名。此时的默认格式为 . ppj，是可编辑文件。

单击“保存”按钮，完成保存文件。

②保存为其他格式

单击“文件”|“输出时间线”|“影片”菜单命令，会弹出“影片电影”对话框，如图 6－30 所示。在该对话框中，选择合适的路径并输入文件名以保存文件。

单击对话框中的“设置”按钮，会弹出“输出电影设置”对话框。单击“文件类型”下拉列表，可选择影片输出的格式，这里选 AVI 格式。输出电影设置如图 6－31 所示。

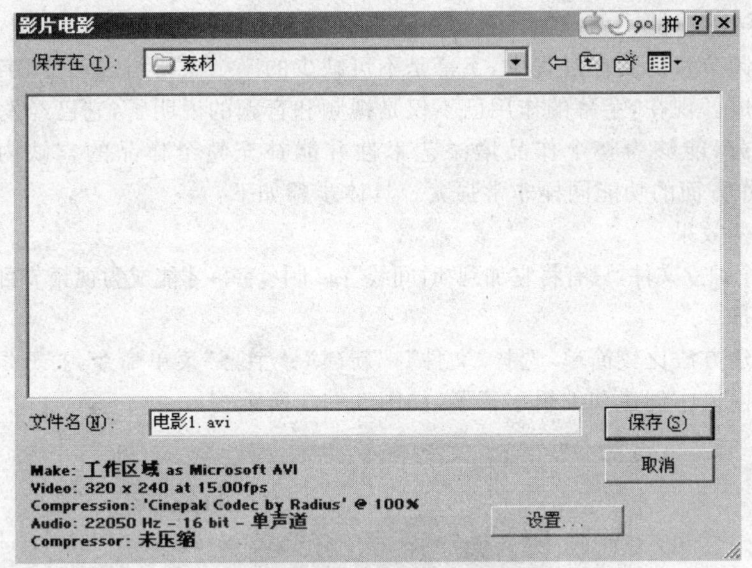

图 6-30　影片输出的对话框

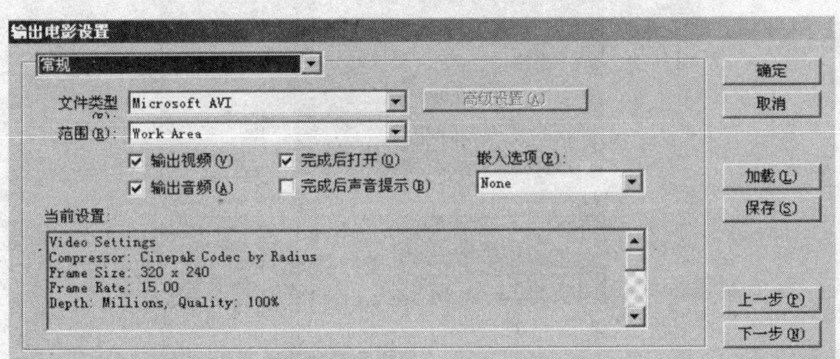

图 6-31　输出电影设置

③单击“常规”设置下拉列表，选择“视频”选项，在出现的对话框中可设置压缩方式、画面尺寸、播放速率、输出质量等参数，如图 6-32 所示。

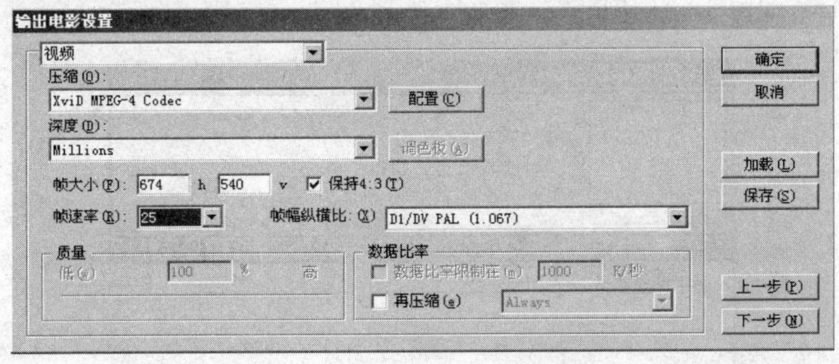

图 6-32　输出电影的参数设置

④ 设置完成后，单击“确定”按钮，关闭“输出电影设置”对话框。在“影片电影”对话框中，指定路径和文件名，单击“保存”按钮。这样，一段完整的影片就制作完成了。

(10) 字幕效果制作

在各种视频节目的制作过程中，字幕是不可缺少的一个重要组成部分，字幕要由文字和相应的图像组成。现在，字幕的作用已不仅是视频和音频的说明了，它已经发展成为视频和音频的组成部分，能够为整个作品增添艺术性并能补充整个作品的空缺内容。Premiere 6.0 在字幕制作方面的功能同样非常强大。具体步骤如下：

①添加字幕效果

字幕是一个独立文件，只有将它加到“时间线”窗口中，字幕才能成为视频节目的组成部分。

②创建字幕

字幕的创建方法比较简单，选择“文件”|“新建”|“字幕”菜单命令，打开“字幕”窗口，就可以在“字幕”窗口中创建和编辑字幕了，如图 6－33 所示。

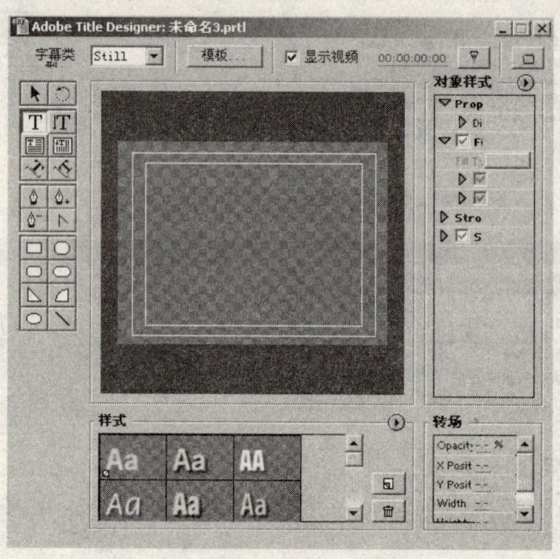

图 6－33　字幕的添加

③输入样本背景

字幕大多都是制作在视频的背景上面。双击“工程项目”窗口的空白处，弹出“导入”对话框，选择素材文件夹下的“101. avi”文件。单击“确定”按钮确定，“101. avi”就会出现在“工程项目”窗口中，如图 6－34 所示。

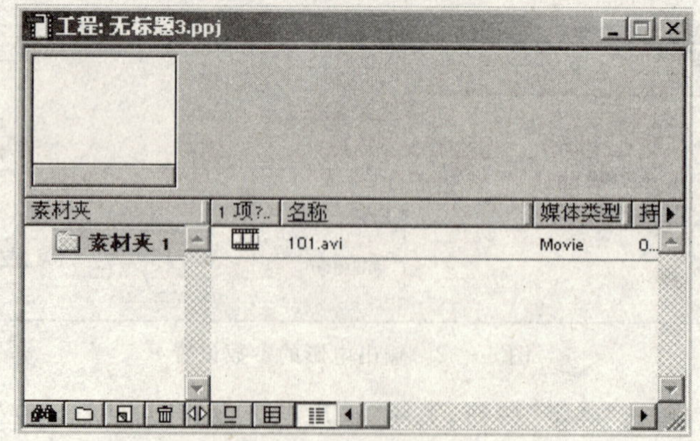

图 6－34　“工程项目”窗口

拖动“101. avi”到 V 视频 1A 轨道，在字幕窗口中出现如图 6－35 所示的效果。

图 6－35　拖动的效果

下面我们通过创建“welcome”文字对象来介绍创建文字的过程。

①单击“字幕”窗口左侧工具栏中的文本工具。

②单击“字幕”窗口中想要加入文字的位置，出现一个矩形虚线框，在框中输入“多媒体技术应用”，输入文字后在虚线以外的位置单击鼠标，缺省的文字建立完成，如图 6－36 所示。

图 6－36　字幕窗口

③接下来设置文字的属性。在“字幕”窗口右侧对象样式中设置字体、大小、颜色、阴影

等效果。

④字幕制作完成，选择“文件”|“保存”菜单命令，为字幕输入一个文件名“01. prtl”，单击“确定”按钮。在保存文件的同时项目窗口中会自动插入“01. prtl”文件，如图 6 - 37 所示。

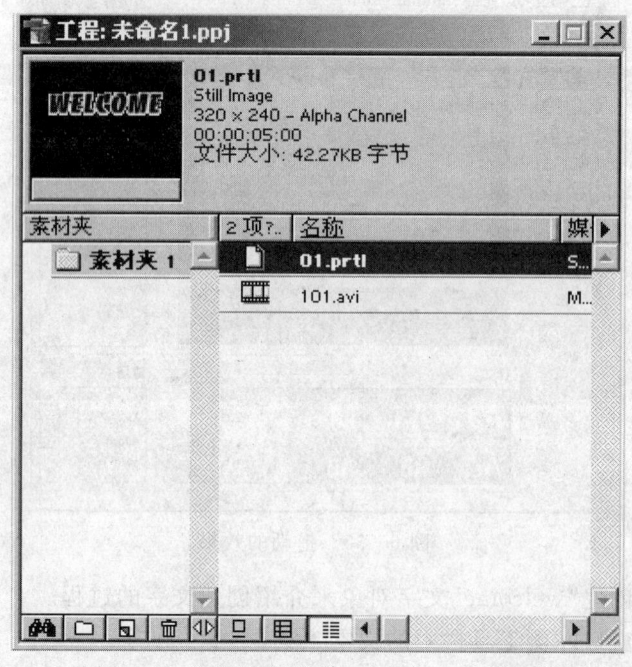

图 6 - 37 “工程项目”窗口中的“01. prtl”文件

⑤将字幕素材拖动到 V 视频 2 轨道(字幕只有放在可以叠加的轨道中才有效)，如图6 - 38 所示。

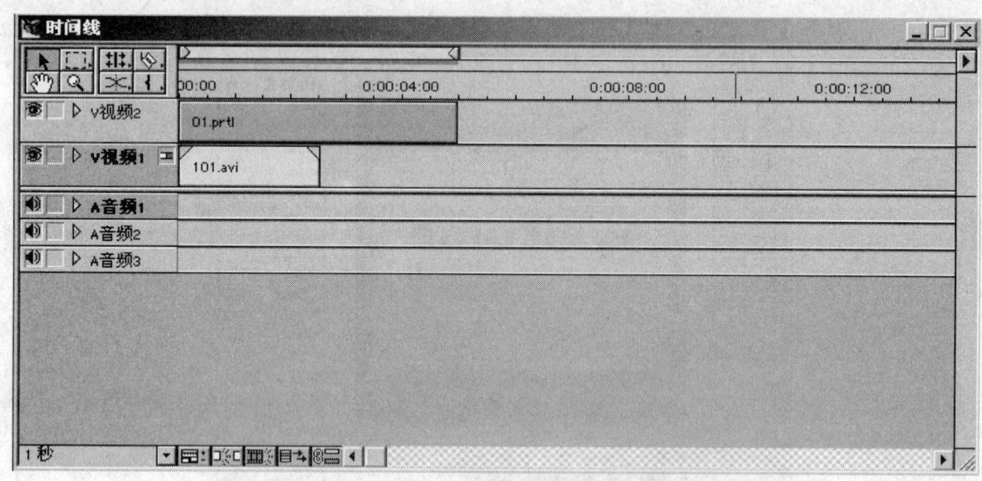

图 6 - 38 拖动效果

⑥右击字幕素材，弹出快捷菜单，选择“视频选项”|“透明设置”菜单命令，打开“透明度设置”对话框，将字幕的键类型设置为“Alpha Channel”。一个简单的字幕制作完成了，如图 6 - 39 所示。

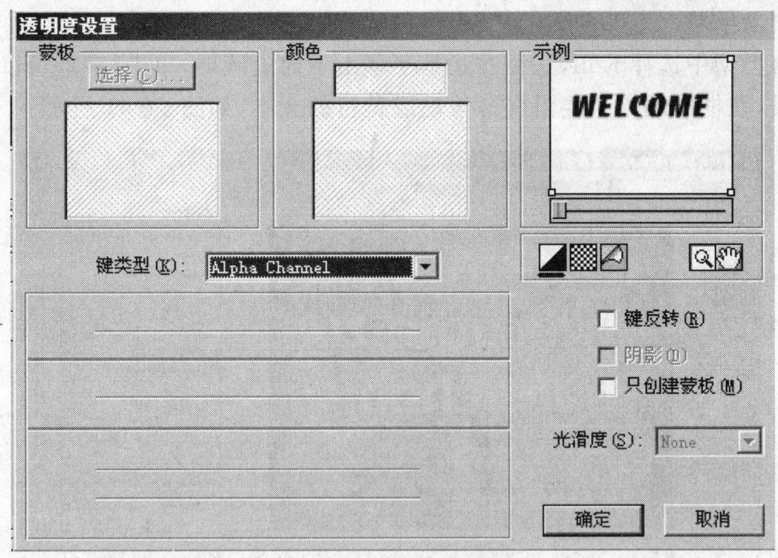

图 6-39　透明度设置

(11) 制作滚动字幕

① 调入背景图像

◆选择"文件"|"新建"|"字幕"菜单命令,打开字幕窗口。

◆双击"工程项目"窗口空白处,打开文件"导入"对话框,选择素材文件夹中的"001.tga 文件",单击"确定"按钮确定,并将素材拖动到 V 视频 1A 轨道,"字幕"窗口如图 6-40 所示。

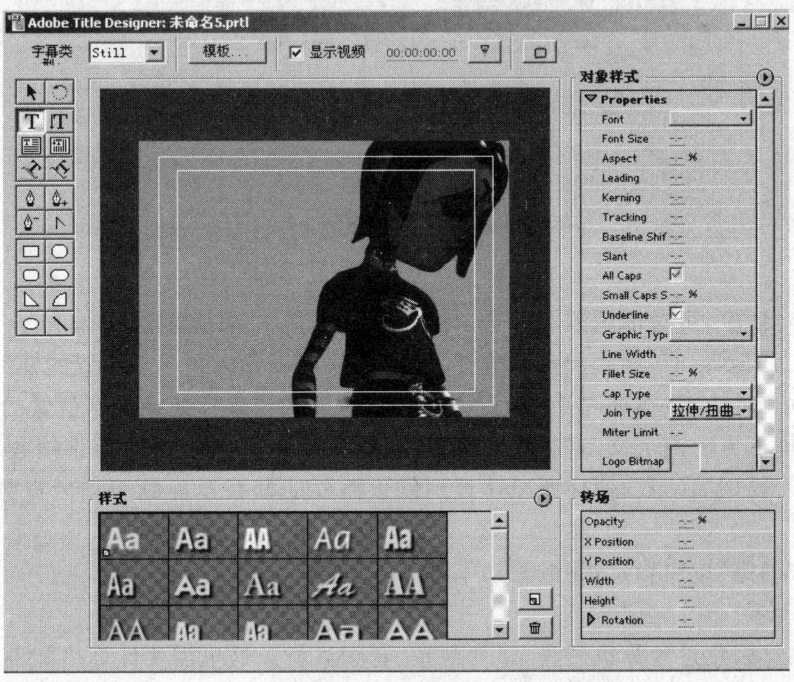

图 6-40　字幕窗口

②设置滚动字幕

◆在字幕类型中选择 Roll，这种方式是字幕由下向上滚屏，单击“字幕”窗口左侧工具栏中的文本工具，在框中键入想要沿屏幕滚动或爬行的文本，如图 6-41 所示。

图 6-41

◆选择“字幕”|“滚动/爬行选项”菜单命令，弹出“Roll/Crawl 选项”对话框，如图 6-42 所示。

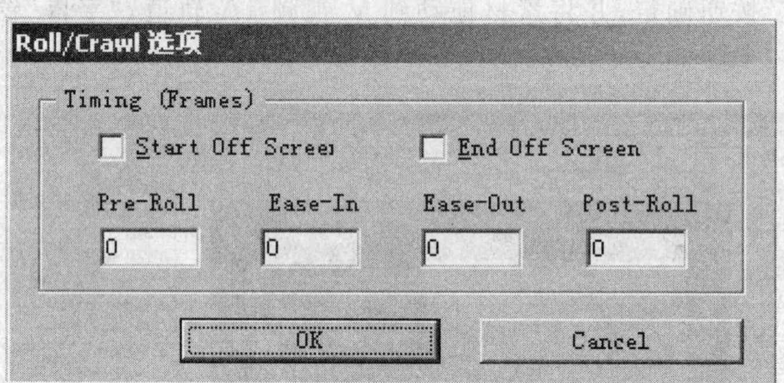

图 6-42　Roll/Crawl 选项

通过该对话框，可对标题滚动等选项进行设置。其中，各选项含义如下：

“Start Off Screen”(屏幕起点)：选择该项后，禁止设置标题起点位置的帧。

“End Off Screen”(屏幕结束点)：选择该项后，禁止设置标题结束点位置的帧。

在对话框下方的四个文本框中分别指定标题滚动前视频素材的静止帧数、使标题加速到正常速度需要用的帧数、使标题减速直到停止需要的帧数及标题滚动后视频素材的静止帧数。

◆单击“确定”按钮确定，完成滚动字幕。

4. 制作影片

(1)将素材采集进计算机硬盘，建立视频、音频素材。这里需要计算机配备采集卡设备，DV 素材可以通过 IEEE1394 接口上载。

(2)准备脚本。脚本充分体现了编者的意图,也是编辑制作人员的工作指南。

(3)启动 Premiere 6.0,在 Premiere 中建立新项目。将保存在硬盘中的视频、音频素材输入 Premiere 环境中。

(4)预览素材,检查素材内容,以便对内容进行取舍。

(5)在时间线窗口装配和编辑素材,实现转场效果、滤镜、运动处理、配音、增加字幕等操作。这是影视制作中最重要的一步。

(6)保存影片,将我们的操作记录下来。

(7)预演影片,观看处理效果,对不妥之处可以再修改。

(8)输出影片,产生一个独立的影视文件或录制到录像带中。

5. 制作倒计时操作步骤

(1)首先在 Photoshop 中制作 14 张 400×300 像素的图片。每张图片上均为一个单独的阿拉伯数字,从 1 至 14。

(2)启动 Premiere 6.0,选择“编辑”|“常用参数”|“常规和静止图像”菜单命令,打开“参数选择”对话框。需要在“缺省持续时间”后的文本框中输入 25,这是因为 PAL 制的电视时基码为每秒 25 帧。在这里,每一个转场要占用 1 秒的时间,如图 6-43 所示,单击“确定”按钮。

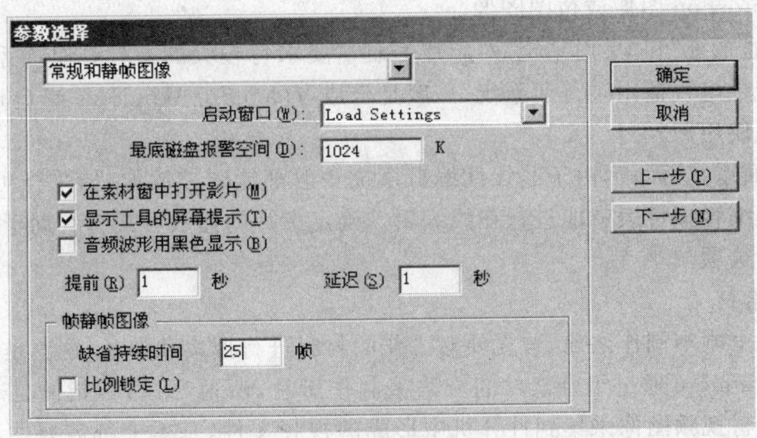

图 6-43　“参数选择”对话框

(3)双击工程项目窗口空白处,素材文件夹,按下 Ctrl 键的同时,选择 001 到 014 的全部 tga 文件,然后选择项目窗口左下角的缩图显示按钮。

(4)选择单数的 tga 文件(如 001.tga、003.tga…)拖入 V 视频 1A 轨道中,按顺序排列,再将偶数的 tga 文件拖入 V 视频 1B 轨道中,按顺序排列。

(5)拖动特技面板中的 Clock Wipe 转场效果到特技轨道中,并调整长度,使之和 013.tga 有相同的长度。

(6)双击 Clock Wipe 转场效果图标,打开“Clock Wipe 设置”对话框,选择“显示实际来源”复选框,013.tga 和 014.tga 分别显示在开始和结束窗口中。拖动开始显示窗口的滑块进行预览,就可以看到转场效果。根据需要选择合适的转场效果。

(7)右击特技轨中的 Clock Wipe 转场效果,在弹出的快捷菜单中选择“复制”菜单命令。再次右击特技轨道的空白处,在弹出的快捷菜单中选择“粘贴”,将设好的 Clock Wipe 转场效果粘贴到相邻的位置上。这样,一个计时钟的字幕效果就制作完成了,可以根据实际情况进行调整。

6. 关于 Premiere 使用的说明

(1)策划剧本

在启动 Adobe Premiere 之前,必须做如下准备:

①确定作品的主题,即需要制作什么,比如,可能想为自己、朋友或者客户制作一个结婚纪念册,因此主题被确定为结婚纪念,这个主题应该突出喜庆的气氛,同时要把一些最具有纪念意义的内容保存在电子纪念册中。

②根据主题,收集素材,包括录像、照片、声音、文本等,并加工成计算机可以接受的形式。

根据确定的主题、手头的素材,以及现有的硬件条件,策划一个简单的"剧本"。

③接下来就可以着手用 Premiere 开始具体的制作工作,首先要做的第一件事就是建立新的剧本。

在制作一个影视节目之前,应先写一个有关剧本中镜头排列及活动顺序的简要说明,或建立一系列的草图,称之为故事板,上面先标出影片的开始、应用的切换、特技效果、加入的声音及影片的结尾等,然后再决定要放进剧本的素材是一个影片片断、一个录音样品还是一张 Adobe Photoshop 图像或位图图像。

由于"普通系统"和"桌面系统"对影片的质量要求有较大的差异,"桌面系统"一般将影片录成录像带供电视播出,"普通系统"一般是合成 Video For Windows 或 Quick Time 影片供计算机软件使用。

对于"桌面系统"而言,由于非线性编辑系统一般都能遥控放像机,采样可以批量进行,所以建立一个编辑拟订表就能进行在线编辑。确定影片的播放方式将有助于选择适当的压缩设置和预定选项。

(2)准备素材

在进行这个剧本制作之前,首先要对工作的材料进行搜集和准备,这就是素材的准备工作。Adobe Premiere 通过组合素材的方法来制作影片,所谓"素材",指的是未经剪辑的视频、音频片断,将视频图像采集到计算机中形成的视频文件,基本上都需要两次加工。动画文件 FLC、FLI 由于在制作时已经过精心策划,基本上不需要两次加工。所谓"影片",指的是 Premiere 对素材加工后的成品,一般是较完整的片断,甚至是一个包含特技、字幕、音频的完整的影片文件,它一般先存在计算机的硬盘上,通过视频回放卡再录制到录像带上。由于电视机和计算机视频表现模式有明显的差异,所以 Premiere 普通系统和桌面系统所最终形成的影片文件,尽管通常都命名为 AVI,但却有很大的差别。一般普通系统制作的影片只能在计算机上回放,不需额外的硬件支持。桌面系统制作的影片质量很高,画面质量能达到电视台播出的广播级水准,当然其数据量和普通系统比要大得多,需配合视频回放卡才能实时在电视上播出。Premiere 同时有格式转换的功能,可以方便地将电视格式的 AVI 文件转换成计算机格式的 AVI 文件。

计算机格式的 AVI 文件,不能在电视机上直接播放,需要 Premiere 进一步处理素材,内容包括:

①从摄像机、录像机或磁带机上捕获的数字化视频;

②使用 Premiere 或其他资源建立的 Video For Windows 或 Quick Time 影片;

③幻灯片或扫描的图像；

④视音频、合成音乐和声音；

⑤Adobe Photoshop 文件；

⑥Adobe Illustrator 文件；

⑦动画文件；

⑧在 Premiere 中建立或在 Adobe Photoshop 中编辑的胶片带格式的文件；

⑨标题字幕。

(3)用各种各样的硬件设备向计算机硬盘中录入原材料，以建立视频、音频素材。比如：摄像机、录像机、磁带机、扫描仪、数字相机等。

制作影视节目，除了要有明确的目标，还需要有足够的原始片断。通常片断以文件的形式存在。

6.3 会声会影软件的基本使用

6.3.1 软件的概述

随着数码时代的不断进步，越来越多的家庭拥有数码相机、数码摄像机等娱乐设备，复杂的视频编辑软件令很多人望而却步，针对这种情况，Ulead 公司最新出品了 VideoStudio，即便新手也可以在很短的时间内掌握它的用法，随心所欲地编辑自己的作品。

会声会影是一套个人家庭影片剪辑软件。使用者可以直接利用它，完整保留影片最原始的动感，也可以直接透过创新的 Flash 影片快剪精灵，以及功能更完整强大的编辑模式剪辑出符合个人风格的影片，点缀个人影片。会声会影软件通常只需要“捕获、套用、刻录”三步就能实现视频从 DV 到光盘的这一全过程。它在影片剪辑处理功能上的巨大优势——功能丰富、使用简单。首先来认识会声会影软件的基本界面。

打开会声会影软件，我们可以看到如图 6-44 所示的软件界面，各项功能都一目了然。

图 6-44　软件界面

我们将会声会影的工作界面分为了几个区域，从图中可以明显地看出各个区域划分的情况。

界面中最上面一行是功能菜单栏，即步骤面板，这些功能选项将直接对视频文件进行处理，从左到右一次选择，它可以控制其他工作区，包括选项面板、时间轴和图库。

中间是预览视频文件的效果区域，像一个放电影的软件界面一样，在这个区域中，上面有屏幕，下面有快进、播放、快退、停止等按钮。

在这些按钮下方是工具菜单，和我们平时用的软件界面不同，一般的工具菜单是在最上方一栏，就是会声会影步骤面板那一行。会声会影的工具菜单却放在软件界面的正中间，第一个工具就是帮助文件，然后依次是撤销、重复、问号帮助、垃圾桶、存盘等选项。

最右边是存放素材的地方，图库中可以包含视频文件、影像(图片)文件，色彩脚本，需要处理的脚本都放在这里。旁边有一个打开文件的图标，外部脚本可以从这里导入到软件中等待处理。

在整个软件界面的最下面是文件编辑区，即时间轴，在这里有多个轨道，分别可以放入需要处理的脚本、复叠的脚本、标题、音乐、旁白等等，然后再对其中的素材进行剪辑、编辑。

用会声会影制作视频文件的具体操作步骤如下：

1. 新建文件

首先开始一个新项目，点击“开始”，然后点击第一个图标新建文件，会声会影会弹出一个对话框，如图 6-45 所示，让你选择文件的存放路径、文件名、描述等，尤为重要的是选择一种范本。范本其实类似于文件模板，选中某种范本，在说明框中就会指出这种范本的文件性质，如采用的编码、音频流等，VideoStudio 支持 MPEG2 的编码，也就是可生成我们常见的 MPG 文件。面板上还列出了最近使用的文件名，点击就可打开，非常方便。另外，点击“内容感应式说明”按钮，再点击想了解的菜单或图标，就马上会显示出一段简洁明了的说明。界面上桶状的图标是垃圾桶，两个旋转的箭头是我们惯用的 UNDO 和 REDO 的功能。

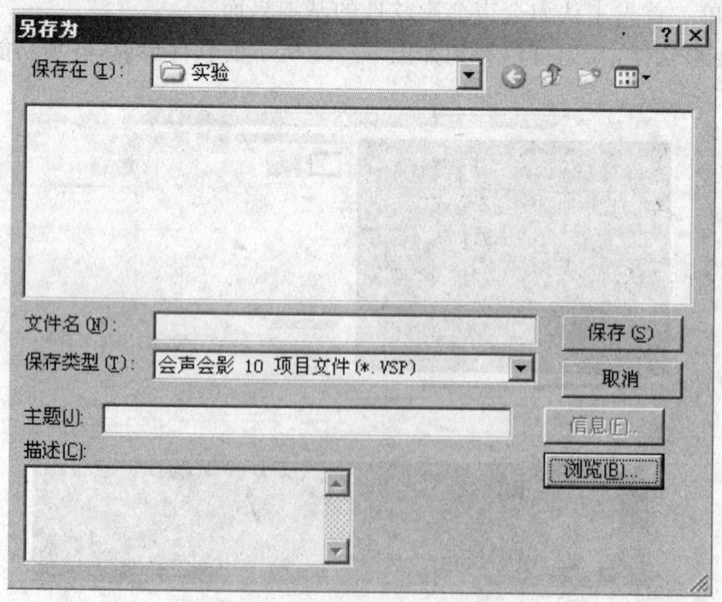

图 6-45　选择文件的存放路径

2. 采集影像

文件建好以后，可以从数码相机或数码摄像机捕获影像到电脑里，如果已正确安装了视频卡，则功能列会显示出“撷取”菜单项，否则它便是反灰不可用的。打开摄像机，将它连接上电脑，这时会看到预览窗口上会同步出现摄像机的内容，且选项面板变成关于撷取的内容选项。要做的事非常简单，只要点击带红点的录像机图标就开始撷取了，VideoStudio 会及时提醒你：要停止时再按一下开始撷取图标或按 ESC 键即可。撷取过程中，预览窗口会与摄像机的影像同步，令使用者对撷取的进度一目了然。撷取完毕，按预览窗口下的播放按钮就可看到效果如何了。可以把长长的一段录像分开几段进行撷取，VideoStudio 会自动把它们存成不同的视讯文件。如果选择“撷取至图库”选项，就会在图库中看到多了几个文件的图标，否则就可以看到新撷取的文件出现在时间轴窗口的视讯轨中。

3. 视频编辑

视频的编辑在会声会影中十分简单，如果要引入已有的视频、音频文件，只需选中图 6-46 中“视频”文本框右边的加载视频按钮即可。VideoStudio 支持 AVI、FLC、MPG 等视频文件格式，在引入前还可以先预览，它支持的图片格式有 BMP、PNG、JPG 等等，多达二十多种。选中某个视频文件，点击播放按钮就可以在预览窗口中实现预览，此时选项面板中的选项依次为视频持续的时间，开始点，结束点，音量，输出选项等，比如要把某段视频的开头一段截去，则可在如图 6-47 中所示的“开始标记”栏（快捷键为 F3）中手工输入开始时间，也可在修剪列中拖动控制点，修建列为预览窗口下的第一条绿色柱。此时如果想把剪去一段后的视频另存为一个文件的话，可以点击选项面板下并列的三个按钮的中间一个，当鼠标移上去时，VideoStudio 会提示这个按钮的作用是“将选取区存成新的视讯档”。另外两个按钮中，第一个按钮的作用是把当前帧存为一个图片文件，点击这个按钮，在当前项目文件的目录下就会多出一个 BMP 文件。利用这项功能可以把录像中任意一个瞬间做成相片，打印出来或者另外放在电子相片簿中。点击第三个按钮可以看到关于当前视频文件的信息，如文件名、文件大小等。此时我们想把两个视频文件合成一段，则先把时间轴窗口切换成脚本模式（点击时间轴窗口左上的小按钮即可），然后分别拖动它们到脚本栏中。

图 6-46　“视频”文本框

4. 特效处理

两段视频只是单纯地按先后顺序播放太过于单调，可以在两段视频之间加上特效。点击特效菜单，再到预览窗口右边的下拉菜单中任选一种效果，马上就可以看到几种特效的预览效果。根据需要选择一种效果，然后把它拖到脚本栏中两个文件之间。在选项面板中修改特效的参数，可以改变特效的出现效果，如百叶窗效果，开门效果等。

5. 制作电影片尾

利用会声会影软件可以给自己的电影加上片尾或片头，要完成这个效果，首先要给电影加上一段标题。请点击标题菜单，点击 T 字状的按钮，则可在预览窗口中输入文字，可以更改字体、大小、颜色、对齐方式等，这些操作跟 Word 的几乎一样，在“动作样式”项中设置这段文字的动画效果，如淡入、淡出、移动等。加入了标题后，在时间轴窗口中可以看到标题轨加入了一段内容，拖动该内容两边黄色的控制点可改变标题持续的时间，移动它来改变标题出现的时间，如图 6-47 所示。

图 6-47　制作电影片尾

6. 录制旁白做解说

选择语音菜单中的录音机功能，它开始录音，录音时需要把麦克风连上电脑。要停止录音只需再点一次小圆点按钮或按 ESC 键即可。录完以后可以看到在语音轨中多了一个以 WAV 为拓展名的文件，这就是刚才录制的声音文件，它存放在当前文件的目录下。要知道该文件存放的路径，可以先在语音轨中选中该 WAV 文件，然后点选项面板下素材性质按钮，即可看到这个文件存放的路径。会声会影中设计者还可以自由选择是否采用淡入或是淡出效果。改变旁白的持续时间和出现时间，与改变标题的相应操作一样，也可以先用其他录音软件，如 Windows 的录音机先录好音，然后把它插入到语音轨中，方法是选中语音轨，然后点边上的插入媒体档案按钮，插入音讯文件即可。VideoStudio 除了支持 WAV 文件格式外，还支持 MP3 格式。

7. 添加背景音乐

加入背景音乐时，先选中音乐轨，点击插入媒体档案，加入音频文件即可。

8. 完成

完成了以上所有的设置以后，即按照需求输出影片。点击制作影片，则可输出 AVI、MPG、RM 等格式，点击制作声音按钮，则只将声音输出为 WAV 或 MPA 格式。VideoStudio 还有几种特别的输出选项，如选网页，就会自动生成一个含本视频文件的网页文件，如选电子邮件，则会自动打开系统中的邮件程序来发送邮件，视频会作为该邮件的附件发出。需要注意的是如果选择“欢迎卡”选项，则可以利用它可以生成 EXE 可执行文件，在任何情况下可以观看你的影片。选中“欢迎卡”选项，弹出如图 6 - 48 所示的对话框窗口。该窗口便是将要生成的 EXE 文件的预览，电影框的几个控制点可以改变显示电影的大小。选中“保持视频纵横比”项选，保证电影画面按比例显示。拖动电影框可以改变它的位置，在背景范本档名称中可以选择自己喜欢的背景，保存即可。

图 6 - 48　“保持视频纵横比”选项

6.3.2　软件创作的基本流程

下面通过一个具体的实例来学习“会声会影”的用法。

首先利用数码相机拍摄几段视频影片，然后通过会声会影把它们剪辑、合成，配上背景音乐制作成一个简单的 MTV。

1. 准备素材

在新建一个会声会影文件的时候，需要事先指定一个存放影片的目录。因此首先在电脑桌面上新建一个文件夹，取名为“Movie”。

从数码相机中把需要处理的影片片断导入“Movie”文件夹，准备一个音乐文件将给无声的影片添加背景音乐，音乐文件可以选择一首 MP3 歌曲，把音乐文件也放在这个目录下。另外找几张素材图片，和影片文件一起使用制成音乐电视片。

2. 影片的处理

打开会声会影，新建一个文件，选择 MPG 格式。在功能菜单中的脚本下选择视频文件选项，然后在界面右边的图库区导入“Movie”文件夹中的两个视频文件。如图 6 - 49 所示。

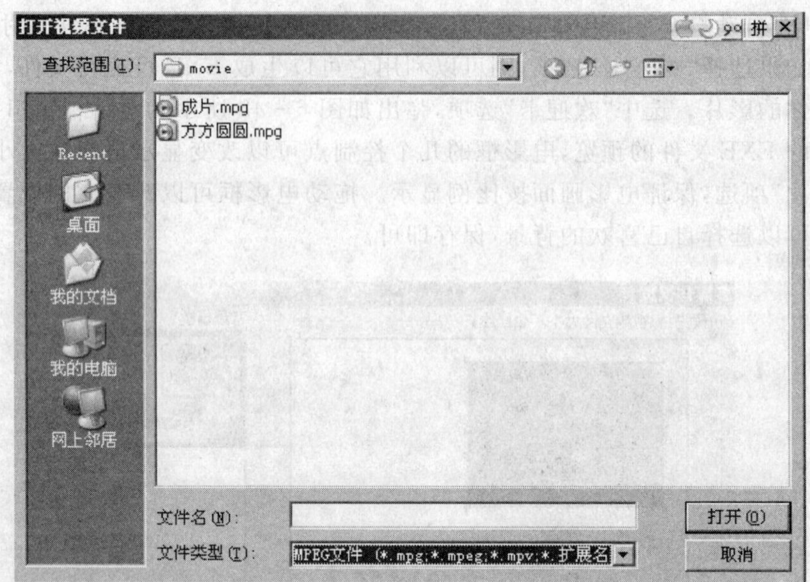

图 6-49 打开视频文件

再选择脚本菜单下的图片选项，把准备好的人物的照片也导入到图库中，然后把几个片断拉到时间轴的视频文件位置，影片将会按照先后次序依次排列在时间轴上。现在我们从图 6-50 中看到效果。

图 6-50 排列效果

这时可以给两个片断交替的部分增加转场效果，即特效。点击特效功能菜单，在图库区我们可以选择里面的各种特效方式，然后添加在两个片断交替处。

下面给影片配上背景音乐。在时间轴最下方有一个打开文件的按钮，点击这个按钮将会提示新增加什么文件，这里我们选择音频文件。然后选择导入到音乐轨，将事先准备好的音乐轨上导入到时间轴上。

现在基本上完成了一个简单的 MTV 影片，影片包括了基本的动画和音乐。如果想使得效果更加完善，我们可以给 MTV 增加标题。

选择功能菜单上的标题选项，在时间轴上的标题轨道上把添加的标题位置放在最开头，然后可以输入文字。我们输入“MTV 音乐欣赏”。在图库区域选择一个标题的动画样式，在功能操作区也可以修改标题的字体、大小、文字阴影等等参数。设置的效果如下：字体选用宋体，大小 30，粗体，添加了阴影效果。另外标题还增加了动画效果，我们可以在功能操作区动画菜单下看到这个效果具体的参数值，并且能够对其进行修改。

为了让画面的变化多端，效果复杂一些，使用复叠功能，在原始设定的影片上增加其他的图片或者影片片断。我们在影片播放到一定的时候再增加复叠的图片和影片，如图 6-

51,在复叠轨道的中间增加图片。

可以在复叠功能操作区的动作面板上设定复叠轨道上图片的变化形式,即添加动作。在这里我们可以设计一个动作,即在动作样式菜单下,选择一个“交叉淡化静态效果”。

按照这种规律可以继续在复叠轨道上增加其他的脚本文件。例如添加影片段,并且缩小复叠层的显示大小可以制作出画中画效果。

图 6-51　影片轨道和复叠轨道

以上介绍的几个效果的制作,基本上包括了会声会影所有功能。要完成整个音乐电视的制作,要重复多次套用这些步骤。最后到完成菜单,在它的功能操作区选择“制作视讯档”,点击下拉菜单,选择输出格式为 MPG。

在这样一个 MTV 中,语音的制作,音乐、视频文件的剪辑等,都比较简单。先在预览窗口中用“修剪列”工具选出要剪辑的片断,然后选择“存储修剪后的视讯”,剪辑的视频文件后影片片断都存储在右边的图库中。

其实用会声会影来编辑影片在电影制作中是属于影片的后期制作,在熟悉它的基本操作以后,我们还应该注重在前期的准备,如定剧本、选场景、构思情节、拍摄影片,这样就可以做出很棒的视频作品。

习　题

1. 录制自己的声音,剪辑其中的一段,混入一段背景音乐。
2. Premiere 有哪些主要的功能? 试举例说明。
3. 简述视频采集卡的工作原理。
4. 在 Premiere 中简述添加滤镜的操作步骤。
5. 在 Premiere 中制作电影片头的滚动字幕。

第7章 多媒体创作工具

【本章要点】

本章将讨论多媒体创作工具的性能、特点和分类。其主要特点有:良好的面向对象的编辑环境,较强的多媒体数据输入/输出能力,较强的动画处理能力和程序连接能力,具有模块化,面向对象和良好的用户界面等。

多媒体创作工具是电子出版物、多媒体应用系统开发的基础工具,它提供组织和编辑多媒体项目各种成分所需要的重要框架,包括图形、声音、动画和视频剪辑等。

制作工具的用途是设立交互性的用户界面,在屏幕上延时制作的项目以及将各种多媒体集成完整而具有内在联系的项目。

【核心概念】

多媒体　创作工具　热区响应　交互性

7.1 多媒体创作工具概述

7.1.1 多媒体工具的概念

多媒体应用系统设计不仅要求利用计算机技术将文字、图形、图像、声音、动画及视频等多种媒体有机地融合为图、文、声、形并茂的应用系统,而且要进行精心的创意和精彩的组织,使其变得更加人性化和自然化。若纯用编程方法实现,工作量大且难度高,因此多媒体创作工具的研制尤为重要。在这个软件工具盛行的时代,不掌握软件工具的人就难以开发高级的应用。多媒体创作工具是集成处理和统一管理文本、图形、静态图像、视频图像、动画、声音等多种媒体信息于一体的一个或一套编辑、制作工具,也称多媒体开发平台。它的实质是程序命令的集合,不仅提供各种媒体组合功能,还提供各种媒体对象显示顺序和导航结构,从而简化程序设计过程。

7.1.2 多媒体创作工具的类型与功能

1. 多媒体创作工具可根据不同方式分类。若按创作特点分类,可分为四类:

(1)基于描述语言或描述符号的创作工具

这类创作工具需提供一套脚本(Script)描述语言或描述符号,设计者用这些语句或符号像写程序那样组织、控制各种媒体元素的呈现、播放。为了便于创作,通常将脚本按页(Page)或卡片(Card)进行组织。工具系统根据脚本中对页(卡)的结构描述,将页成卡链接或指定的组织序列。

这类工具的典型代表作是 Macintosh 上的 Hypercard(超卡)及 Asymetrix 公司的 Multimedia ToolBook,通常的设计方法是用创作工具中提供的脚本编辑器(如卡片编辑器)通过指令或符号建立脚本,再利用系统提供的预放系统(Previewer)进行播放,不满意再返回(切换)到脚本编辑器重新设计。为减轻设计者记忆描述语言的负担,一些系统把脚本编辑设计成填表或对话模板方式进行,设计者只需按格式填写。这类开发环境可以使设计者很容易地一面撰写脚本,一面播放以观察制作效果。

使用脚本语言的优点是可在语句命令中提供变量功能,通过变量的算术运算和逻辑运算,使设计的系统有很大弹性。

(2)基于流程图的创作工具

在这类创作工具中,多媒体元素和交互作用提示及数据流程控制都在一个流程图中进行安排,即流程图为主干构造结构化的框架或过程,如图 7-1 所示。流程图中上的流线是数据控制流程,流线上放置着不同类型的图标。图标扮演着类似脚本指令的角色,打开每个图标,就是一个对话框,要求使用者输入内容。在流线上可对任一图标进行独立编辑和测试。这种也称为基于图标的事件驱动工具。流程图方式创作正好符合人的认知规律,可形象地表达大脑中信息加工的过程。基于流程图的创作工具简化了项目的组织,并使整个设计框架通过流程图一目了然,因此这种编辑方式被称为 Visual Authoring,即可视化创作。而且流程图同时可在复杂的系统中作为导航手段,十分有用。这类工具也具有类似脚本指令的优点,可以制作出灵活多变的多媒体节目。Micro Media 公司推出的 Authorware Professional 是这类工具的典型代表,简称 Authorware,这是目前被公认为交互功能最强的创作工具。它比较成功的应用领域是计算机辅助教学和训练。Authorware 采用面向对象的创作,提供直观的图标界面,利用十多种功能图标逻辑结构的布局,体现程序运行的结构,并配以函数和变量完成数据操作,从而取代了复杂的编程语言。

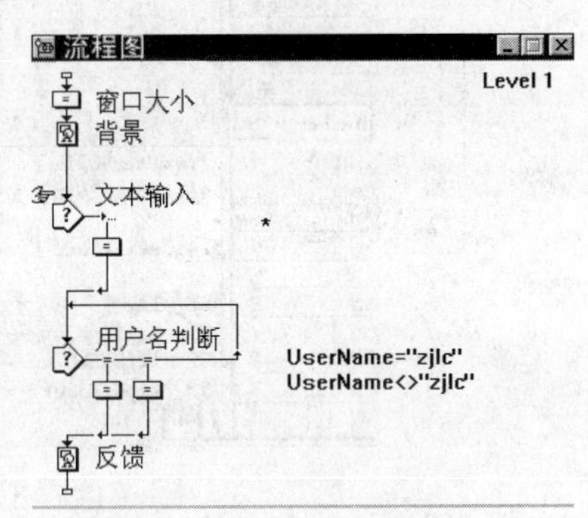

图 7-1　Authorware 流程图

(3)基于时间序列的创作工具

以时间序列为基础的创作工具是最常见的多媒体编辑软件。主要用来制作电影、卡通片等影视节目,即以看得见的时间线来决定事件的顺序和对象演示的时段。时间线分辨率可高达 1/30 秒。这种创作过程除按时间序列安排节目的内容和流程外,还要进行各种媒体资料的同步控制,因此时间序列中可以包括多行道或多频道,以便安排多种对象同时呈现。在这类创作工具中都有一个控制播演的面板(Control/Panel),它与录音机、录像机的控制板相似,含有播放(Play)、前进一步(forward step)、向前(forward)、倒带(rewind)、倒退一步(back step)停止等按钮。

这类创作工具适用于信息从头到尾顺序播放的影视应用系统创作。组织的图形帧按预定速度播放,其他媒体元素(如音频、动画等)在时间序列中给定时间和位置被激活。这类工具典型代表是 MacroMedia 公司的 Action 和 Director。以 Action 为例,要设计九种媒体元素同步控制呈现,只需在时间线 timeline 上将几个媒体对象的起始时间及长度进行安排即可。设计者可从时间线上清楚地看到当前时间点上有哪些对象出现及出现的位置,若要改变某些媒体对象出现的起始时间及长度,只需在 timeline 上做调整即可。一个 Action 的节目由类似 ToolBool 中 Page 的场景组成,设计者直接在场景中安排各对象的位置关系,用 timeline 安排媒体对象出场的先后次序或同步关系,而场景与场景之间的关系则用场景排序器(scene sorter)或按钮实现。

虽然按时间序列在控制媒体的同步上有其独到之处,但对于交互式的操作及逻辑判断处理上都不如脚本描述和流程图方式那样直观,比较适合于制作交互性不强的商业广告及演示类的节目。时间线如图 7-2 所示。

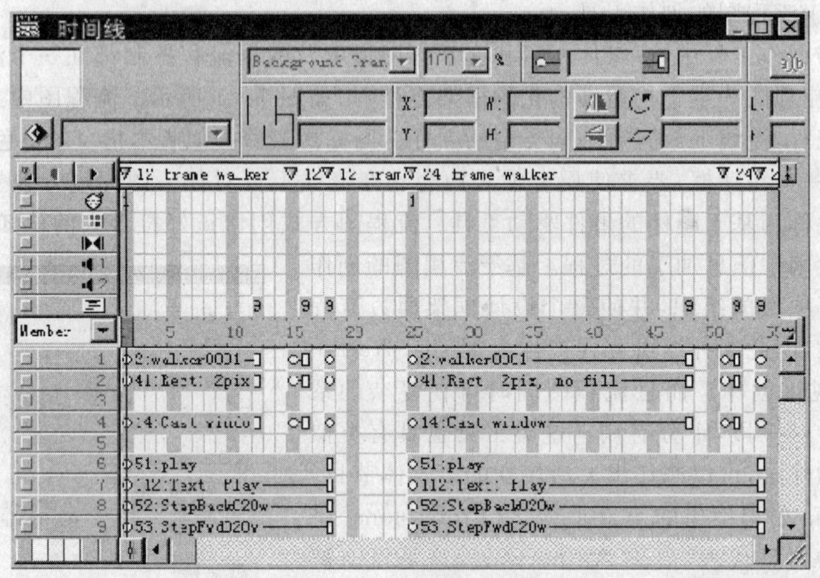

图 7-2　时间线

以上三类创作工具在设计之初都必须先用其他软件工具制作各种媒体元素的数据文件,在创作工具平台上仅进行集成、调试和生成应用系统。

(4)可视化编程环境

在可视化编程环境中,设计者既可用传统语言撰写程序,发挥自己的特长,又可借助于开发好的文本绘图等工具箱,使这些工具箱内的编码(如绘图、按钮、窗体等)可直接取用成为可重用编码,较为轻松地进行多媒体应用程序设计。目前使用较广泛的是 Visual Basic 和 Visual C++两种编程环境(详细内容请参阅有关书籍)。

创作工具应在多媒体应用系统设计中,担任“编导”角色。一个完备的令设计者满意的多媒体创作工具应具备如下几方面的功能:

①提供良好的编程环境及对各种媒体数据流的控制能力,创作工具不仅要替代普通编程工具所具有的数据流控制能力,如循环、条件分支、逻辑操作等,还应具有对多媒体数据流的控制能力,即控制媒体信息的空间分布、呈现时间顺序以及通过人机交互或利用历史实现动态输入输出等控制能力。特别是用直观可视的方法为用户提供编程环境,以降低对用户专业知识背景的要求。

②处理各种媒体数据的能力创作工具应具有处理静态的和基于时序的媒体数据的能力。例如输入各种格式的图像文件、音频及视频文件,或从键盘、剪贴板输入文本文件。创作工具应能与各种媒体编辑工具相互切换或通过文件与一些单媒体编辑器之间进行数据连接,如接入 Windows 环境中媒体工具制作的文件,接入 3DS 动画工具制作的动画等等。

③构造或生成应用系统创作工具应能对多媒体素材根据脚本描述(语言或符号)或流程图自动组织链接,生成应用程序结构,应提供超级链接功能。

④应用程序链接能力创作工具应能提供将外部应用程序(可执行文件 .EXE)接入用户自己创作的应用系统中的能力,即由多媒体应用程序激活另一个应用程序,为其加载数据文件,并能返回应用程序。更高的要求是能进行动态数据交换。

⑤用户界面处理和人机交互功能给多媒体节目的设计者提供在屏幕上连接、组合、调配媒体元素的能力,实现“所见即所得”的设计风格,即媒体元素的变化均在屏幕上立即呈现其效果。用户可任意改变屏幕画面的前景和背景色,或重构画面,从而大大提高开发效率。创作工具还应提供多层次交互功能设计,使用户能通过人机交互控制内容的呈现和信息流。

⑥预演与独立播放能力创作工具应能向多媒体应用系统设计者提供通过屏幕组织、调配、编辑多媒体信息的能力,同时在制作过程中能对制作项目的一部分或一个段落进行播放、预演,其中包括各种特技,如图像、动画演播、文字显示特技、声音效果特技等。最后应能为用户生成一个可脱离创作平台、有独立播放能力的应用系统。

2. 多媒体创作工具的特征包括编辑特征、组织特征、编程特征、交互特性、性能精确特性、播放特性,提交特性创作模式是多媒体创工具的一个重要特征,它既是创作人员在进行多媒体创作时的一种概念模型,又是创作工具本身的界面特征。不同的创作模式有不同的特点和适应范围,因而适应于不同的多媒体创作需求。

3. 软件工具

多媒体创作工具的类型主要有以上四种,可以针对不同的应用,选择相应的类型选择使用或购买一套多媒体创作工具时,除考虑应用范围、制作方式、所能处理的媒体数据种类外,主要考虑前面提到的基本功能要求是否具备,所提供的基本功能可否满足应用系统的设计要求。另外,还需考虑以下几方面的问题:

(1)独立的播放程序使用多媒体创作工具设计的应用系统,可独立运行。对多媒体节目可用独立的播放程序进行,这样可降低运行环境的成本。另外,使用户无法通过应用程序进行节目编辑可间接保护设计者的知识产权。

(2)多媒体数据文件管理一个多媒体应用系统除具有描述其节目流程的控制文件外,还要用许多媒体数据文件。由于许多媒体文件占据空间较大,考虑到数据共享等问题,应对数据文件提供管理系统。最好将控制文件与媒体数据分开存放,这样节省空间且利于管理和调用。此外,创作工具对媒体文件有无压缩处理功能也应加以考虑。

(3)可扩充性用户希望将自己现有的数据文件在已设计好的多媒体应用系统中展现其内容,因此,如果多媒体创作工具提供外挂的数据文件动态链接库 DLL(Dynamic Link Library)途径,就有很大的扩充性。另外,提供对象链接和嵌入 OLE 途径和动态数据交换 DDE(Dynamic Data Exchange)也是增加系统扩充性的方法。

(4)中文平台在多媒体应用系统设计中,文字仍是交流信息的主要媒介,多媒体应用的早期,引进的创作工具均为西文平台,给推广带来阻力。近年虽然中文 Windows 的版本升级,中文输入和显示已解决,但创作工具本身的西文界面和帮助信息仍给许多设计者带来不便,特别是对那些想参与应用设计又缺乏编程训练的专业领域人员,如想自己设计教学应用系统的教师,仍产生推广普及的阻力。因此,中文平台的支持是在国内普及多媒体应用中必不可少的条件。

7.2 专业多媒体制作软件 Authorware

Macromedia 公司推出的多媒体制作软件 Authorware 已成为世界公认的领先的多媒体创作工具，被誉为“多媒体大师”。随着版本的不断发展，功能也越来越全面。

7.2.1 功能概述

Authorware 采用面向对象的设计思想和直观易用的开发界面，以图标为基本组件，用流程线连接图标的方式组织程序流程，符合人们安排事件的习惯。用户可以通过窗口界面和按钮显示方式控制程序，直观地引入和编辑文本、图像、声音、动画、视频等各种素材，而无需编写程序代码。整个程序的结构和设计意图在屏幕上一目了然，制作过程简单明晰，即使是非专业人员，也可以轻松创作出高质量的多媒体程序。

7.2.2 Authorware 6.0 的运行环境

1. 硬件环境

由于 Authorware 是多媒体制作软件，因此作品中往往包含大量的图片、音频、视频等素材，所以对计算机的硬件环境要求较高，为了保证多媒体作品制作的速度和效率，计算机应有较快的处理能力。Authorware 6.0 运行的硬件环境应满足以下几点：

(1)CPU 主频至少为 200MHz；

(2)内存至少 32M，建议 64M 以上；

(3)有一个 CD－ROM 光驱；

(4)显示器最低要求为 640×480，256 色；

(5)安装时至少剩余磁盘空间 1G；

(6)具有声卡、麦克风、音响、扫描仪等附属设备。

2. 软件环境

Authorware 运行应当基于 Windows 95/98、Windows ME 、Windows NT、Windows 2000、Windows XP 等操作系统。另外 Authorware 对于图像、声音、动画的处理能力相对较弱，因此需要使用其他的应用软件进行素材的编辑和处理，如：Photoshop、3DS MAX、Premiere、Cool Edit 等。

7.2.3 Authorware 的主要特点

1. 面向对象的可视化编程

这是 Authorware 区别于其他软件的一大特色，它提供直观的图标流程控制界面，利用对各种图标逻辑结构的布局，来实现整个应用系统的制作。它一改传统的编程方式，采用鼠标对图标的拖放来替代复杂的编程语言。

2. 丰富的人机交互方式

提供 11 种内置的用户交互和响应方式及相关的函数、变量。人机交互是评估课件优劣的重要尺度。

3. 丰富的媒体素材的使用方法

Authorware 具有一定的绘图功能，能方便地编辑各种图形和多样化地处理文字。同时为多媒体作品制作提供了集成环境，能直接使用其他软件制作的文字、图形、图像、声音和数字电影等多媒体信息。对多媒体素材文件的保存采用三种方式，即：保存在 Authorware 内部文件中；保存在库文件中；保存在外部文件中，以链接或直接调用的方式使用，还可以按指定的 URL 地址进行访问。

4. 强大的数据处理能力

利用系统提供的丰富的函数和变量来实现对用户的响应，允许用户自己定义变量和函数。

7.2.4　启动和退出

Authorware 软件的启动和退出与我们学习的 Premiere 软件相同。单击“开始”菜单，选择“Authorware”菜单选项即可启动软件。退出程序时可以单击窗口右上角的“关闭”按钮。

7.2.5　工作环境

同许多 Windows 程序一样，具有良好的用户界面，如图 7－3 所示。Authorware 的启动、文件的打开和保存、退出都和其他 Windows 程序类似。Authorware 6.0 应用程序窗口由标题栏、菜单栏、常用工具栏、图标工具栏、设计窗口和知识对象窗口等组成。

Authorware 中文版：[未命名]*
文件(F) 编辑(E) 查看(V) 插入(I) 修改(M) 文本(T) 调试(C) 其他(X) 命令(O)
窗口(W) 帮助(H)
标题栏
菜单栏
工具栏
控制面板
图标
[未命名]
背景
背景
演示窗口
文件
设计窗口
演示窗口
控制面板
开始 结束
图标色彩
图标

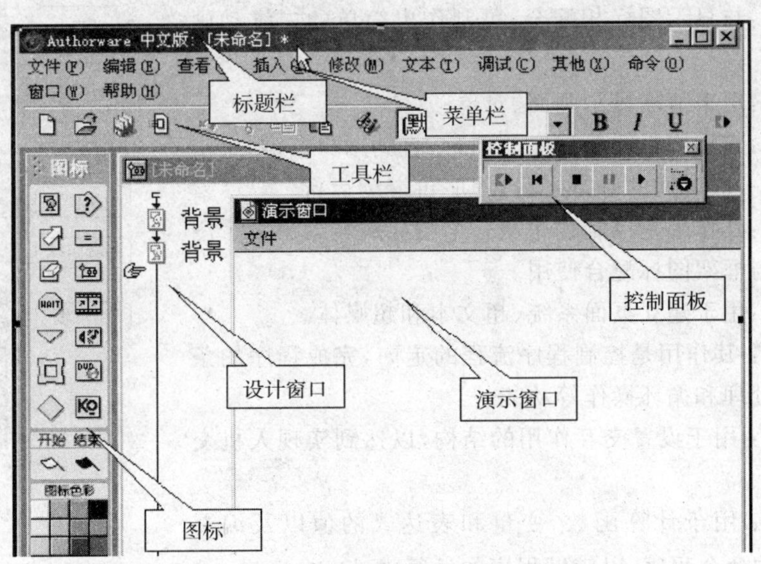

图 7－3　用户界面

1. 菜单栏（图 7－4）

文件(F) 编辑(E) 查看(V) 插入(I) 修改(M) 文本(T) 调试(C) 其他(X) 命令(O) 窗口(W) 帮助(H)

图 7－4　菜单栏

插入菜单：用于引入知识对象、图像和 OLE 对象等。

修改菜单：用于修改图标、图像和文件的属性，建组及改变前景和后景的设置等。

文本菜单：提供丰富的文字处理功能，用于设定文字的字体、大小、颜色、风格等。

控制菜单：用于调试程序。

特殊效果菜单：用于库的链接及查找显示图标中文本的拼写错误等。

窗口菜单：用于打开展示窗口、库窗口、计算窗口、变量窗口、函数窗口及知识对象窗口帮助命令：从中可获得更多的有关 Authorware 的信息。

2. 常用工具栏(图 7－5)

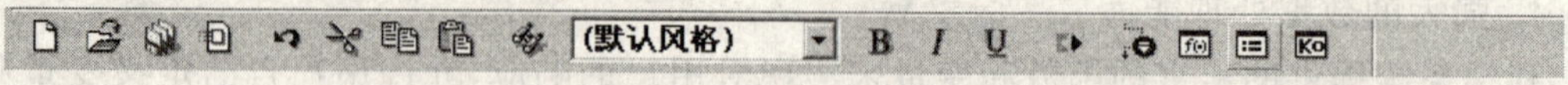

图 7－5　常用工具栏

常用工具栏是 Authorware 窗口的组成部分，其中每个按钮实质上是菜单栏中的某一个命令，由于使用频率较高，被放在常用工具栏中。熟练使用常用工具栏中的按钮，可以使工作事半功倍。

3. 图标工具栏

图标工具栏在 Authorware 窗口中的左侧，如图 7－6 所示，包括 13 个图标、开始旗、结束旗和图标调色板，是 Authorware 最特殊也是最核心的部分。它提供了进行多媒体创作的基本单元——图标，其中每个图标都有自己独特的作用。

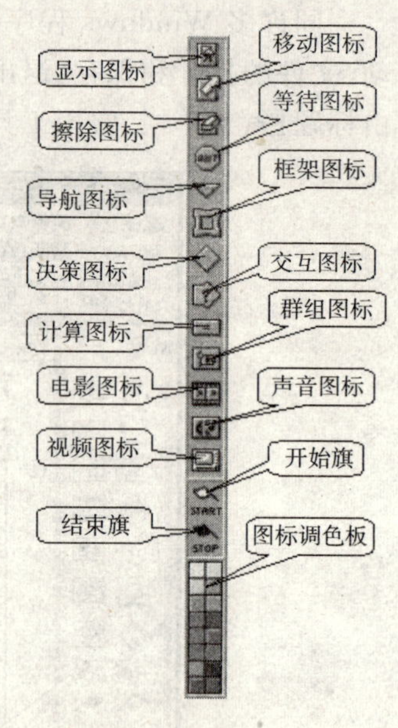

图 7－6　图标工具栏

显示图标：是 Authorware 中最重要、最基本的图标，可用来制作课件的静态画面、文字，可用来显示变量、函数值的即时变化。

动画图标：与显示图标相配合，可制作出简单的二维动画效果。

擦除图标：用来清除显示画面、对象。

等待图标：其作用是暂停程序的运行，直到用户按键、单击鼠标或者经过一段时间的等待之后，程序再继续运行。

导航图标：其作用是控制程序从一个图标跳转到另一个图标去执行，常与框架图标配合使用。

框架图标：用于建立页面系统、超文本和超媒体。

决策图标：其作用是控制程序流程的走向，完成程序的条件设置、判断处理和循环操作等功能。

交互图标：用于设置交互作用的结构，以达到实现人机交互的目的。

计算图标：用于计算函数、变量和表达式的值以及编写 Authorware 的命令程序，以辅助程序的运行。

群组图标：是一个特殊的逻辑功能图标，其作用是将一部分程序图标组合起来，实现模块化子程序的设计。

电影图标：用于加载和播放外部各种不同格式的动画和影片，如用 3D Studio MAX、QuickTime、Microsoft Video for Windows、Animator、MPEG 以及 Director 等制作的文件。

声音图标：用于加载和播放音乐及录制的各种外部声音文件。

视频图标：用于控制计算机外接的视频设备的播放。

开始旗：用于设置调试程序的开始位置。

结束旗：用于设置调试程序的结束位置。

图标调色板：给设计的图标赋予不同颜色，以利于识别。

4. 程序设计窗口

程序设计窗口是 Authorware 的设计中心，Authorware 具有对流程可视化编程功能，主要体现在程序设计窗口的风格上。程序设计窗口又称流程线窗口，是编写程序的主要区域。窗口左侧的一条竖线称流程线，我们对图标的操作必须在流程线上进行。整个开发过程就是将各种图标拖入流程线，通过双击流程线上的图标改变图标的内容，完成程序的设计。

程序设计窗口如图 7－7，其组成如下：

标题栏：显示被编辑的程序文件名。

主流程线：一条被两个小矩形框封闭的直线，用来放置设计图标，程序执行时，沿主流程线依次执行各个设计图标。

程序开始点和结束点：分别表示程序的开始和结束。

粘贴指针：一只小手，指示下一步设计图标在流程线上的位置。单击程序设计窗口的任意空白处，粘贴指针就会跳至相应的位置。

Authorware 的这种流程图式的程序结构，能直观形象地体现设计思想，反映程序执行的过程，使得不懂程序设计的人也能很轻松地开发出漂亮的多媒体程序。

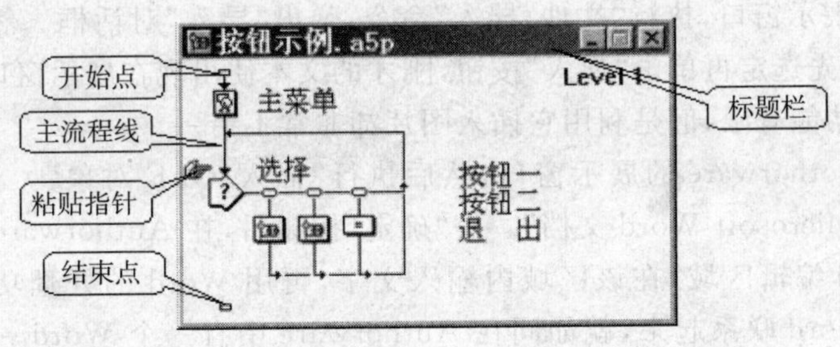

图 7－7　程序设计窗口

7.2.6　文本的处理

文本是 Authorware 中最基本的元素，对文本素材的处理更是常见。掌握好 Authorware 中的文本创建方法将有助于节省创作时间，提高工作效率。创建文本素材不但可以通过直接输入文本，还有许多巧妙的处理方式，如使用“导入”命令、拖放外部文档、粘贴文本文件、函数导入文本等。文本创建完成后还可以通过多种方式进行美化，如设置对齐方式、文本颜色等。

1. 直接输入文本

利用 Authorware 本身的文字工具来进行插入。先打开一个展示窗口，点击工具箱里的文字工具，再到窗口中点击一下，接着就可以在窗口中输入文字了。然后再利用 Authorware 自带的文字处理功能进行处理，如图 7－8 所示。

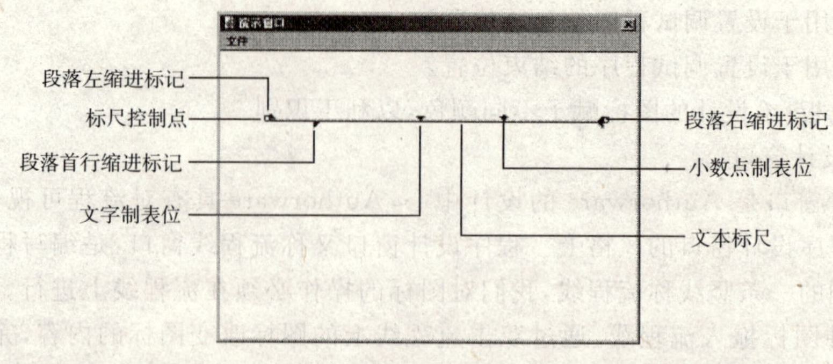

图 7 - 8

2. 导入外部文本

Authorware 中直接创建文本的方法只适用于少量的文本，而对于篇幅较大的文本，可以先利用专门的文本编辑软件进行输入并保存，然后再导入到 Authorware 中。Authorware 所能接收的文件格式为 RTF 文件或 TXT 文件，所以从外部导入文本文件之前，要先转换文件格式。导入外部文本通常有以下几种方法：

(1)先在 Word 等字处理软件中录入文字，利用其强大的字处理功能进行文字处理，然后将这些文字选定，复制后再打开 Authorware 的展示窗口，按“粘贴”按钮。这样就能将 Word 中处理过的文本插入到 Authorware 中了，不需要再进行文字的处理。

(2)先在 Windows 自带的记事本中将文字录入，以记事本文件形式保存。打开 Authorware 的一个展示窗口，执行“文件/导入”命令，弹出“导入”对话框。然后找到刚才保存的文件，双击它或先选定再单击“导入”按钮，刚才的文本便出现在展示窗口中了。虽然记事本对文件的处理功能有限，但是利用它插入图片却非常不错。

(3)先打开 Authorware 的展示窗口，然后执行“插入/OLE 对象”。在弹出的“插入对象”窗口中选择“Microsoft Word 文档”。按“确定”按钮后，在 Authorware 的展示窗口中就出现了一块 Word 编辑区域，在该区域内输入文字，再用 Word 的处理功能进行处理。将 Authorware 与 Word 联系起来，就如同在 Authorware 中有一个 Word 一样，可以随时、随地处理文字，而且处理起来非常美观。

3. 编辑文本

在演示窗口输入文本后，便可利用菜单命令或工具按钮，对文本对象进行编辑。单击“工具”面板中的“文本”按钮，然后单击已经存在的文本对象内的任一位置，即可打开该文本对象的编辑框，进入文本对象的编辑状态。在编辑过程中只存在插入模式，而不存在改写。

4. 将不同格式文件快速导入到流程线上

可以直接拖放文件，将某一目录下的一个引入对象文件用鼠标左键拖到流程线上，Authorware 会自动替你将引入对象所对应的图标加上，并以文件名作为图标名称。方便快捷，使得多媒体的创作更为直观。

5. 在显示图标中进行文本的输入和编辑

(1)在流程线上先拖放一个显示图标，命名为“文本输入”，接着在文件属性设置面板中设置好演示窗口的大小。这里我们选择“根据变量”，然后双击显示图标，即出现显示图标的编辑窗口。这时我们把窗口拖放到合适的大小，同时会在左侧出现绘图工具箱。

(2)在工具箱中选中“文本”工具后，将鼠标指针移到显示图标编辑窗口中，此时鼠标指针变为文本指针。单击需要放置文本对象的位置,即会出现文本编辑标尺和一个文本插入点光标。现在我们就可以直接在标尺下输入文本了。

(3)用鼠标拖动标尺两端的小矩形来调整整段文本的宽度。标尺的两端都有黑色三角形的标记,左上角的是左缩进标志,左下角的是首行缩进标志,右端的是右缩进标志。当输入到达右缩进的位置时,其后的文本自动转到下一行,按回车键可以正式开始输入新的一段。新段的文本自动具有与前一段文本相同的缩进设置。

(4)输入结束后,单击"指针"工具退出编辑。全部文本以对象的形式显示,周围出现六个控制点。拖动这些控制点,可以改变对象的宽度。

7.2.7 Authorware 开发作品基本流程

1. 作品内容

在播放音乐的同时展示标题和一组风景图片,接着展示一段视频,最后自动退出运行。

2. 制作要点及步骤

(1) 在硬盘上建立自己的文件夹,再建立子文件夹"引例",将桌面上"素材"文件夹的全部内容复制到此文件夹。

(2) 单击"开始"|"程序"|"Macromedia"|"Authorware"命令,进入 Authorware,设置窗口大小、显示位置、背景颜色及控制选项,单击"修改"|"文件"|"属性"菜单命令,在对话框中进行如图 7-9 的所示设置。

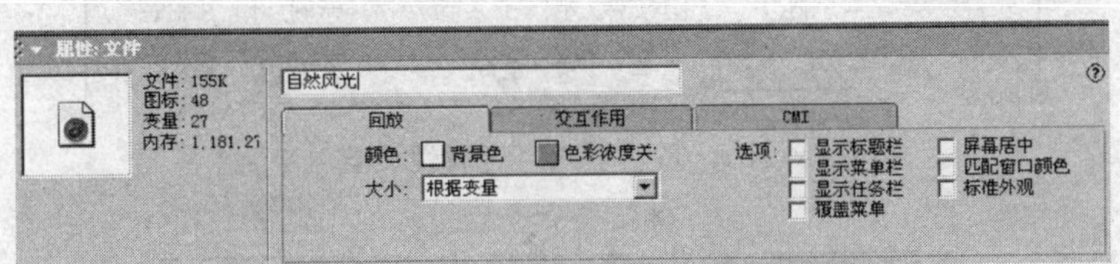

图 7-9　设置窗口大小、显示位置、背景颜色

(3) 从图标栏拖动一个计算图标,放入设计窗口中,命名为"窗口大小",双击图标打开计算窗口,输入 Resizewindow(320,260),关闭窗口,保存设置并退出。

(4) 引入背景图像:在计算图标"窗口大小"下面放置一个显示图标,命名为"背景",双击打开,单击工具栏的"导入"按钮,在弹出的"导入哪个文件?"对话框中,进行如图 7-10 所示设置。

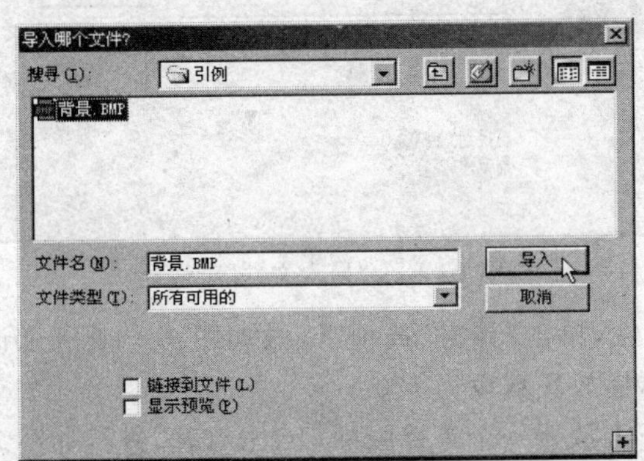

图 7-10　引入背景图像

(5) 建立标题文字:拖动一个组合图标到主流线上,命名为"标题文字",双击将其打开,单击绘图工具箱中的文字工具,如图 7-11 所示,输入文字"自然风光"。

② 设置标题文字的字体、大小:单击绘图工具箱中的选择工具,然后选中标题文字,单击"文本"|"字体"|"其他"菜单命令,在"字体"下拉列表框中设置字体为黑体,单击"确定"按钮;单击"文本"|"字体"|"大小"|"其他"菜单命令,在"字体大小"后面的文本框中输入"50",单击"确定"按钮,运行程序,观察效果。

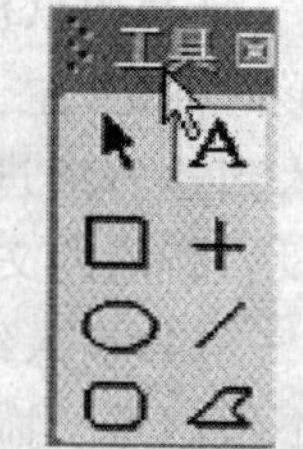

图 7-11　绘图工具箱

(6) 导入音乐

① 在"自然风光"下面,建立一个声音图标,命名为"音乐";双击它,出现如图 7-12 所示画面。单击"导入"按钮,出现如图 7-13 所示的"导入哪个文件?"对话框,在自己的文件夹的"引例"子文件夹下,选中"音乐.wav"文件,并选中"链接到文件"复选框,单击"导入"按钮就可以将音乐引入程序中,并且自动返回声音图标属性面板。

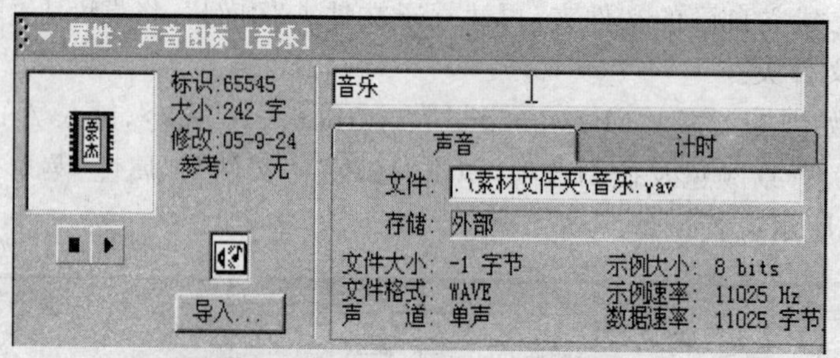

图 7-12　引入声音属性设置

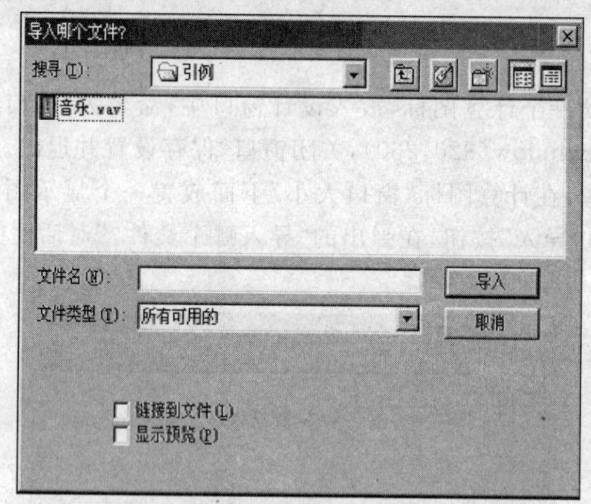

图 7-13　"导入文件"对话框

②设置背景音乐属性,单击"计时"选项卡,做如图 7-14 所示设置,执行方式选择"同时",速率为 100%正常,播放次数设为 100。

③ 在"音乐"图标下方放置一个等待图标,双击打开,进行如图 7-15 所示设置,即按任意键或停留 4 秒后执行下面图标。

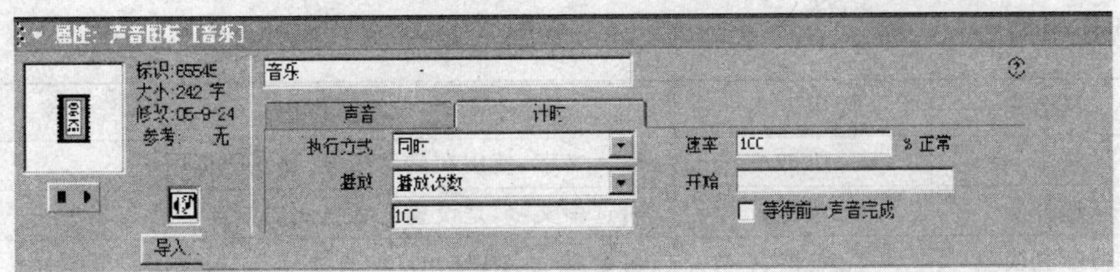

图 7-14　设置同时性属性

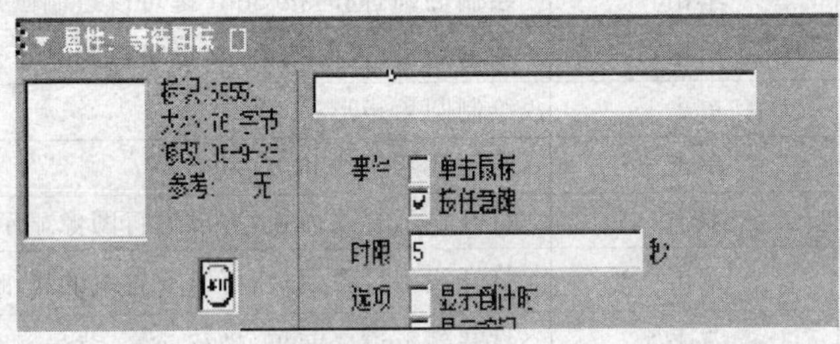

图 7-15　等待图标

④ 在等待图标下建立擦除图标，命名为“擦除”，双击擦除图标，打开属性面板，再单击演示窗口中标题文字，这时可以看到演示窗口中标题文字已经消失。

(7) 引入视频

① 建立“影像”组合图标，双击将其打开。

② 选中“标题”组合图标中的“自然风光”显示图标，将其粘贴到“影像”的二级窗口中，命名为“动物和水”。双击打开后将“自然风光”改为“天鹅戏水”。

③ 拖动一个电影图标到二级窗口流程线上，命名为“天鹅戏水影片”。

④ 双击打开电影图标，在打开的窗口中单击“导入”按钮，在素材文件夹下选中“天鹅戏水”视频文件，单击“导入”按钮，导入的视频文件出现在图中的“文件”列表框，可单击“播放”按钮预览。

⑤ 选中“计时”选项卡，在“执行方式”中设置“等待直到完成”，播放次数设置为 1 次。

(8) 建立退出机制：回到一级窗口，在“影像”图标下建立一个计算图标，双击打开，输入 quit()，关闭窗口，单击“是”按钮，退出计算窗口。

(9) 保存程序，单击“文件”|“保存”菜单命令，选择自己的文件夹，选择“引例”文件夹，将文件名命名为“自然风光”，单击“保存”按钮。

7.2.8　基本图标

基本图标包含显示图标、等待图标、擦除图标、计算图标与组合图标，是 Authorware 编程最基本最常用的图标。

1. 显示图标

(1)显示图标的使用及属性设置

①在内部创建素材

首先，认识绘图工具箱，如图 7-16 所示。

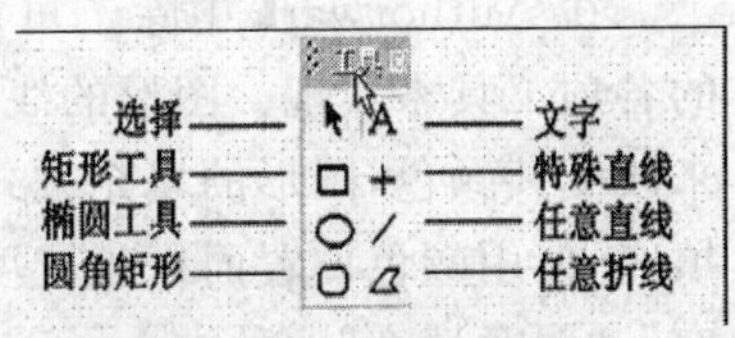

图 7-16　绘图工具箱

各个工具按钮的名称图中已经给出，单击和双击部分按钮的作用如下。

工具名称	使用方式	作用
文字	单击	输入文字,使用在显示图标、交互图标中
选择	单击	可选中文字,是设置文字格式的前提
特殊直线	单击	可绘制一定特殊角度的直线
任意直线	单击	绘制任意角度的直线
椭圆工具	单击	绘制椭圆,同时按 Shift 键可以绘制圆形
矩形工具	单击	绘制矩形,同时按 Shift 键可以绘制正方形
圆角矩形	单击	绘制圆角矩形
任意折线	单击	绘制任意折线和多边形
选择	双击	打开显示方式面板,可以进行图像显示方式设置
任意直线	双击	打开线型设置面板,可以设置线的粗细、是否含箭头
椭圆工具	双击	打开颜色设置面板,进行前景、背景颜色的设置,矩形

选中文本之后,在演示窗口和需要录入文字的地方单击,出现一条编辑线,此时可录入文字。编辑线两端可以设置文字段落格式,各句柄的含义如图 7-17 所示,与 Word 软件文字编排界面类似。文字的字体,可以通过"文本"菜单进行设置,文字的颜色通过双击绘图工具箱中的"椭圆工具"来实现,消除锯齿功能可以使文字效果大大改善,可以通过"文本"|"消除锯齿"菜单命令实现。

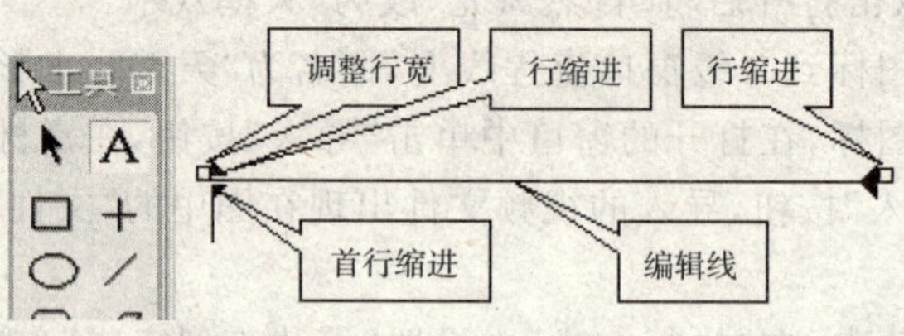

图 7-17　文字编排

由于在 Authorware 中可以将文字锁定在一个矩形区域内,故而当文字不能全部显示时,我们可以通过以下设置将文字窗口设为滚动窗口:

◆单击"文件"|"卷帘文本"菜单命令。

◆在绘图工具箱中选中文字工具,在演示窗口中欲建立文字窗口处单击。

◆拖动窗口下方句柄,向其中输入文字。

◆单击绘图工具箱中"选择工具",解除文字录入状态,此时,调整窗口大小和位置。

◆运行程序,测试效果。

在 Authorware 中除了可以对文字进行编辑之外,图形的绘制也可通过绘图工具箱中的各项工具来实现。图形的线条颜色是在选中状态下,使用颜色设置面板中左下角的色块来改变其颜色,图形的填充方式及填充区的颜色设置:选中图形后,使用填充方式面板进行填充,使用颜色设置面板改变填充区域的颜色。填充方式有"默认"、"背景填充"、"前景填充"、"图案填充"四种。

②引入外部素材

具体方法有两种：一是从字、图处理软件中将其复制粘贴过来，二是引入 Authorware 程序内，引入的素材粘贴在 Authorware 程序内，也可置于 Authorware 程序外，仅建立与 Authorware 程序的连接关系。

复制、粘贴外部素材：

◆在硬盘自己的文件夹下，建立子文件夹媒体 7。

◆打开 Windows 中记事本程序，在其中输入一段文本，保存到媒体 7 中，命名为"文字 . txt"。

◆选中桌面上素材文件夹中的图像 a. tif(带 Alpha 通道的图片)，复制到媒体 7 中，命名为"图像 . tif"。

◆打开文本文件，复制全部内容。

◆进入 Authorware，在设计窗口中建立两个显示图标，分别命名为"粘贴文本"、"粘贴图像"。

◆打开"粘贴文本"图标，建立一个滚动文字窗口，把文本素材粘贴到滚动窗口。

◆在媒体 7 中选中图像，在图像处理软件中打开，使用复制命令，复制图像。

◆回到 Authorware 中，打开"图像"图标，将图像素材粘贴过来。

◆设置图像的显示方式为"Alpha 方式"。

运行程序，观察其效果。

除了以上方法之外，还可以利用导入的方式也可以添加外部素材

◆在上面媒体 7 程序窗口中再建立两个显示图标，分别命名为"引入文本"，"引入图像"。

◆打开"引入文本"图标，单击工具栏中"导入"按钮，选中"文字 . txt"，单击"导入"按钮，导入文字。

◆打开"引入图像"图标，使用同样方法导入图像。

◆在每个图标后加一个等待图标，设为等待 3 秒。

◆将图像的显示方式设置为"Alpha 方式"。

◆运行程序，观察对比有何异同。

根据上面结果可看出：同一个图像素材，使用两种不同方式放入 Authorware 程序中效果是不一样的。

Authorware 在使用引入方式导入素材时，保存了较全图像信息，而粘贴的图像就丢失信息，如上例中粘贴图像丢失了 Alpha 通道。指图像引入到窗口后，还需要设置合适的显示方式。

2. 等待图标、擦除图标的使用和属性设置

等待图标常用于暂停运行，以便仔细观察程序运行效果，也经常被用于调试程序中；擦除图标用于将演示窗口的先前内容清除掉，经常与等待图标配合使用。

下面以实例来说明擦除图标的使用和属性设置，在下文中，显示了三幅蝴蝶图片，如图 7-18 所示。现在使用擦除图标将白蝴蝶擦掉。

图 7－18　擦除图标的使用

具体操作步骤如下：

(1) 在主流线上分别放置三个显示图标，命名为白蝴蝶、黑蝴蝶、黄蝴蝶，分别导入“白蝴蝶、黑蝴蝶、黄蝴蝶”三张蝴蝶图片。

(2) 在“黄蝴蝶”显示图标的下面，放置一个擦除图标，命名为“擦白蝴蝶”。

(3) 运行程序，出现图 7－19 所示的属性面板。

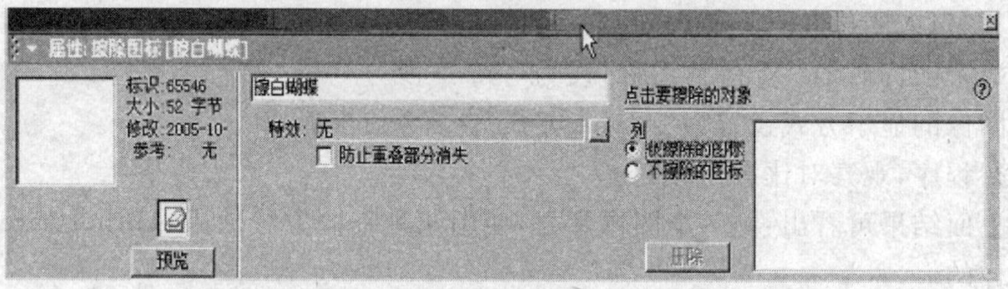

图 7－19　擦除图标属性设置

(4) 回到演示窗口，单击要擦除的显示对象——白蝴蝶的显示图片。

(5) 运行程序，观察演示窗口，白蝴蝶已被擦除。

3. 计算图标及属性设置

(1) 拖动一个计算图标放在上例程序末尾。

(2) 双击打开，在其中输入程序代码，也可以使用“函数”对话框粘贴输入。

(3) 关闭对话框，保存设置。

计算图标若与某图标关系甚密，而与其他图标关系不大，可以将计算窗口附加在这个图标上，从而简化了程序。

操作步骤如下：

(1) 打开上例中的程序；

(2) 选中某个图标，按 Ctrl＋＝键；

(3) 输入内容：如"——擦除图标示例"；

(4) 图标右上角出现一个等号，表示附加了计算窗口；

(5) 若要去掉附加窗口，只需打开后，将内容删除即可。

4. 组合图标及属性设置

在编程时，随着程序增加，窗口显示越来越小，以至于后来看不清该程序全貌，而需使用滚动条才能查看，非常不便，而且程序结构也不够清晰。使用组合图标，可以把多个有关联的图标组合在一个图标里，使程序更简洁，结构更清晰。

操作步骤如下：

(1) 主流线上放置一个组合图标，双击打开；

(2) 在其中建立程序内容；

(3) 关闭组合图标窗口。

以下为常用编辑操作：

(1) 成组：按 Ctrl＋G 键。

(2) 解组：按 Ctrl＋Shift＋G 键。

(3) 拖拽：直接拖放到另一窗口，则将图标放到窗口末尾；按 Ctrl 键，拖放到另一窗口，同时图标放在窗口顶部。

5. 基本图标综合应用

通过基本图标的综合应用，可以制作如下的图片浏览程序。程序主要内容为在一段轻音乐声中，一幅幅风景图片依次展示。

操作步骤具体如下：

素材准备：

在硬盘上自己的文件夹下建立素材子文件夹，准备一组图片并在 Photoshop 中将图片分辨率都设置成 352×300；准备一段容量在 1M 左右的 mp3 格式的音乐文件。启动 Authoware 后首先按照设计的要求设置演示窗口。

下面制作程序主体结构：

(1)拖动一个计算图标到主流线上，命名为"定义窗口"，双击打开，输入 Resizewindow(352,300)。

(2)拖动一个显示图标，放置在主流线上，命名为"标题"，用于在其中设置图片浏览程序的标题。

(3)在"标题"下面放置一个声音图标，命名为"音乐"，用于设置背景音乐。

(4)拖动一个组合图标到主流线上，放置在"音乐"图标下，命名为"风景"，用来存放一组做展示的图片。

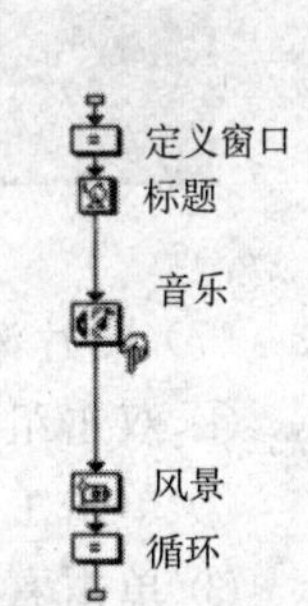

图 7-20　程序主体结构

程序文件结构如图 7-20 所示。

下面将分步制作标题文字、音乐和风景几部分程序：

(5) 创建标题

在设计窗口中，双击"标题"图标，在其中输入"风光无限"，选中显示图标，打开属性面板，做以下设置：将“层”置为1，即这个图标的内容始终显示在最前面。

（6）配乐设置

① 在“音乐”声音图标上双击，打开属性面板，如图7-21所示，单击“导入”按钮，打开“导入哪个文件?”对话框，找到自己文件夹下的声音文件并选中，同时选择“链接到文件”复选框，单击“导入”按钮，自动返回声音属性面板。

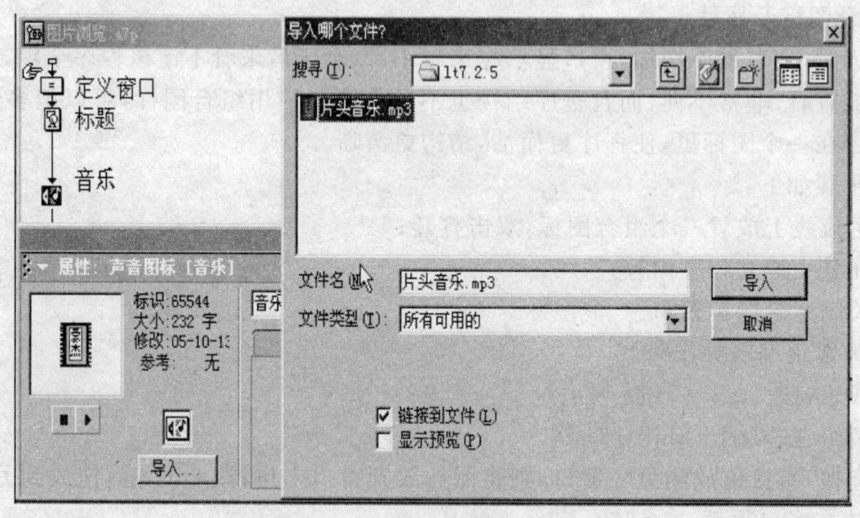

图7-21 链接方式引入音乐文件

② 打开声音属性面板上的“计时”选项卡，如图7-22所示。在“执行方式”下拉列表框中选择“同时”属性，使音乐与风景图片同时播放，在播放次数数值框中输入100，可实现循环100次播放。

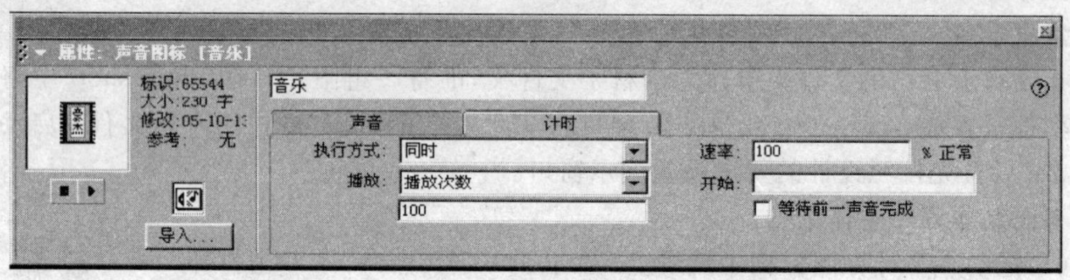

图7-22 声音属性面板中的“计时”选项卡

（7）图片浏览程序制作

① 双击组合图标“风景”，打开二级窗口。

② 单击工具栏中的“导入”按钮，打开“导入哪个文件?”对话框，找到自己的子文件夹。

③ 单击右下角“扩展”按钮，打开扩展框，依次选中左侧的文件，单击“添加”按钮，图片文件加入到扩展框中，也可以选中“扩展”按钮，选择“添加全部”，再将列表中不需要的文件选中，单击“删除”按钮即可。

④ 单击“导入”按钮，设计窗口自动生成多个显示图标，并自动用图片文件名作为图标名，单击工具栏上的“播放”按钮，观看效果。观察程序运行结果，发现多幅图片未及看清即一闪而过，下面来设置画面停留一段时间再继续播放图片。

（8）设置画面自动停留

① 在第一个图片显示图标下，放置一个等待图标，双击打开后，放置停留 3 秒，取消其他设置。

② 选中等待图标复制到下一显示图标后。

依次将每个图片显示图标后都粘贴该等待图标。运行程序发现图片依次显示，但重叠在一起。

(9) 设置擦除前面内容属性

选中第一个图片图标，在属性面板中的“选项”中单击选择“擦除以前内容”复选框，依次对每个都进行相同设置，如图 7－23 声音属性面板中的“计时”选项卡所示。

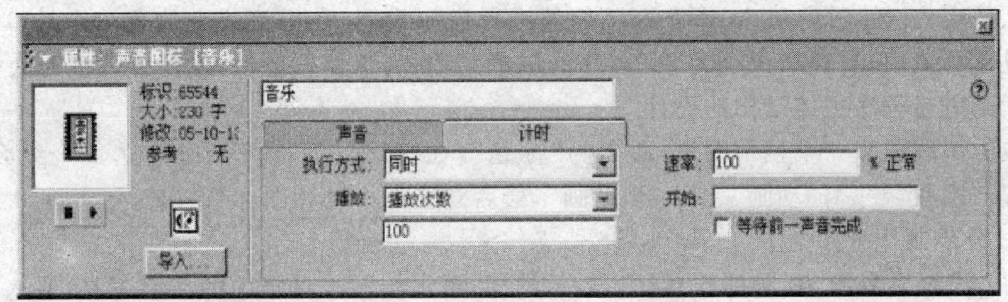

图 7－23　显示图标属性中选项设置

(10) 设置循环播放

在运行程序时，图片依次显示，到最后一张停下来，若想使之循环不断地显示，只需在末尾增加一个计算图标“循环”，在其中输入 GoTo(IconID@“风景”)，如图 7－24 所示，设置关闭计算窗口，再单击“是”按钮，实现循环播放。

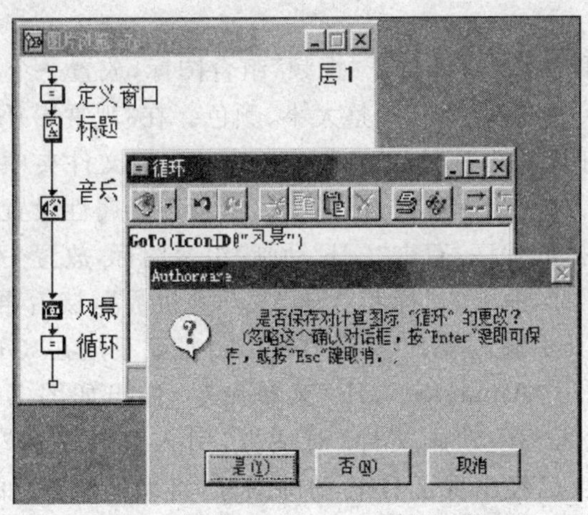

图 7－24　使用 GOTO 函数设置循环

(11) 设置图片的出场效果

选中图片，在打开的面板中“特效”选项中选中一种效果即可。

(12) 程序保存

将文件保存在设置好的文件夹中。

7.2.9　声音、视频及动画的引用

以下内容我们将介绍如何在 Authorware 中引入声音、动画、视频这些具体素材。首先

以“电影欣赏”为例介绍媒体播放程序。通过运行此程序体验多种媒体在 Authorware 中的运用。具体实例内容为：程序开始运行后，显示“电影欣赏”，稍后出现提示文字“经典名曲”，同时音乐声响起，音乐播放过后，出现文字“飞狼表演”，同时播放一段视频，接着出现文字“动漫世界”，并播放动画。最后，出现提示文字并播放一段 Flash 动画，播放完后自动退出程序。

具体操作步骤如下：

首先进行素材采集，事先准备一段 WAV 格式的文件，一段 AVI 视频文件，一段 Gif 动画，一段 flash 影片，要求各文件最大为 1MB 左右，不要太大，将以上几个文件存放到硬盘自己文件夹内。然后启动 Authorware 软件进行窗口设置，在主流线上放置一个计算图标，用来设置可变窗口，窗口大小为 240×180，取消菜单栏，保留标题栏，设置背景色为淡黄色。

下面进行程序主体结构的设计：

在主流线放置一个显示图标，命名为“标题”，在“标题”图标下依次建立 4 个组合图标“音乐”、“视频”、“GIF 动画”、“Flash 动画”，最后建立一个计算图标“退出”。

1. 分步制作程序

(1) 设置主界面：双击打开“标题”显示图标，单击绘图工具箱中的文字工具，输入“请您欣赏”，设置适当大小，字体和位置。

(2) 建立音乐欣赏程序段：双击打开“音乐”，放置一个显示图标，命名为“欣赏音乐”，双击打开它，在其中输入“经典名曲”，调整大小、位置、颜色。在“欣赏音乐”下面放置一个显示图标“曲目介绍”，双击打开，在其中输入曲目信息，接着建立声音图标“奏乐”，双击打开对话框，单击“导入”按钮，导入文件夹中的“11. mp3”文件，设置执行方式为同时，播放次数 10 次，单击“确定”按钮。

(3) 建立视频播放程序段：双击打开“视频”组合图标，放置一个显示图标，命名为“观赏影片”，双击打开后，输入“飞狼表演”，调整大小、颜色。在“观赏影片”图标下，建立一个电影图标“飞狼表演”，单击打开属性面板，单击“导入”按钮，把文件夹中的“dfd. mpg”文件导入到程序内，并设置“执行方式”为“等待”直到结束，参考声音属性设置方法。

(4) 建立 GIF 动画播放程序：双击“GIF 动画”组合图标，放置一个擦除图标擦掉电影画面，接着放置一个显示图标，命名为“标题”，输入“动漫世界”，接着再建立一个名为“GIF 动画剧场”的显示图标，在其中输入“GIF 动画剧场”，将粘贴手放在“GIF 动画剧场”下面单击。然后单击“插入”|“媒体”|“Animated GIF”菜单命令，弹出如图 7 - 25 所示对话框，单击“Browse”按钮，打开“引入 Gif 动画文件”对话框，引入素材中的动画文件 j1. gif、j2. gif、j3. gif，可以看到流程线上已经出现了 GIF 动画图标，将事先准备好的三幅 GIF 动画依次引入，最后放置一个等待图标，设置时限为 10 秒。

(5) 建立 Flash 动画播放程序：同上设置也建立显示图标“Flash 动画赏析”，在其中输入显示文字“Flash 动画赏析”，接着在图标下面单击鼠标，出现粘贴手。单击“插入”|“媒体”|“Flash movie”菜单命令，单击其中的“Browse”按钮，选中事先准备的 Flash 动画文件，单击“打开”按钮，关闭对话框，单击“OK”按钮，关闭对话框可以看到流程线上已经出现了 Flash 动画图标。

(6) 在一级窗口的“Flash 动画”下面单击，建立计算图标，命名为“退出”，双击，打开计算窗口，在其中输入 quit()，保存设置，退出计算窗口。

(7) 运行程序，观看效果。

(8) 保存程序。

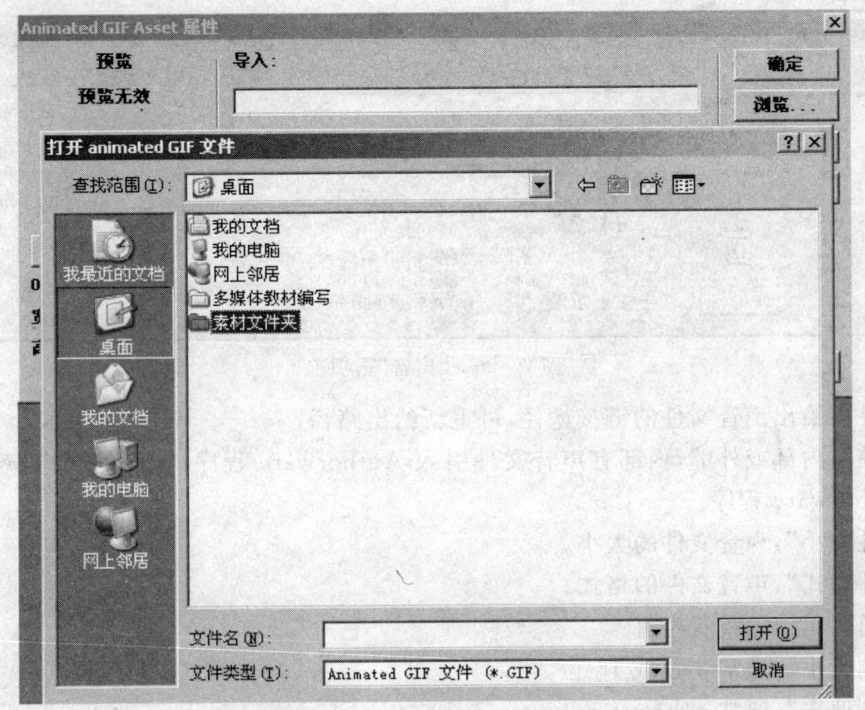

图 7-25　引入 GIF 动画对话框

2. 声音的引入方法及属性设置

(1) 在流程线上放置声音图标并命名为“音乐”；

(2) 双击打开声音属性面板，单击“导入”按钮，弹出“导入哪个文件?”对话框；

(3) 找到声音文件“Track. mp3”，通过选择“链接到文件”复选框确定采用内部引入还是链接引入，单击“导入”按钮，引入文件；

(4) 在属性面板中，进行必要的设置；

(5) 关闭声音属性面板。

3. 声音文件的格式

Authorware 中可以引用的声音文件有六种类型：

(1) WAV 格式：标准的 Windows 声音格式。这种格式的声音无压缩，有较高的声音品质，但文件容量相对较大。

(2) SWA 格式：可以将 WAV 格式声音压缩成这种 SWA 格式声音。这种格式的声音容量相对较小，并具有良好的声音品质。

(3) VOX 格式：这种格式的声音容量更小，但声音品质较差，只能用在对声音品质要求较低的场合。

(4) MP3 格式：这种格式声音既有很大的压缩比，也有较好的声音品质。

(5) AIFF 格式：一种在 Windows 平台和 Macintosh 平台都能使用的通用声音格式。

(6) PCM 格式：一种不太常用的格式。

4. 声音图标属性的设置

“声音”选项卡：记录声音文件的信息，如图 7 - 26 所示。

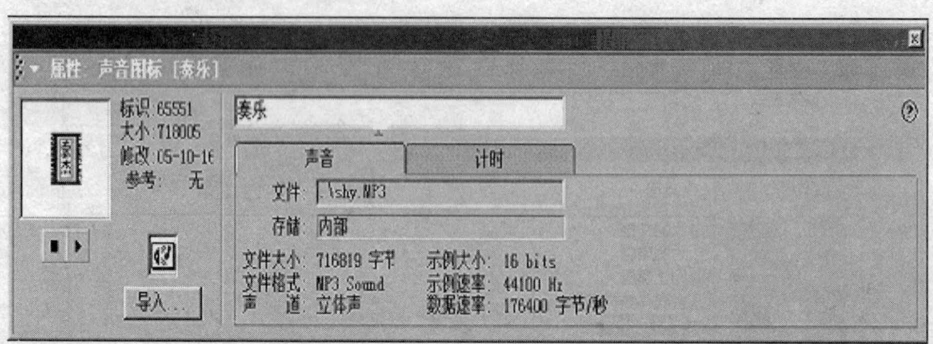

图 7 - 26 “声音”选项卡

“文件”：给出声音文件的链接途径，可重新给出路径。

“存储”：内部或外部，内部有声音文件引入 Authorware 程序内，而外部指声音文件链接到 Authorware 程序。

“文件大小”：声音文件的大小。

“文件格式”：声音文件的格式。

“声道”：单声道或双声道。

“示例大小”：通常 8 位或 16 位。

“示例速率”：通常 44kHz。

“数据速率”：通常为 11kHz，22kHz 或 44kHz。

(2) “计时”选项卡：选项共 3 个，如图 7 - 27 所示。同时在下方的“开始”文本框中给出变量或表达式，当变量或表达式为真时，便播放声音。

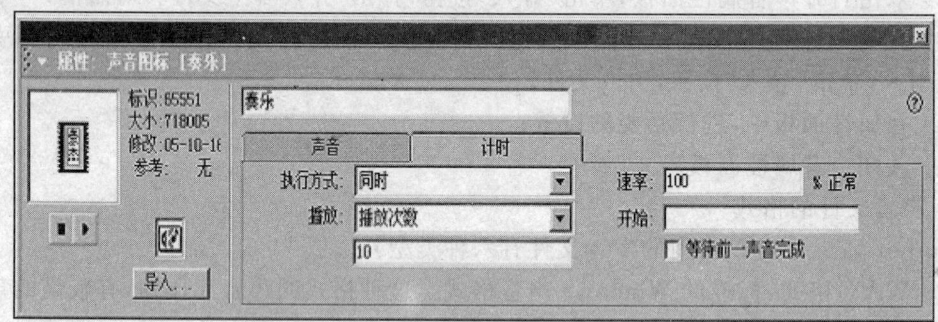

图 7 - 27 声音属性面板中的“计时”选项卡

5. 动画的引入方法及属性设置

GIF 动画是基于位图的动画，一般制作成幅面小、播放长度短、容量小的文件，内容和形式生动，在多媒体中起到点缀画面的作用。Flash 动画是基于向量图的动画，改变大小后不影响画面质量，除了用自身功能制作动画效果外，还可以引入图像和声音等更多的媒体形式。在 Authorware 中引入 Flash 动画，既可以表现 Flash 动画特有的生动效果，又可以保留 Flash 动画原有的交互特性。

(1) 引入GIF动画的方法及属性的设置

① 将素材文件放置在自己的文件夹中；

② 进入Authorware，将演示窗口设置为300×200；

③单击“插入”|“媒体”|“Animated GIF”菜单命令，打开“GIF属性”对话框，同时在设计窗口中出现GIF动画图标；

④单击“Browse”按钮；

⑤在打开的“GIF动画文件”对话框中找到文件夹下的“zw. gif”和“zw6. gif”，选择这两个GIF动画；

⑥单击“打开”按钮，返回“GIF属性设置”对话框；

⑦在“GIF动画属性”对话框中，显示出所打开的GIF动画文件信息；

⑧运行程序，观察引入的GIF动画的播放效果。

(2) 引入Flash动画的方法

①素材准备：准备一段Flash动画放在素材文件夹中。

②进入Authorware，设置演示窗口为300×200。

③单击“插入”|“媒体”|“Flash命令”菜单命令，打开“Flash动画属性”对话框，如图7-28所示。

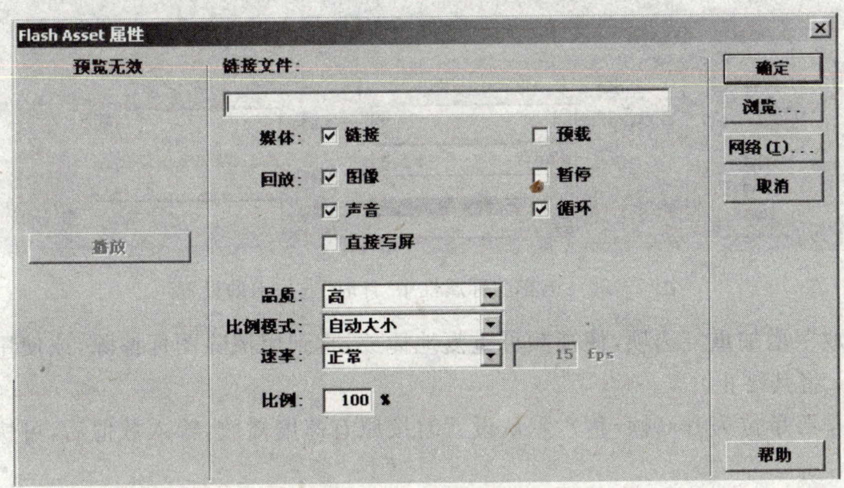

图7-28　引用Flash动画对话框

④单击“浏览”选项，弹出打开“Flash动画”对话框，找到素材文件夹，选中其中的Flash动画文件，同时在设计窗口出现Flash动画图标。

⑤在“Flash动画属性”对话框中，显示出所打开的Flash动画文件的信息，单击“好”，关闭对话框。

⑥运行程序，查看效果。

6. 视频的引入方法及属性设置

(1) 引入视频的方法

①将准备好的素材文件放置在自己的文件夹中；

②进入Authorware，设置窗口为300×200；

③拖动一个电影图标到程序窗口，双击打开出现电影图标属性面板。单击“导入”按钮，

将文件夹下的“天鹅戏水 . MPG”找到并选中；

④单击“导入”按钮；

⑤按上述方法将视频文件 xinjiang6. MPG 导入；

⑥运行程序，观察结果；

⑦保存文件至素材文件夹下。

(2) 电影图标的属性设置

“电影”选项卡

①“模式”：显示视频信息的显示模式，视频文件只有一种显示方式。

②“同时播放声音”选项：选中可播放视频中的声音，不选中就不能播放。

③“使用电影调色板”选项：选中，使用视频本身的调色板，不选中，则使用 Authorware 调色板。

④“使用交互作用”选项：选中，则保留引入对象的交互性，若引入对象本身不具备交互性，则此项不可选，其他选项在声音属性面板中也有类似选项，含义不变，不再详述。

“计时”选项卡

同声音属性面板相比，增加了一些内容，如图 7－29 所示。

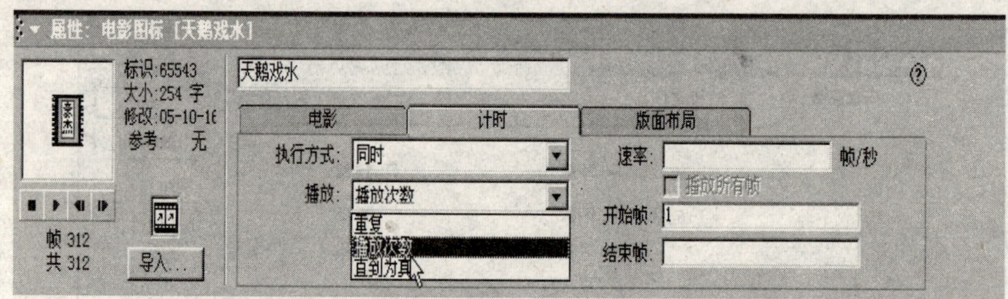

图 7－29 电影图标属性中“计时”选项卡的设置

①“播放”：增加重复选项，使视频可重复地播放，直到用擦除图标擦除，或使用系统函数 Mediapause 将其终止。

②“速率”：单位为 fps(帧/秒)，默认设置时按原有速度播放，输入数值后，可快速或慢速播放。

③“开始帧”和“结束帧”两数值确定了视频播放时的帧开始与结束时的帧数字，从而确定了播放范围。

(3)引入 Director 影片的方法

①准备好一段 Director 影片存放到自己文件夹中；

②拖动一个电影图标到演示窗口，双击打开电影图标属性面板；

③ 单击“导入”按钮，选中自己文件夹中的 Director 影片文件；

④单击“导入”按钮导入影片，返回属性面板；

⑤运行程序，重点观察影片原有交互功能是否可以正常实现；

⑥ 保存程序。

注意：在电影属性面板中，Director 影片选项卡中交互性一项允许选中，这是因为 Director 影片本身具有交互性，在引入 Authorware 程序时，可以使用原有的交互性，而 AVI

影片本身不存在交互性，因此其属性中就没有这项选择了。

7. 其他媒体类型

可以引入 Authorware 程序的视频类型还有 MPEG 视频、QuickTime 视频、Windows-Media Player 所支持的 . ASF、. ASX、. WMV、. IVE 等类型的视频。

电影图标所支持的媒体类型，除进行相应的属性设置外，还需要相应的驱动文件和软件环境，才能正常播放，因此组织发行文件时，应附带上相应的驱动文件，有的还需附带相应的软件，在此不再详述。

7. 2. 10　动画图标的使用

这里，我们要介绍的动画与前面讲的动画不同，前面讲的是引用外部动画素材，现在要介绍的是在 Authorware 内部创建动画。外部动画资源丰富、效果超强，但使用起来需要相关驱动文件和软件环境支持，并且需要做复杂设置，而内部动画简单、快捷，当内部动画可以满足需要时，就不必使用外部动画，这为开发 Authorware 作品提供了很大的方便。

图 7－30　程序画面

1. 创建动画示例——蝴蝶飞飞

(1) 主要内容

几只蝴蝶在画面中出现，另有两只从画面中飞过，效果如图 7－30 所示。

(2) 操作步骤

①素材准备：将 4 张蝴蝶图片存到素材文件夹下；

②进入 Authorware 设置演示窗口为 480×360；

③建立显示图标“黑灰红三蝶”，双击打开，引入 4 张蝴蝶图片；

④建立显示图标“红蝴蝶”，引入 1 张红蝴蝶图片；

⑤建立动画图标“红蝶飞”，运行程序，自动打开动画图标属性面板，如图 7－31 所示。在“类型”下拉列表框中选择“指向固定路径的终点”，回到演示窗口，选中红蝴蝶。

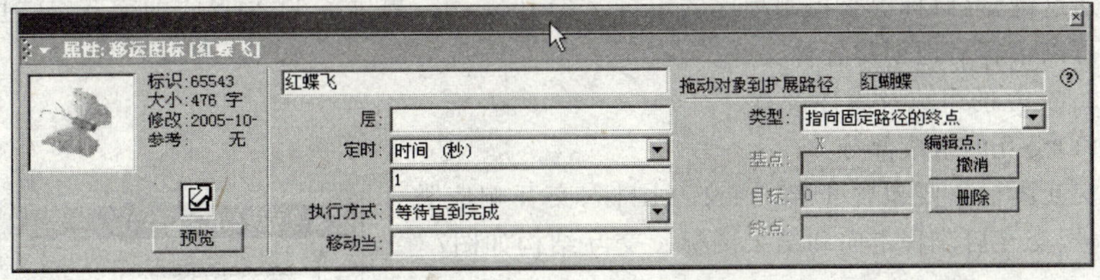

图 7－31　动画图标属性

⑥拖动红蝴蝶在窗口中单击，再次拖动，单击编辑出路径，如图 7－32 所示；

⑦再建“花蝶飞”动画图标，执行步骤(5)～(6)操作，即可创建花蝶飞的动画；

⑧运行程序，观察结果；

⑨保存文件到自己文件夹中。

图 7-32 编辑蝶飞路径

2. 创建动画的基本方法

(1) 必须先建立被移动的对象；

(2) 打开被移对象的显示图标，回到演示窗口选中对象，并将其放到动画起点位置；

(3) 建立一个动画图标，放在显示图标下面；

(4) 双击打开动画图标，在“类型”下列表框中选中“动画类型”；

(5) 在“定时”中设置时间；

(6) 确定。

注意：动画图标上必须有一个可视图标，一个动画图标只控制一个图标；一个可视图标可带有多个动画，动画图标对可视图标中所有对象施加影响。

建立各类动画不同之处，主要是在属性面板中选择动画类型并根据需要拖动即可，因此鉴于篇幅所限，就不再一一介绍了。

7.2.11 交互图标

1. 交互图标应用举例——电影播放控制程序

Authorware 7 具有双向信息传递方式，它不仅可以向用户演示信息，同时也允许用户向程序传递一些控制信息，这就是所谓的交互性。它改变了用户只能被动接受的局面，用户可以通过键盘、鼠标等来控制程序的运行。Authorware 提供了 11 种形式的交互，通过交互图标可以很容易地创建各种交互。

2. 交互的组成及属性设置

(1)交互的组成部分

交互图标主要包含 4 部分：交互图标、交互响应类型符号、交互后流程走向和结果图标。交互结构如图7-33 所示。

交互图标：交互结构基本要素，其作用有三：一是对交互结构中的响应分支进行统一管理，二是具有显示图标和擦除图标的功能，三是监控用户动作并把相应的信息传送到相关的响应类型标识符。

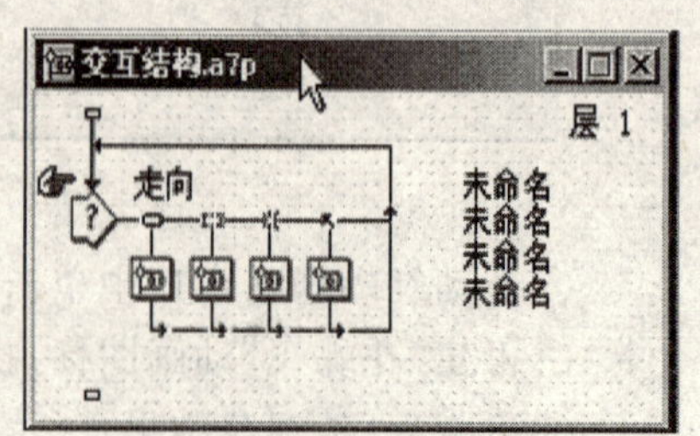

图 7-33 交互结构

交互响应类型符号：位于每一交互分支图标的上方，对应于 11 种交互方式，双击它，可以打开“响应属性”对话框，进行交互响应类型选择、交互响应属性设置。

交互后流程走向：程序的分支走向类型，分为重试、继续、返回、退出交互。

结果图标：与某一个交互响应类型符号相连接的图标。当系统检测到一个响应类型符号的目标响应时，则执行与它相对应的结果图标，结果图标一般放置组图标。

3. 交互的响应类型

交互响应类型包含 11 类，它们的名称和含义如下：

(1)按钮响应：响应点击按钮的事件。

(2)热区响应：响应点击或进入设定区域的事件。

(3)热体响应：响应点击设定物体的事件。

(4)目标区响应：响应将设定物体拖入设定区域的事件。

(5)菜单响应：响应所选择的菜单项。

(6)条件响应：响应变量或逻辑表达式的值。

(7)文本响应：响应由键盘输入的文本。

(8)按键响应：响应所定义的按键。

(9)重试限制响应：响应所限定的尝试次数。

(10)时间响应：响应所设定的限制时间。

(11)事件响应：响应 Active X 控制事件。

4. 交互图标的属性设置

选中交互图标，按 Ctrl＋I 键，或单击“修改”|“图标”|“属性”菜单命令，打开交互图标属性面板，由图 7－34 可见交互图标包含 4 个选项卡：“交互作用”、“显示”、“版面布局”、“CMI”，其中的“显示”与“版面布局”选项卡与显示图标中的两个选项卡完全一样，不再介绍，现在主要介绍“交互作用”选项卡。

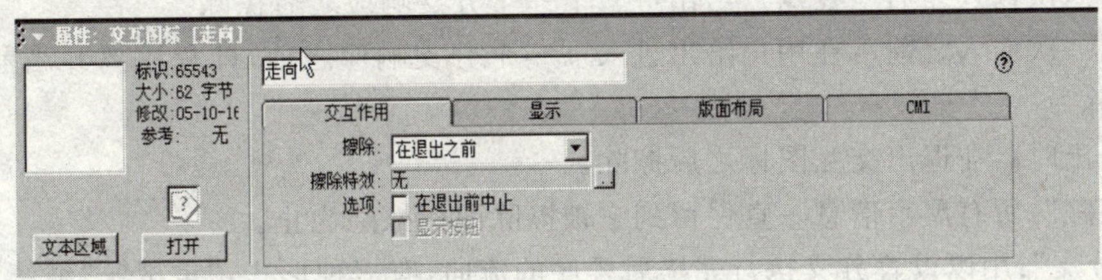

图 7－34　交互图标属性设置

(1) 交互图标名称，在上方文本框给出。

(2)“擦除”：下拉列表框中包含 3 个选项，用来确定何时擦除交互图标中的显示内容。

①“在下一次输入之后”：当用户响应一个新的交互响应之后，前一个交互中的视觉内容被擦除，执行完分支后，若还等待响应，则恢复所擦除的内容。

②“在退出之前”：在退出交互图标，执行主流线上的下一个图标前擦除。

③“不擦除”：指退出交互图标后仍保留原有交互图标中的内容，直到用擦除图标擦除。

(3)“擦除特效”：擦除选项指擦除时使用的过渡效果。

(4)“选项”

①“在退出前中止”：指程序退出交互分支之前，会暂停执行，让用户有足够的时间浏

览，然后单击任意键结束。

②“显示按钮”：指选中上面选项之后，在交互图标内显示内容时是否显示暂停按钮。

5. 交互分支的属性设置

建立交互分支之后的工作是对各分支属性进行设置，不同类型的分支都有一个不同的属性的设置，简要介绍如下：

(1)设置方法：打开程序，选中某分支，打开相应的属性面板，如图 7－35 所示。

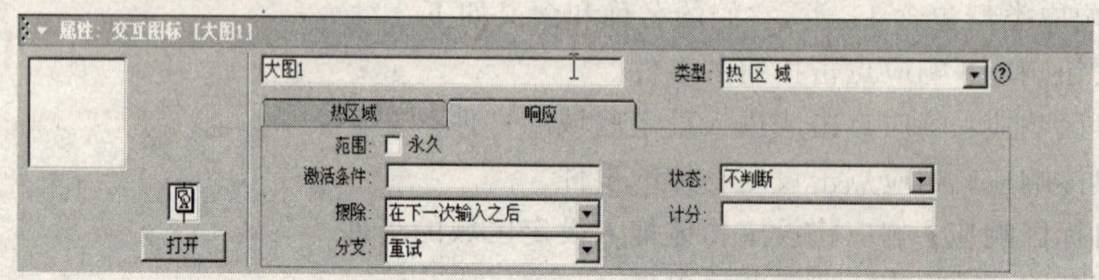

图 7－35 热区响应属性设置

(2)“类型”：列出 11 种响应类型，供用户选择。

(3) 两个选项卡：每一种类型都对应着两个选项卡：“热区域”、“响应”，“热区域(即响应类型)”选项卡根据响应类型的不同，选项设置有所不同，在后面陆续介绍，而“响应”选项卡对应于所有类型，现在简要介绍“响应”选项卡。

(4)“响应”选项卡。

①“范围”：“永久”复选框，指程序运行过程中始终起作用的交互，文本、按键、时间、尝试类型不能设成永久交互。

②“激活条件”：输入一个表达式，当表达式的值为真时，引发响应，不能用于文本响应、条件响应和尝试响应。

③“擦除”：用来设置分支执行结束后，分支显示的内容，何时擦除。

“在下一次输入之后”：在用户给出进入下一个分支响应之后擦除。

“在下一次输入之前”：在用户给出进入下一个分支响应之前，即程序离开当前分支后，就自动擦除。

“在退出时”：在退出交互图标之后擦除。

“不擦除”：所有展示信息一直保留到它被擦除图标擦除为止。

④“分支”：用以设置分支执行完毕后程序的流向，有三种形式：“重试”、“继续”和“退出交互”。

⑤“状态”：用于设置本次响应的正确与错误属性。

⑥“计分”。

6. 热区响应交互

热区是一个可激发响应的矩形区域，热区中可以设置图片文字。下面结合例题介绍热区的创建方法，并对热区属性做相关设置。

(1) 创建图像热区

运行程序后，画面出现 4 张图，左侧 3 张小图，右侧 1 张大图，点击左侧小图可以在右侧观看放大了的图片。

①打开 Authorware。

②素材准备。准备 4 张图片，分辨率为 350×280，存放在自己文件夹中。

③设置窗口大小为自动调整窗口，方法是：单击“修改”|“文件”|“属性”菜单命令，设置背景色为淡黄，窗口大小为“根据变量”，在选项中选中显示标题栏，其他都取消。在主流线上设置一个计算图标，命名为“调整窗口”，双击打开，在其中输入函数 Resizewindow(500,350)，关闭计算窗口。

创建热区交互图标。在调整窗口图标下，放置一个交互图标，命名为“图片放大”，双击将其打开，将文件夹下的“河流”、“牛群”、“奔马”、“草原”4 张复制进来作为热区图片，其中“河流“放在右侧，另外 3 张按从上到下的顺序“牛群”、“奔马”、“草原”排列整齐，适当调整其大小。

创建交互分支“大图 1”。

◆在交互图标右侧放置一个显示图标，弹出属性面板，选择“热区域”确定，将其命名为“大图 1”。

◆双击打开显示图标“大图 1”，单击工具栏“导入”按钮，将文件夹中“牛群”大图，导入并调整显示位置。

◆设置热区属性：双击新建分支的热区响应符号，选中“热区域”选项卡，看到演示窗口，除了前面导入的 4 张图片以外，另增加一个矩形区域，调整它的大小位置与第 1 张小图大小相同位置重合，如图 7-36 所示。

图 7-36　设置热区与热区图片

◆创建“大图 2”、“大图 3”交互分支。

选中“大图 1”交互分支，按 Ctrl+C 键，在“大图 1”后的流程线上单击，按 Ctrl+V 键，将出现的分支命名为“大图 2”，这个分支与前一分支一模一样，只要将图片换成另 1 张即可。方法是：双击“大图 2”显示图标，单击“导入”按钮，导入一张新图“奔马大图”即可。双击“大图 2”上的交互符号，打开属性框，返回演示窗口，将“大图 2”热区的大小位置调整到与图片重合即可，用同样方法建立“大图 3”交互分支。程序结构如图 7-37 所示。

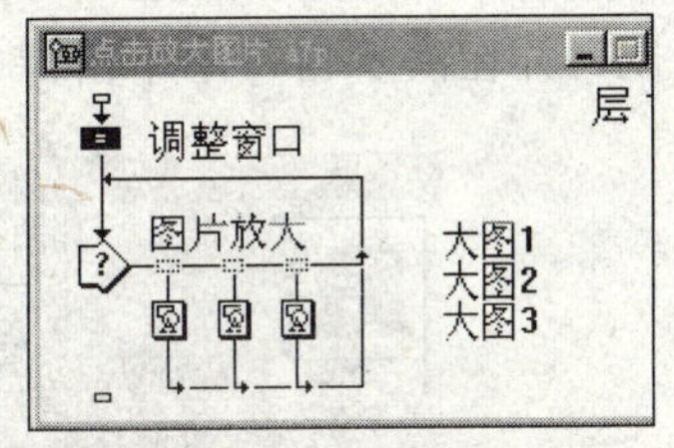

图 7-37　程序结构

◆运行程序测试效果。

◆保存文件。

(2) 热区响应的属性设置

双击分支中热区响应符号，打开热区“响应”选项组，进行以下设置。

①大小：设置热区大小。

②位置：设置位置。

③快捷键：设置与热区响应等效的快捷键。

④匹配：包含三项，单击、双击、匹配，指激发热区的鼠标动作。

⑤选项：匹配时加亮一项，被选中时，产生的效果是当鼠标动作产生时，热区高亮显示。

7. 热体响应交互

热体指一个可以激发响应的显示对象，与热区的区别是：热区是一个矩形区域，热体是以显示对象的轮廓为边缘的不规则区域，它通常是缩小的图形或图像。

(1) 创建热体响应型交互

程序运行后，画面上出现“显示器”和“书”两个图形及相应说明文字，鼠标移到显示器图形上，出现手形光标，点击后进入相应分支页面。

①素材准备。

②运行 Authorware。

③ 设置窗口大小为 512×342，背景颜色为蓝绿，保留标题栏，去掉其他选项。

④ 建立热体，如图 7-38 所示。

放置一个显示图片，导入“背景”一张。

放置一个显示图标，导入“显示器”图片一张。

按照建立说明文字，方法是放置一个显示图标，命名为“名称”，双击将其打开，输入说明文字“显示器”。

设置名字的出场动画效果。在“显示器”图标下面，放置一个动画图标，在属性面板中，选择路径移动动画，返回演示窗口选中文字“显示器”，在屏幕上拖动产生路径。

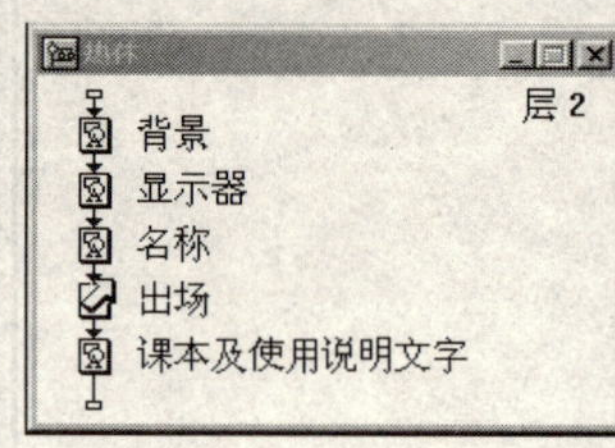

图 7-38　建立热体

⑤ 建立“课本及使用说明”显示图标，在其中导入“课本”图片，并输入文字。

⑥ 选中前面几个图标，按 Ctrl+G 键，结成一组命名为“热体”。

创建热体交互，按以下步骤进行：

① 建立“热体交互”交互图标。

② 拖动群组图标，在属性面板中的“类型”下拉列表框中，选中“热对象”，如图 7-39 所示，并在演示窗口中单击课本，确定，命名为“使用说明”，放到交互图标右侧。

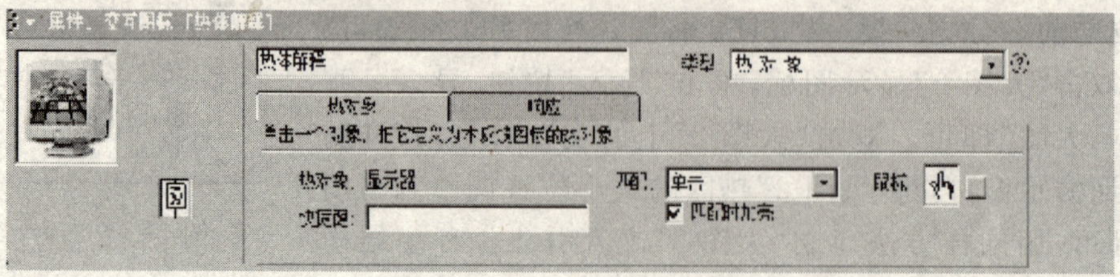

图 7-39　热体交互属性设置

③ 拖动一个显示图标到群组图标右侧，自动打开属性面板，并且自动继承了上一分支的属性；类型为默认热对象，匹配：单击匹配时加亮，鼠标为手形光标，这时回到演示窗口单击“显示器”图片，再回设置窗口把分支更名为“热体解释”即可。

④运行程序，观察结果。

⑤保存程序。

(2) 热体响应属性设置及热体图片的设置

①类型：热体类型。

②热体：显示热体图片文件夹。

③快捷键：定义与热区响应等效的快捷键。

④匹配：包含 3 个选项，“单击鼠标”、“双击鼠标”、“指针在对象上”。

⑤鼠标：可设置鼠标的形状。

(3)热体图片

一般选择尺寸较小的图片，为了使其效果能正确表现，往往选择含有 Alpha 通道的图片，并且设置为透明或遮挡方式。

8. 目标区响应交互

目标区响应指通过将一个对象拖放到一个设定区域而引发的响应。被拖放的对象可称为目标体，所设定的区域叫目标区，使用这种类型可以创建很多有趣的交互。

现在，通过实例来介绍目标区响应交互的创建及使用方法。

(1) 创建目标区响应交互

程序内容：运行程序后，显示文字“小学数学 10 以内加法”字样，并出示题目备选答案、答题方式、提示文字，拖动备选答案到题号括号内。如果回答正确，将出现奖励评语；如果答错，将答案退回原处，并出现鼓励评语。

①准备：在自己文件夹下建立文件夹。

②进入 Authorware。

③设置窗口大小为 512×342，背景颜色：黑。保留标题栏，取消其他设置。

④创建标题和题目

◆拖动一个组合图标到主流线，命名为“标题”，在其中使用显示图标建立标题文字、题目类型、具体题目及答题方法提示，并设置显示方式为“反白”方式。

◆ 全选所有显示图标，单击“编辑”|“修改”|“属性”|“消除锯齿”菜单，并勾选“抗锯齿文本”选项。

⑤创建答案，即目标体。

◆拖动一个组合图标到主流线，双击打开，在其中建立一个显示图标，命名为“答案 1”。

◆ 打开显示图标“答案 1”，输入备选答案：数字 6，设置为区别于题目的颜色——黄色，并设置显示方式为透明方式适当调整大小和位置。

◆ 运行程序：标题、题目、答案、答案方式显示在窗口中。

⑥ 建立目标区响应分支

◆拖动一个交互图标，命名为“答题”，在它右侧放一个组合图标，在属性面板中选中目标区，确定，将这个组合图标命名为“答错了”。

◆双击该群组图标上方的响应类型符号，打开“目标区”选项卡，如图 7－40 所示，同时在演示窗口又出现定义目标区线框。

◆ 根据提示要求选中目标体，同时在演示窗口又出现定义目标区域线框。返回演示窗口，拖动“答案 1”的显示内容放到题目后的括号内，调整目标区线框，使它恰好位于括号内。

◆在“目标区”选项卡中“放下”下拉列表框中，选择“在中心定位”，表示如果将对象拖入目标区内，对象会自动调整到该区域的中央位置。

◆单击“响应”选项卡，在“状态”下拉列表框中，选择“错误响应”，表示对象被拖入到目标区内时响应判断为错误，这时“答案 1”图标名称前方出现“－”号。

◆在群组图标中放置一个显示图标，在其中输入鼓励语，还可以放一个声音，同时播放一个声音。

⑦按照(6)具体步骤，建立“答案 2”、“答案 3”、“答案 4”三个目标区响应分支，并且设“答案 2”为响应状态，“答案 3”、“答案 4”为错误响应状态。

⑧ 运行程序，拖放目标体，测试程序。

⑨保存程序。

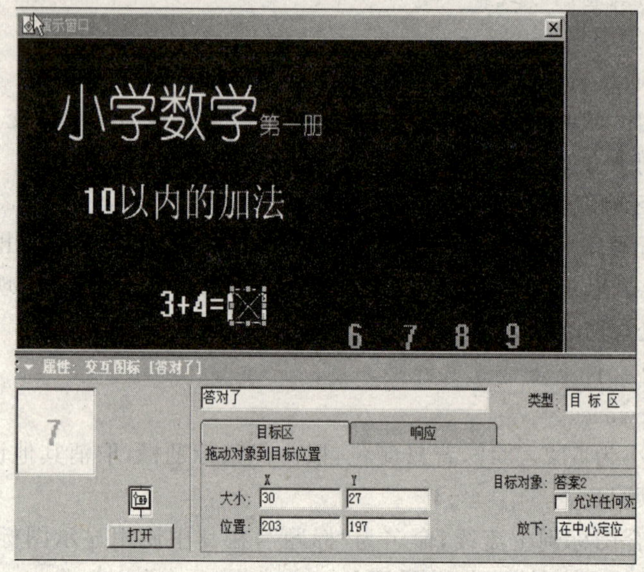

图 7－40　目标区响应属性设置

(2)目标区响应的属性设置

① 选择目标前“目标区”选项卡呈现的状态，如图 7－41 所示，提示用户选择一个目标体。

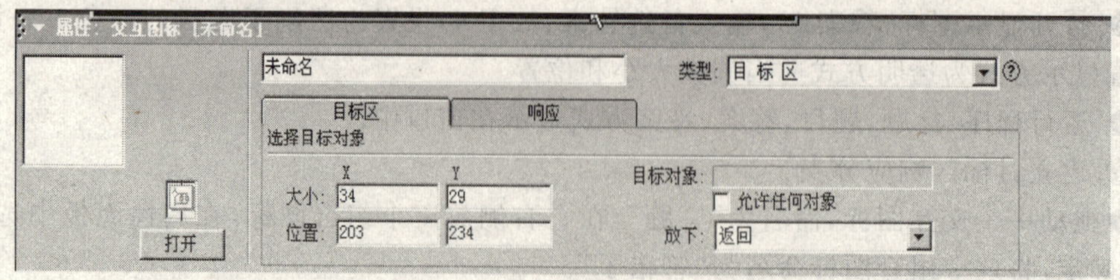

图 7－41　目标区响应的属性设置(a)

选择目标后，“目标区”选项卡呈现另一种状态，如图7-42所示，目标体图片出现在左上角窗口处，“类型”框中显示“目标区”提示变成“拖动目标体到目标位置”，其他项如下：

◆“大小”：目标区大小。

◆“位置”：目标区位置以演示窗口左上角为目标原点。

◆“放下”

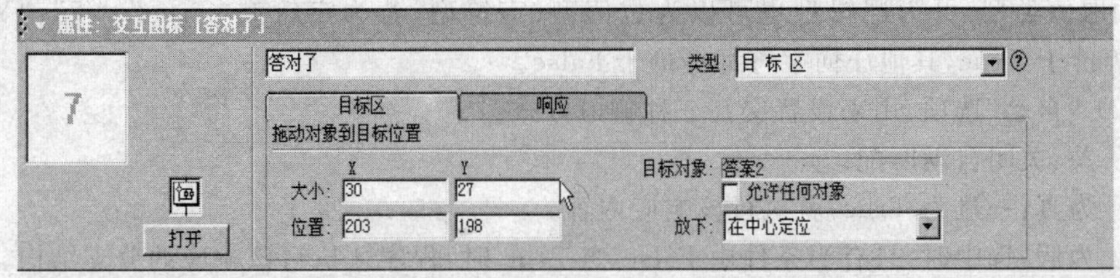

图7-42　目标区响应的属性设置(b)

9. 响应交互

(1)“菜单”：该文本框给出了所建立的菜单名称。

(2)“菜单条”：用来定义菜单选项名称。

① 置空：这时以各分支的图标名为菜单名。

② 使用定界符标识：使用定界符“”，包含在“”中的任意文本，特作为菜单名。

③ 使用变量标识：则将该变量的值作为菜单名。

④ 使用表达式标识：则表达式的值作为菜单选项名称。

(3)“快捷键”：设置菜单选项中的快捷键，使用Ctrl键与此键组合，实现不用打开菜单即可执行菜单命令。

10. 响应交互

文本响应交互指通过输入文本实现的响应。它允许用户在屏幕上定义一个文本框，通过在指定区域中输入文本产生交互。

文本响应的属性设置主要选项如下：

(1) 模式：定义引发响应的匹配文本，程序运行到交互图标时，用户输入与此匹配的文本，即可引发响应。其中输入方式可以概括为4种，与菜单响应属性设置中菜单项输入方式相同。

① 置空：没输入任何内容，则以相应的分支图标名作为匹配文本。

② 使用定界符标识：使用“包含在”中的任意文字，将作为匹配文本。

③ 使用变量标识：则该变量的值作为匹配文本。

④ 使用表达式标识：则该表达式的值作为匹配文本。

⑤ 可以使用通配符 * 和?：* 代表输入任意字符，? 代表输入任意一个字符。

(2) 最低匹配：最少输入几个字可与匹配文本相匹配。

其他项目不再一一介绍，大家可自己尝试其用法。文本响应交互中对交互文本的版面布局、交互属性、文字格式可以进行相应设置，具体设置可使用交互图标属性设置面板中“文本区域”按钮来完成。

11. 响应交互

条件响应交互与前面介绍的几种响应类型不同，条件响应是根据程序在运行过程中所设置的条件是否得到满足来匹配响应的，而不是依靠用户输入来匹配响应。这些条件一般通过函数或表达式的值的真或假来设置的。

打开条件响应属性面板，将“自动”设置为“关”，将“类型”设置为“条件”。

(1) 在“条件”文本框输入响应条件。当值为真时，程序自动进入该条件响应分支，执行反馈信息，该变量或函数或表达式作为该条件响应的标题出现在程序设计窗口的主流线上。条件的取值类型：可为逻辑型也可以为数值型、字符型，若为字符型“True”、“T”、“Yes”、“On”等价于 True，其他任何字符都等价于 False。

(2) “自动”选项，用来设置交互三种响应方式：

① 关：关闭自动匹配。

② 为真：一旦为 True，就执行该响应内容。

③ 为假：选中时，只有当条件由 False 变 True 时，程序才执行该响应的分支结构。

在 Authorware 中，还提供事件响应型交互，按键响应交互与重试限制响应交互以及时间限制响应。在这里我们就不一一介绍了。

7.2.12 分支图标简介

分支图标是与交互图标作用相似的图标，但它们内部运行机制又是不同的。交互图标中的分支执行是由用户实时控制的，而分支图标中分支的执行完全是由分支图标属性设置所决定的。

1. 认识分支图标

分支图标的功能是让程序作一个判断或决定，在当前这个程序结束之后，怎样运行后面的程序。分支图标自身不含任何内容，只包含一些控制，必须有图标挂接在它的下部才能正常使用。

下面通过一个例子来认识分支图标。

【例】 利用分支图标结构实现信号灯效果。

(1)在硬盘自己的文件夹下建立素材文件夹。

(2)拖动一个显示图标到主流线上，打开，在其中输入文字。

(3)拖一个分支图标到主流线上，加入三个组图标构成两条分支，分别命名为红、黄、绿，如图 7－43 所示。

(4)双击分支图标，打开分支图标属性面板，将“重复”选项设置为“固定的循环次数”并将次数设为 20 次，如图 7－44 所示。

(5)双击打开“红”组合图标可见，内置 1 个显示图标，在显示图标中绘制圆形，颜色设为红色，接着设置 1 个等待图标，时限设为 1 秒。

(6)选中“红”组合图标中的全部图标，复制粘贴到“黄”和“绿”组合图标中，注意位置与“红”图标中完全吻合，双击打开，依次将颜色设为黄色和绿色，时限分别设为 0.5 秒和 1 秒。

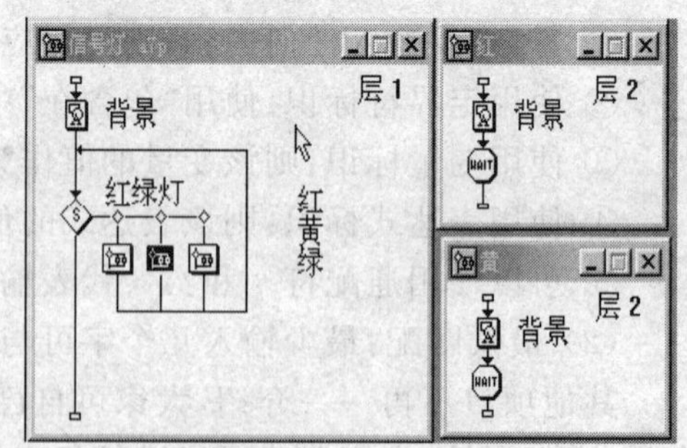

图 7－43 信号灯程序结构

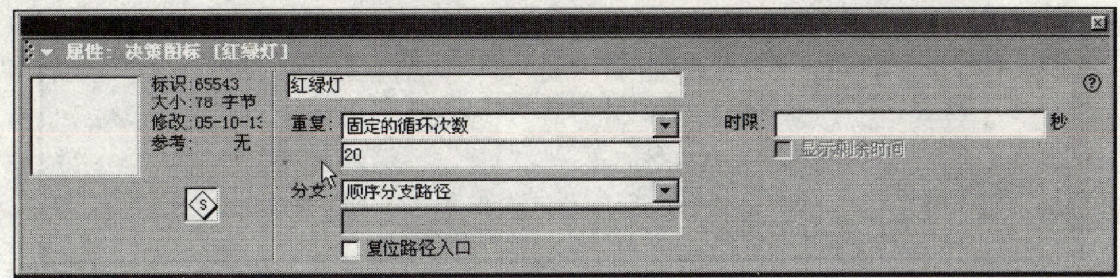

图7-44　分支图标属性设置

(7) 保存文件。

2. 分支图标属性设置

(1)重复选项

用来设置分支结构中执行分支的总的次数，有五种选择：

①固定循环次数：可以输入一数值型常量、变量或表达式，若值小于1不执行分支中的任何分支。

②所有路径：直到每个分支都执行过一次，退出分支。

③直到单击鼠标或按任意键：循环执行各分支，直到用户单击鼠标或按键盘任意键，才退出分支结构。

④直到为真：在下面文本框中设置条件，若条件为“假”，重新执行分支，直到条件为“真”，才退出该分支。

⑤不重复：执行一个分支后立即退出分支结构。

(2)分支选项

决定执行哪个分支，有四种选择：

①顺序：从左到右依次执行各分支。

②随机：随机执行任一分支。

③在未执行过的路径中随机选择：随机不重复地执行各分支。

④计算分支结构：执行计算分支流程。下方文本框中输入常量、变量或表达式。若值为1，执行第1分支，值为2，执行第2分支，依此类推，直到达到总数为止。

(3)复位路径入口

如果设置了“顺序分支路径”或“在未执行过的路径中随机选择”两种执行方式之一，系统会记录已执行过的分支路径，以便决定下次执行哪个分支。当程序从分支结构内跳到分支结构外执行，又返回该分支结构时，就根据原先对分支路径记录继续执行分支结构，如果选中了此项，在跳出后又返回分支结构时，系统将删除原先的记录，像第一次遇到该分支结构时一样执行。

(4)时限

选中复选框“显示剩余时间”进入分支后，系统给出提示倒计时时钟。

3. 分支属性的设置

分支属性面板如图7-45所示。

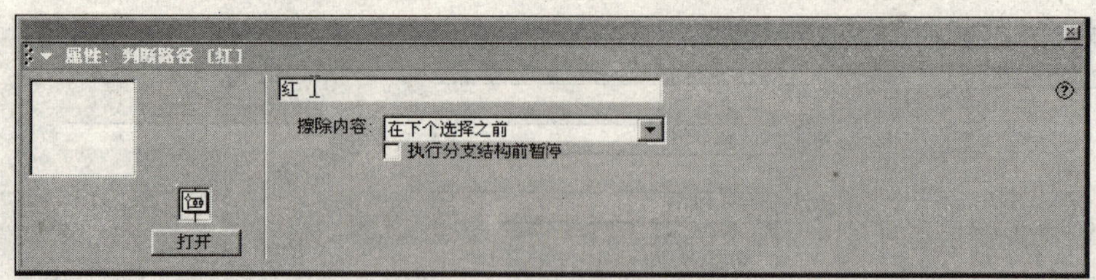

图 7－45　分支属性面板

(1)擦除内容有三个选项

①“在下个选择之前”：执行完该分支就擦除。

②“在退出之前”：在退出整个分支结构时才能擦除。

③“不擦”：不被自动擦除，只有用擦除图标才能擦除。

(2)执行分支结构前暂停

选中“执行分支结构前暂停”复选框，则执行完该分支，退出分支流程之前暂停。显示“继续”按钮，单击按钮，程序才继续运行。

4. 框架图标与导航图标简介

框架图标是由许多其他图标构建起来的复合型图标，与交互图标和分支图标一样，框架图标也需要与其他图标配合使用，用其他图标生成类似于分支的“页”。使用它可以方便地构建起框架结构。

导航图标用来实现程序流向的转移，通常将其置于框架结构中。

习　题

1. 什么是多媒体创作工具？分为几类？
2. 多媒体创作工具应该具有哪些功能？
3. Authorware 的热区和热对象有什么不同？
4. 用 Authorware 的交互功能制作一份个人简历。
5. 用 Authorware 的交互功能实现程序的密码保护。
6. 如果将多个对象放入一个“显示”图标能不能实现多对象动画？

第 8 章　多媒体作品存储和发布技术

【本章要点】

本章主要介绍了一些有关多媒体作品存储和发布技术的知识，如：数据的特点、图标的制作、光盘的刻录等。另外还介绍了产品发布的一些要求，为本门课程画上一个完美的句号。

【核心概念】

数据特点　数据整理　图标设计软件　光盘存储　移动存储　光盘刻录　说明书要求　包装设计

多媒体作品在制作完成以后，要对多媒体数据进行分类整理、数据存储，某些产品还需要制作个性化的图标，将制作出来的数据成品加工成光碟进行保存，另外编写使用说明书与技术说明书，配以外包装设计，这才是一个完整的多媒体作品。

8.1　多媒体数据处理

制作一个多媒体作品，需要使用很多的数据，每一种数据都有不同的格式和特点。在制作的过程中要根据数据的特点和使用的方式，对数据进行分类整理，这样可以提高作品制作的效率。

8.1.1　多媒体数据的特点

传统的数据处理中所处理的数据类型主要是整型、实型、布尔型和字符型，而多媒体数据处理中的数据类型除了上述常规数据类型外，还要处理图形、图像、声音、文字及动画等复杂数据类型。多媒体数据与常规数据有许多差别，主要表现在以下几个方面：

1. 数据量大

常规数据的数据量较小，而多媒体数据的数据量巨大，两者之间的差别可大到几千、几万甚至几十万倍。例如，一个 100 兆的硬盘可以存放一个中等规模的常规数据库，而同一空间只能存放 10 分钟的电视节目。一幅 640×480 分辨率、256 种颜色的彩色照片，存储量要 0.3MB；CD 质量双声道的声音，存储量要每秒 1.4MB。

2. 数据长度不定

常规数据的数据项一般是几个字节或几十个字节，因此，在组织存储时一般采用定长记录处理，使存取方便、存储结构简单清晰。而多媒体数据的数据量大小是可变的，且无法预先估计。例如，一个人的自传可小到几十个文字，也可大到几万个文字；CAD 中所用的图纸可简单到一个零件图，也可复杂到一部机器的设计图。这种数据不可能用定长来存储，因此，在组织数据存储时就比较麻烦，其结构和检索处理都与常规数据不一样。

3. 数据类型多、类型间差距大

多媒体数据包括图形、图像、声音、文本和动画等多种形式，即使同属于图像一类，也还有黑白、彩色、高分辨率和低分辨率之分。不同媒体的存储量差别大；不同类型的媒体由于内容和格式不同,相应的内容管理、处理方法和解释方法也不同;声音和动态影像视频的时基媒体与建立在空间数据基础上的信息组织方法有很大的不同。

4. 多媒体数据的输入和输出复杂

多媒体数据的输入方式分为两种:即多通道异步方式和多通道同步方式。多通道异步方式是目前较流行的方式,它是指在通道、时间都不相同的情况下,输入各种媒体数据并存储,最后按合成效果在不同的设备上表现出来。多通道同步方式是指同时输入媒体数据并存储,最后按合成效果在不同的设备上表现出来,由于涉及的设备较多,因此输出也较为复杂。

5. 数据传送要求高

多媒体数据,无论是声音媒体还是视频媒体,都要求连续传送或输出,否则将导致严重失真,大大影响效果,使用户无法接受。这就要求计算机的处理速度、I/O、内存、网络传送的带宽及软件算法等要比处理常规数据高一个档次。面对 CAD、CAM、GIS 以及交通管理、城市规划、市政建设、办公自动化、房地产管理、旅游、测绘、地震、公安、消防等众多的应用领域所涉及的图形、图像、文字、动画等多媒体数据,传统的数据库技术显得苍白无力,以至完全不能适应。因此,必须研制相应的多媒体数据库管理系统。

从上述可以看出,多媒体数据在计算机中的表示是一项较复杂的工作。

8.1.2 数据整理

在制作多媒体作品的过程中,整理数据及数据文件夹是存储多媒体数据前必须要做的。数据和文件夹的整理规则一般有以下几条:

1. 按照数据、文件、程序等不同类别建立相应的文件夹和文件夹层次;

2. 工具软件、应用软件、多媒体平台软件等所产生的文件放在主文件夹内;

3. 程序中用到的数据、参数、常数和函数子程序放在数据文件夹内;

4. 媒体文件分别放在相对应的文件夹内,比如存放图片的文件夹,存放文字的文件夹等,另外文件夹内还可以建立不同格式的子文件夹,比如图片文件夹内可以根据图片的格式分别存放;

5. 多媒体作品的相关说明和帮助信息放置在单独的文件夹中,比如使用说明书、技术说明书、版权信息、网络信息等;

6. 程序运行时生成的临时文件存放在系统文件夹或特定的文件夹内。

数据整理的形式一般采用如图 8-1 所示的方式。

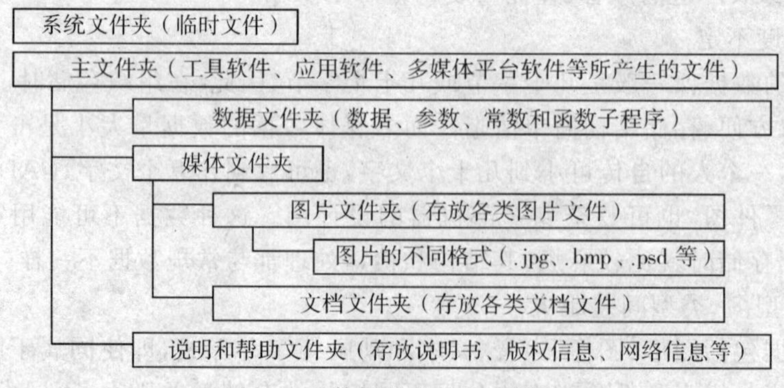

图 8-1　数据整理的基本形式

在给文件和文件夹起名称时，注意文件的扩展名最好不要更改，采用软件默认格式。文件和文件夹的主名称最好采用英文与数字的方式，避免使用汉字的名称。因为在文件传输与识别的过程中，有些软件不能识别中文名称。

8.2　多媒体存储介质的种类

多媒体作品在制作、发布的过程中需要将程序、数据、素材等保存起来，便于存放、携带和继续使用。由于多媒体作品及素材容量一般都很大，早期使用的软盘已经远远不能达到我们现在使用的要求了，光盘凭借质优、价廉、大容量得以广泛使用。除了光盘以外，移动存储也很受欢迎，如优盘、移动硬盘等。光盘的原理、规格已经在其他章节介绍过，本节主要介绍优盘和移动硬盘方面的知识。

8.2.1　优盘

优盘是移动储存设备中使用最广泛、携带最便捷的一种。优盘使用 USB 接口通过一个 USB 转接电缆与计算机连接，目前优盘的容量已经可以达到 2G 以上。优盘的外观如图 8-2 所示。

优盘是一种采用 USB 接口的无需物理驱动器的微型高容量移动存储产品，它采用的存储介质为闪存(Flash Memory)。优盘不需要额外的驱动器，将驱动器及存储介质合二为一，只要接上电脑上的 USB 接口就可独立地存储读写数据。优盘体积很小，仅大拇指般大小，重量极轻，约为 20 克，特别适合随身携带。优盘中无任何机械式装置，抗震性能极强。另外，优盘还具有防潮防磁，耐高低温(－40℃～＋70℃)等特性，安全可靠性很好。

图 8-2　优盘

优盘具有以下优异特性：

(1)不需要驱动器，无外接电源；

(2)容量大(8MB～2G 以上)；

(3)体积非常小，仅大拇指般大小，重量仅约 20 克；

(4)使用简便，即插即用，可带电插拔；

(5)存取速度快，约为软盘速度的 15 倍；

(6)可靠性好，可擦写达 100 万次，数据至少可保存 10 年；

(7)抗震，防潮，耐高低温，携带十分方便；

(8)USB 接口，带写保护功能；

(9)具备系统启动、杀毒、加密保护、装载一些工具等功能。

图 8-3　USB 转接电缆

理论上一台电脑可同时接 127 个优盘，但由于驱动器盘符采用 26 个英文字母以及现有的驱动器需占用几个英文字母，故最多可以接 23 个优盘。

随着技术的发展，优盘也不仅仅是拥有存储数据的功能了。通过 USB 转接电缆与电脑连接，可以提供 USB 外置软驱、硬盘功能，通过模拟 USB 软驱及 USB 硬盘，直接引导系统启动。另外优盘还有一些“特异功能”。USB 转接电缆如图 8-3 所示。

双启动优盘:它既能作为USB外接软盘/硬盘支持从软盘启动,又能作为大容量存储盘支持从硬盘启动。

加密型优盘:具有对存储数据安全保密的功能,通过两种方法来确保数据的安全保密:一是用密码(优盘锁),二是内部数据加密(目录锁)。

能拍照的优盘:它将优盘与摄像头完美地结合起来,可以边视频边存储,当摄像头用。

会"潜水"的优盘:水是电子产品的一大危害,这种优盘表面采用磨砂材质处理,接缝处做得非常紧密,可以起到防水的作用。

8.2.2 移动硬盘

移动硬盘,顾名思义是以硬盘为存储介质,强调便携性的存储产品。目前市场上绝大多数的移动硬盘都是以标准硬盘为基础的,而只有很少的部分是用微型硬盘(1.8英寸硬盘等),但价格因素决定着主流移动硬盘还是以标准笔记本硬盘为基础。因为采用硬盘为存储介质,因此移动硬盘在数据的读写模式上与标准IDE硬盘是相同的。移动硬盘多采用USB、IEEE1394等传输速度较快的接口,可以较高的速度与系统进行数据传输。移动硬盘的外观如图8-4所示。

图8-4 移动硬盘

移动硬盘具有以下特点:

1. 容量大

移动硬盘可以提供相当大的存储容量,是种较具性价比的移动存储产品。目前市场中的移动硬盘能提供10GB、20GB、40GB等容量,一定程度上满足了用户的大容量需求。

2. 传输速度高

移动硬盘大多采用USB、IEEE1394接口,能提供较高的数据传输速度。不过移动硬盘的数据传输速度还一定程度上受到接口速度的限制,尤其在USB1.1接口规范的产品上,在传输较大数据量时,将考验用户的耐心。而USB2.0和IEEE1394接口就相对好很多。

3. 使用方便

现在的PC基本都配备了USB功能,主板通常可以提供2~8个USB接口,一些显示器也会提供了USB转接器,USB接口已成为个人电脑中的必备接口。USB设备在大多数版本的Windows操作系统中,都可以不需要安装驱动程序,具有真正的"即插即用"特性,使用起来灵活方便。

4. 可靠性提升

数据安全一直是移动存储用户最为关心的问题,也是人们衡量该类产品性能好坏的一个重要标准。移动硬盘以高速、大容量、轻巧便捷等优点赢得许多用户的青睐,而更大的优点还在于其存储数据的安全可靠性。这类硬盘与笔记本电脑硬盘的结构类似,多采用硅氧盘片。这是一种比铝、磁更为坚固耐用的盘片材质,并且具有更大的存储量和更好的可靠性,提高了数据的完整性。采用以硅氧为材料的磁盘驱动器,以更加平滑的盘面为特征,有效地降低了盘片可能影响数据可靠性和完整性的不规则盘面的数量,更高的盘面硬度使USB硬盘具有很高的可靠性。

8.3　图标的设计制作技术

我们经常可以在电脑上看到许多非常可爱的、个性化的图标，这些图标都可以自己来做，只需要一种好用、功能强的图标软件即可。IconCool Editor 就是一套非常不错的绘制图标工具软件，具有相当完整的功能，可以做出各种规格又漂亮的图标。

8.3.1　IconCool Editor 简介

IconCool Editor 支持的图标规格很多，从标准的 16×16、32×32 等等，最大可达 255×255。而颜色数支持单色、16 色、256 色到全彩。输出入方面可以从 BMP、DIB、EMF、GIF、ICB、ICO、JPG、JPEG、PBM、PCD、PCX、PGM、PNG、PPM、PSD、PSP、RLE、SGI、TGA、TIF、TIFF、VDA、VST、WBMP、WMF、ICL 等图档转入，可储存成 ICO、CUR、ICL、BMP、GIF、JPG、PNG、WBMP 等档案，并可从 EXE、DLL、ICL 的档案中截取图标出来。

IconCool Editor 最特别的地方是支持 21 种滤镜与 13 种特效，包括渐层着色等，这是一般绘图软件才有的功能，可以让使用者充分发挥自己的创意。而其他的功能也相当多，如捕捉图形、100 多次的“撤销/重做”功能、可同时编辑 10 个图标、支持鼠标右键选单等等。在下面的介绍中我们把 IconCool Editor 简称为“Icon”。

8.3.2　Icon 界面介绍

在安装完成 Icon 以后，双击桌面的快捷方式，或者从“开始”→“程序”中选择，启动 Icon 程序。Icon 的启动界面如图 8-5 所示。

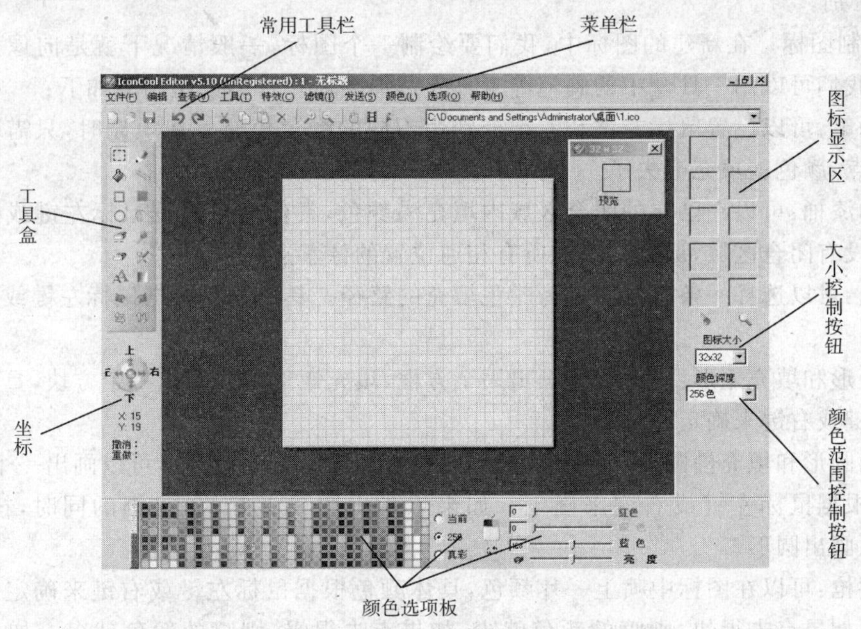

图 8-5　IconCool Editor 主界面

在主界面顶部，有 9 个菜单栏和常用工具栏按钮，它们分别提供了软件的全部菜单选择以及常用快捷工具。

在主界面左侧,至上而下分别是工具盒和坐标系统。

在主界面右侧,至上而下分别是图标显示区和图标的大小和颜色选项控制按钮。

在主界面最下端,则是图标的颜色选项区域。

在主界面的中间,就是图标的工作区域。在显示的每一个网格中填充一个颜色,每一个网格就是一个像素。图标的绘制、修改就在这个区域进行。

8.3.3 图标的绘制与编辑

图标是一个很小的图像,它由像素点构成。所以图标的制作就是对像素点填充颜色,而图标的编辑也就是对像素点的编辑。

1. 新建图标。在打开 Icon 以后就新建了一个图标的工作区,或者在“文件”菜单栏中选择“新建”,也可新建一个新图标。在默认的情况下,新建的图标尺寸是 32×32,单位是像素点。

2. 打开图标。在“文件”菜单栏中选择“打开”,选择打开路径及文件名称,即可打开一个图标。打开的图标将是原尺寸大小。一般情况下,选择打开的都是图标文件。如果选择的是“*.exe”文件,那么将打开一个图标组。

3. 保存图标文件。当一个图标文件制作完成,需要对其保存。在“文件”菜单栏中选择“保存”或者“另存为”按钮,选择保存路径及文件格式,输入文件名称,单击“保存”按钮。

4. 设置文件尺寸与文件颜色。在界面最右侧,单击“图标大小”,选中下拉框中的尺寸大小,设置像素点的个数。单击“颜色深度”,选中下拉框中的颜色选项,设置采用哪种颜色模式。一般情况下,选择 256 色就可以了。因为在较小的图标里,更多的色彩也很难看出与 256 色的区别。

5. 绘制图标。在新建的图标中,我们要绘制一个图标,一般情况下就是向像素点上添加颜色。我们可以用工具盒中的画笔等工具来添加颜色。具体按钮功能如下:

(1)画笔:可以设置鼠标左键和右键分别用不同的颜色填充。在填充时,只需要用鼠标点击像素点,颜色就填充上去了。

(2)油漆桶:可以在已有的闭合区域内填充满颜色,具体颜色根据鼠标左键或右键来确定。如果没有闭合区域,那么将填充所有相通位置的像素点。

(3)线:可以选择一条直线段作为颜色填充的路径。具体颜色根据鼠标左键或右键来确定。

(4)矩形和填充矩形:矩形可以画出一个方框,填充矩形可以画出一个方块,具体颜色根据鼠标左键或右键来确定。

(5)椭圆形和填充椭圆形:椭圆形可以画出一个椭圆,填充椭圆形可以画出一个椭圆块,具体颜色根据鼠标左键或右键来确定。如果想画出圆或者圆块,在画的同时,按住 Shift 键,就可以画出圆形。

(6)喷枪:可以在图标中喷上一片颜色,具体颜色根据鼠标左键或右键来确定。在使用的过程中,如果点击得快,则喷的颜色就少,如果点击得慢,则喷的颜色就多。如果移动鼠标,则对一片区域填充颜色。

6. 编辑图标。在已打开的图标中,我们要编辑一个图标,一般情况下就是在像素点上修改颜色。我们可以用工具盒中的其他工具来修改已有颜色。对图标的修改是很重要的一个步骤。

(1)删除颜色：使用“选定”，拉出一个矩形框，选择“编辑”中的“删除”命令，或者按 Delete 键，可以删除矩形框中的颜色。

(2)擦除当前颜色：使用“擦除当前颜色”按钮，可以把鼠标左键或右键所代表的颜色擦除，其他颜色不会被擦除。

(3)擦除所有颜色：使用“擦除所有颜色”按钮，按住鼠标的左键或右键不松开，可以擦除所有的颜色。

(4)获取颜色：使用“获取颜色”按钮，用鼠标左键或右键单击某种颜色，即可把这种颜色替代鼠标的左键或右键原有的颜色。

(5)旋转或翻转：使用旋转或翻转的按钮，可以把当前图标进行旋转或翻转。

7. 文字输入。单击工具盒的“文本工具/选项”按钮，设置文本的颜色、大小、形状等选项，再点击图标的编辑区域，即可将文字绘制在图标中。

下面我们通过制作一个小图标，来简单了解一下 Icon 的功能。最终制作的图标如图 8-6 所示。

(1)首先创建一个新的图标文件，将尺寸定位 32×32，颜色为 256 色。

(2)设定鼠标的左键颜色为黑色，右键颜色为白色。

图 8-6　足球

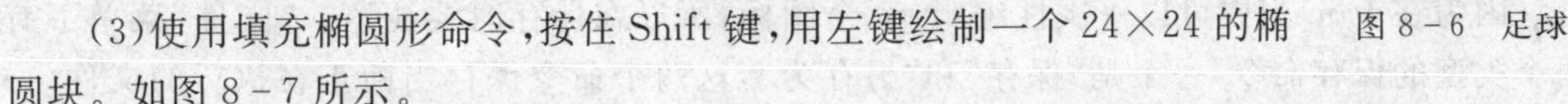

(3)使用填充椭圆形命令，按住 Shift 键，用左键绘制一个 24×24 的椭圆块。如图 8-7 所示。

(4)使用画笔命令，在填充的圆形中填充白色，如图 8-8 所示。

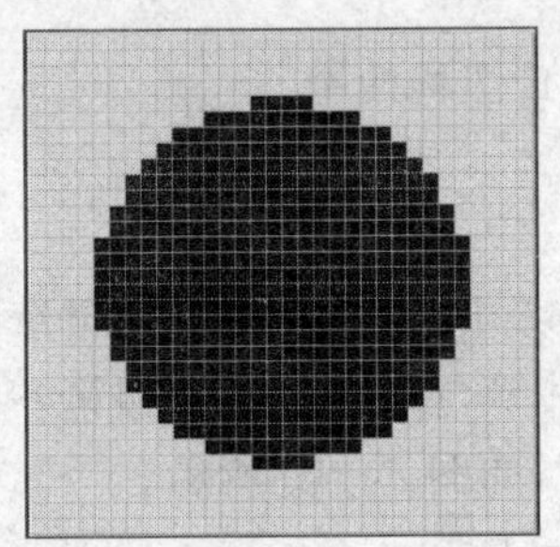

图 8-7　黑色填充椭圆形

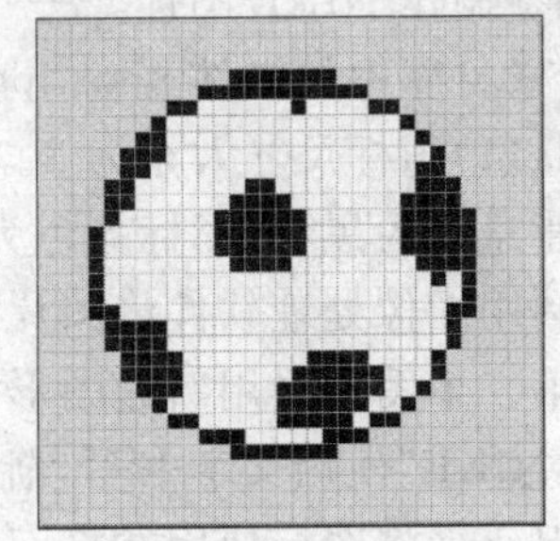

图 8-8　画笔白色填充

(5)设定鼠标的左键颜色 RGB 为 192，192，192，右键颜色为 128，128，128。将白色中的部分区域分别用画笔更改颜色，如图 8-9 所示。

(6)保存文件，命名，扩展名为 . ico。

(7)右键单击桌面某个快捷方式，选择属性，更改图标，选择刚才制作的图标文件。

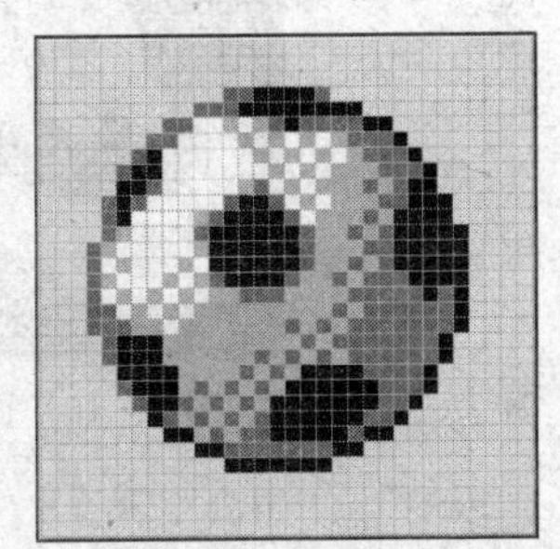

图 8-9　足球图标

8.3.4　照片图标制作

在制作照片图标之前，需要先获取位图图像。由于图标的尺寸很小，太大的照片或图片不需要全部都用来制作图标，我们要先把用来制作图标的部分截取下来。

1. 截取图片

要把照片制作成图标，首先要加工照片，达到制作图标的要求。加工的照片主要考虑两个方面：

(1)裁剪图片局部。把照片中用来制作图标的部分裁剪下来。我们可以使用 Photoshop、Fireworks 等图像软件完成。

(2)裁剪的照片局部是正方体。因为图标的高宽相等，所以在裁剪照片时，应按照 1∶1 的比例进行裁剪。Photoshop 等软件在裁剪时可以设定这一参数。

最后，把裁剪下来的图片保存在指定位置，留备使用。

2. 把照片制作为图标

(1)打开 Icon 软件，创建一个新的图标文件。

(2)选择“文件”菜单中的“打开”命令，找到刚才保存下来的图片文件，点击“打开”。

(3)在弹出的对话框中设置图标的尺寸大小及颜色类型，点击“立即输入”。

(4)观察图标的预览图，根据效果可以重新设定图标大小和颜色类型。如果效果没有明显差异，颜色选择 256 色。

(5)利用绘制工具和编辑工具修改图标。

(6)保存文件，关闭图形。

(7)选择一个文件，将图标样式更改为刚才制作出来的图标文件。

因为在 Icon 当中可以一次性编辑 10 个图标，所以在保存时要注意。“文件”菜单下有两个类型的保存命令，一个是“保存”和“另存为”，这两个命令保存当前正在执行的文件；一个是“全部保存”，这个命令可以把所有打开的图标都保存起来。

【例】 制作 NIKE 图标。

打开素材库中的文件 nike.jpg，根据其效果制作 NIKE 图标两个。

步骤：(1)图标尺寸大小为 80×56，颜色为 256 色。

(2)背景色为黑色，图标颜色为白色。

(3)利用图像处理软件将图片文件尺寸裁剪为 80×56。第一个图标采用照片图标制作的方法，第二个图标采用新建图形，手工绘制的方法。具体颜色填充位置参照第一个图标。

(4)“NIKE”使用文字书写，渐变方式采用“径向渐变”，如图 8-10 所示。

(5)保存后将图标使用在桌面的快捷方式上，如图 8-11 所示。

图 8-10　图标生成画面

图 8-11　保存图标

8.3.5　其他图标制作工具

除去 IconCool Editor 以外，还有一些工具在制作和处理图标方面，使用范围也很广。

1. ToYcon

这是一个轻量级的免费图形转换工具，可以将 png 格式的图形文件转换为 ico 图标。它使用方便，只要鼠标拖拉一下就可以完成转换。它是绿色软件，不需要安装，可以支持多国语言。

2. Wise Icon Maker

Wise Icon Maker 是一款图标编辑工具。该软件可以制作、提取和转换所有 Windows 图标从单色(1bit)到 Windows XP 的 α 通道(32bit)图标。该软件包括图形绘制工具和效果优化工具，所有图形绘制工具具有平滑、3D 倾斜效果等。

3. ArtIcons Pro

ArtIcons 是专门绘制图标的工具，支持标准及自定尺寸的图标，并支持到 16 个百万色，具有渐层着色的功能，还可以观看、抓取、收集和管理图标资料库等许多功能。可以将整个目录和子目录下的图标转为资料库。支持拖放操作方式，可在图标资料库中互相剪贴。支持剪贴图形到其他应用程序，可从图标资料库中分割图标出来。

4. Microangelo Toolset

Microangelo Toolset 是一套功能强大的图标相关编辑软件。使用它可以创建或编辑图标(. ico)、静态指针(. cur)、动画指针(. ani)以及图标库(. icl)文件，编辑功能十分强大且很容易上手，能够编辑、制作真彩色图标、静态指针与动画指针。该软件还可以直接修改可执行程序中的图标。

8.4 光盘的刻录技术

8.4.1 光盘的刻录

光盘刻录技术发展到如今，历经了 CD－R、CD－RW、DVD－RAM、DVD－R/RW、DVD＋R/RW 的发展过程。为了使刻录更加稳定或能满足不同用户的需求，防刻死、超刻、读写方式、光盘加密等技术也在不断发展。光盘格式由音乐 CD、数据光盘逐步发展到视频光盘、混合模式光盘、可引导光盘等等。

1. 刻录技术的发展动态及趋势

一直以来，光盘刻录机的发展与刻录技术的发展是相辅相成的。1990 年第一台光盘刻录机 CD－R 投入商业化用途，人们开始对于光盘刻录技术有了肤浅的认识。至今，CD－R/RW 刻录仍然被广泛地应用在刻录领域中。

早期的光盘刻录机是采用 CD－R 技术进行刻录的，CD－R 刻录机可以对 CD－R(CD－Recordable)光盘进行一次性写入，尽管剩余空间还可以追加数据，但同一部位只能写入一次。这一特点不但与软盘、硬盘的重复写入有着本质的区别，而且在使用上有其不便之处。因此，在希望光盘也能如同使用软、硬盘一样方便的呼声之中，RICOH(理光)公司研发了 CD－RW 刻录技术，可重复擦写的 CD－RW 刻录机和 CD－RW(CD－ReWritable)光盘由此而诞生。虽然 CD－R/RW 刻录机融 CD－R 和 CD－RW 两种技术为一体，但盘片仍然有 CD－R 和 CD－RW 之分。

刻录机也可以用来读取光盘上的数据，不但和光驱一样也有数据读取速度指标，并且还有刻录速度指标。刻录速度还有写速度和复写速度之分，写速度是CD－R的刻录速度，复写速度是CD－RW重复擦写速度。在单速、倍速时代，尽管计算机整体性能远不及如今，但尚可满足刻录速度的要求。随着刻录速度的不断提高，由于刻录机缓冲区欠载造成废盘时有发生，因此刻录机的缓存由512kB逐渐增大至1MB、2MB、4MB乃至部分机型采用的8MB缓存，但由此不但带来成本无限制增加的负面影响，同时单纯依靠增加缓存容量并不能够完全解决缓冲区欠载的问题。解决问题的关键是如何做到当缓存清空前可以暂停刻录，以便数据再次补充上来时继续进行刻录，针对这一问题，“刻不死”技术便应运而生。

“刻不死”技术俗称防刻死，即不废盘的防欠载技术。推出时间较早、技术较成熟的防刻死技术主要有三洋的“BURN－Proof”、RICOH的“Just Link”以及PHILIPS的“Seamless link”，其他还有SONY的“Power－Burn”、OAK的“Exaclink”以及YAMAHA的SafeBurn等。在8x及以下时代，采用防刻死技术的刻录机只是一少部分，目前的产品全部都具备防刻死功能。

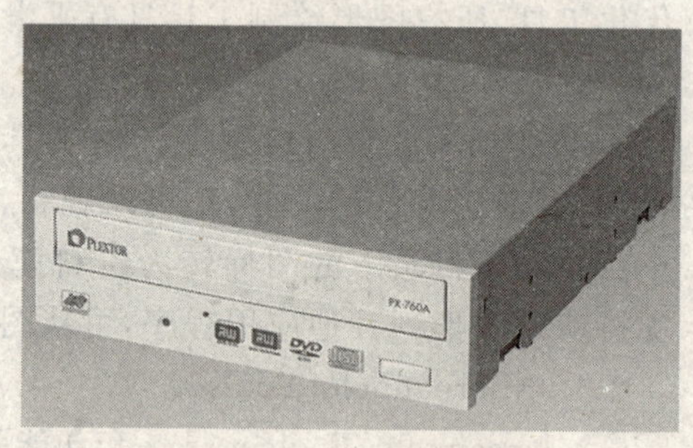

图8－12　刻录机

虽然目前CD－R/RW刻录技术已经非常成熟，但海量数据存储的需求也在增加，因此，超刻技术与800MB/90min、870MB/99min超长光盘在兴起并逐渐普及之中。近些年来在CD－R/RW发展的同时，DVD刻录技术也在加快前进的步伐。如图8－12所示。

DVD是一种光存储标准，即数字通用光盘(Digital Versatile Disc)，其发展道路曲折坎坷。当初，由SONY和PHILIPS公司所推出的MMCD(多媒体光盘系统)和东芝、华纳等公司推出的SD(超密度光盘系统)是两种互相不兼容的光盘格式。DVD刻录技术有三大类、五种规范(DVD－RAM、DVD－R/RW、DVD＋R/RW)。不过，为了最终得到技术上的统一，方便用户的使用，目前一些公司推出了DVD－Multi规范和DVD±RW规范(又称为DVD－Dual)。其实它们并不是新的刻录技术，而只是现有的不同标准的DVD刻录技术的综合产物。随着时间的推移，标准的统一是必然的，更大存储容量技术的发展也将顺应媒体信息大爆发的时代潮流。

2. 刻录机的种类

(1)COMBO光驱

“康宝”光驱是人们对COMBO光驱的俗称。而COMBO光驱是一种集合了CD刻录、CD－ROM和DVD－ROM为一体的多功能光存储产品。

(2)刻录光驱

包括了CD－R、CD－RW和DVD刻录机等，其中DVD刻录机又分DVD＋R、DVD－R、DVD＋RW、DVD－RW(W代表可反复擦写)和DVD－RAM。刻录机的外观和普通光驱差不多，只是其前置面板上通常都清楚地标识着写入、复写和读取三种速度。

2. 刻录应用领域

(1)数据备份。数据备份的重要性不言而喻，选择价格低、容量大的光盘作为载体是最佳选择，刻录的基本应用体现在数据的存储和备份上。

(2)数据交换。除了数据备份以外，机器之间、人与人之间，无论是在办公室还是在家庭，大容量数据交换的最好方式还是选择光盘，尤其是 CD－RW 光盘，不但容量大，还可重复擦写，如同使用硬盘一样方便。

(3)家庭娱乐。随着生活水平的提高，人们越来越注重生活质量与品位，拥有数码相机、数码摄像机的家庭通常把珍贵的家庭历史资料保存在光盘中使其成为永久的纪念。如果你是一个多媒体数码影音爱好者，还可以对那些录像资料或照片进行再创作，通过剪接、编辑、合成，再加点特技效果或配音、背景音乐，无疑就是一部家庭电影、电视剧或者是电子相册。

(4)展现自我。

①用多媒体光盘来展示企业形象；

②用多媒体光盘代替应聘书；

③名片光盘替代传统请柬。

8.4.2　虚拟光驱

虚拟光驱是一种模拟 CD－ROM 工作的工具软件，可以生成和你电脑上安装的光驱动能一模一样的虚拟光驱，一般光驱能做的事虚拟光驱一样可以做到。它的工作原理是先虚拟出一部或多部虚拟光驱后，将光盘上的应用软件镜像存放在硬盘上，并生成一个虚拟光驱的镜像文件，然后就可以在 Windows 95/98/NT/2000/XP 中将此镜像文件放入虚拟光驱中来使用。所以当用户日后要启动此应用程序时，不必将光盘放在光驱中，只需要在插入图标上轻按一下，虚拟光盘立即装入虚拟光驱中运行，快速又方便。

1. 高速 CD－ROM

虚拟光驱直接在硬盘上运行，所以反应速度非常快，播放影像文件流畅不停顿。一般硬盘的传输速度为 10－15MB/s 左右，换算成光驱传输速度(150k/s)等于 100X。如今主板大都集成 Ultra DMA 硬盘控制器，其传输速度更可高达 33M/s(220X)。

2. 笔记本最佳伴侣

虚拟光驱可解决笔记本电脑没有光驱、速度太慢、携带不易、光驱耗电等问题，光盘镜像可从其他电脑或网络上复制过来。

3. MO 最佳选择

虚拟光驱所生成的光盘(虚拟光盘)可存入 MO 盘，随身携带则 MO 盘就成为“光盘 MO”，MO、光驱合一，一举两得。

4. 复制光盘

虚拟光驱复制光盘时只产生一个相对应的虚拟光盘文件，因此非常容易管理；并非将光盘中成百上千的文件复制到硬盘，此方法不一定能够正确运行，因为很多光盘软件会要求在光驱上运行，而且删除管理也是一个问题；虚拟光驱则完全解决了这些问题。

5. 运行多个光盘

虚拟光驱可同时运行多个不同光盘应用软件。例如，我们可以在一台光驱上观看大英百科全书，同时用另一台光驱安装“金山词霸 2000”，用真实光驱听 CD 唱片。这样的要求在一台光驱上是无论如何也做不到的。

6. 压缩

虚拟光驱一般使用专业的压缩和即时解压算法。对于一些没有压缩过的文件，压缩率可达 50%以上；运行时自动即时解压缩，影像播放效果不会失真。

7. 光盘塔

虚拟光驱可以完全取代昂贵的光盘塔,可同时直接存取无限量光盘,不必等待换盘,速度快,使用方便,不占空间又没有硬件维护困扰。

下面简单介绍两种功能强大的虚拟光驱。

1. Alcohol 120%

Alcohol 120%能完整地仿真原始光盘片,不必将光盘映像文件刻录出来便可以使用虚拟光驱执行虚拟光盘且其效能比实际光驱更加强大。另外,Alcohol 120%可支持多种映像档案格式,可以利用其他软件所产生的光盘映像文件直接挂载进 Alcohol 120%之虚拟光驱中,直接读取其内容;也可以直接将 CD、DVD 或光盘映像文件刻录至空白 CD－R / CD－RW / DVD－R / DVD－RW / DVD－RAM / DVD＋RW 之中,而不必透过其他的刻录软件,方便对光盘及映像文件的管理。Alcohol 120%的工作界面如图 8－13 所示。

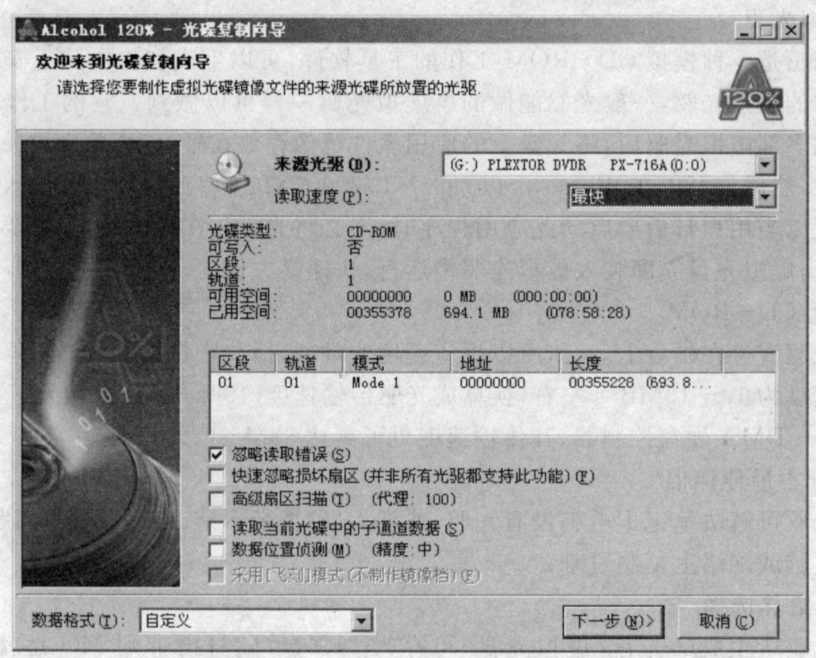

图 8－13 Alcohol 120%的工作界面

产品特色:可虚拟 31 部虚拟光驱;让计算机使用者拥有 200 倍超高速光驱;可直接进行对刻或将映像文件刻录至空白光盘片;同时支持多部刻录器并同时进行读取及刻录动作;可用 RAW 模式执行 1∶1 的读取和刻录并忠实地将光盘备份或以光盘映像文件储存;支持读取及刻录各式光盘映像文件 (mds、ccd、cue、bwt、iso 和 cdi);使用简单,使用鼠标点选三次即可执行对刻;支持 Audio CD、Video CD、Photo CD、Mixed Mode CD、CD Extra、Data CD、CD＋G、DVD (Data)、DVD－Video 的读取及刻录。

2. DAEMON Tools

DAEMON Tools 是一个非常棒的虚拟光驱软件,支持加密光盘,最大的好处是可以把从网上下载的 CUE、ISO、CCD、BWT 等镜像文件安装成光盘直接使用,不需要再把它们解开。制作出来的光盘映像文件,可以有效地备份及使用具有保护设计的光盘。

现在在网上有大量的资源是以刻录镜像的形式提供的,例如大家常见的 iso、ccd 等等,它们是由 DiscDump、Blindwrite、CloneCD、Fireburner 或 CDRWin 这些刻录软件生成的。过去我们只能通过刻录机刻盘才能看到镜像文件里的内容。DAEMON Tools 的出现帮了我们一个大忙，它本身是个针对镜像文件的光驱虚拟软件，安装完 DAEMON Tools 后用户就可以发现机器里多了个光驱(当然是虚拟的，而且安装完成要重启!)然后用户只要对镜像文件进行定位，那个虚拟光驱里就有盘了!

DAEMON Tools 在安装完毕后需要重新启动操作系统。重新启动后，DAEMON Tools 会自动加载，在屏幕右下角的任务栏里面会有一个 DAEMON Tools 的图标。右键单击图标，会弹出一个菜单，共有 5 个子菜单。

下面简单介绍一下虚拟 CD/DVD－ROM 的使用方法。

(1)首先要设定一下虚拟光驱的数量。DAEMON Tools 最多可以支持 4 个虚拟光驱，可以按照用户的需求设置，一般设置一个就足够了。在某些情况下，比如用户的游戏安装文件共有 4 个镜像文件，那么可以设定虚拟光驱的数量为 4，这样安装游戏的时候就可以不用时不时地调入光盘镜像了。如图 8－14 设置完驱动器的数量后，在“我的电脑”里面就可以看到 1 个新的光驱图标。

(2)现在就可以加载镜像文件了，先看一下图 8－15。

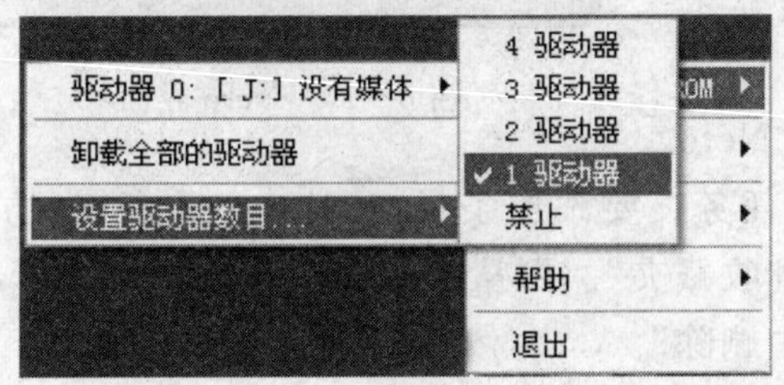

图 8－14　设置驱动器数目

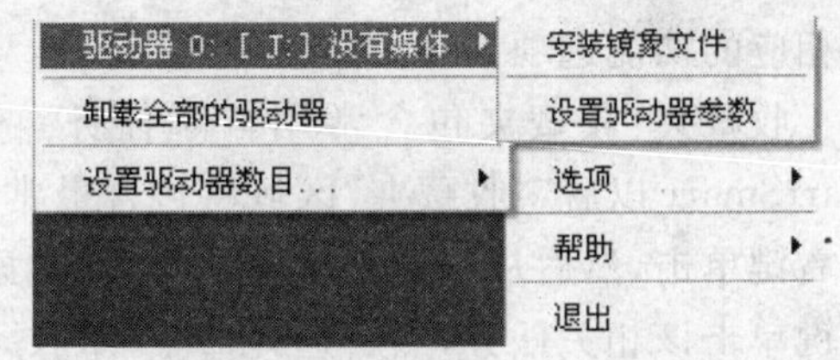

图 8－15　载入镜像文件

选择安装镜像文件，然后会弹出一个窗口，让用户选择镜像文件。选择好镜像文件，按一下打开按钮。

(3)这时打开我的电脑，就可以看到已经插入了光盘，如图 8－16 所示。这个时候点击打开虚拟的“J”光盘，就可以看到光盘的内容了。

有可移动存储的设备

图 8－16　载入文件的虚拟光驱

8.4.3　光盘刻录软件

1. Nero 软件

在多媒体作品完成以后，可以将其以光盘的形式保存起来、使用或发行，通过使用刻录机就可以自己完成光盘的制作。现在刻录软件相当多，我们以比较常用的一款软件为例，介绍一下光盘刻录的操作过程。

Nero 是德国 Ahead Software 公司出品的光盘刻录程序，其官方网站为：http://

www.nero.com/。Nero 支持几乎目前所有型号的光盘刻录机，支持中文长文件名刻录，可以刻录从 CD、VCD、SVCD 到 DVD 等多种类型的光盘片，是一流的光盘刻录程序。

跟以前的版本不一样，Nero 7 已经开始迈向视频音频从采集、编辑到刻录的整个流程解决方案。Nero 7 集成了强大的音视频编辑、制作功能，整个编辑制作模块相当多。因此，Nero 7 一改以前版本发布中，各个模块各自为战的状态。把所有的 Nero 7 模块都使用一个集成工具整合起来，它就是：Nero StartSmart。

启动 Nero StartSmart。在“开始”→“程序”→Nero 程序项中找到 Nero StartSmart 的快捷方式。运行 Nero StartSmart，会看到如图 8－17 的界面。在刻录前 Nero 提示大家选择要刻录的光盘类别。选项中有 CD/DVD、CD、DVD 和 HD－BURN，一般用户最好选择 CD/DVD，这样就可以让 Nero 自动识别 CD/DVD 刻录盘了。

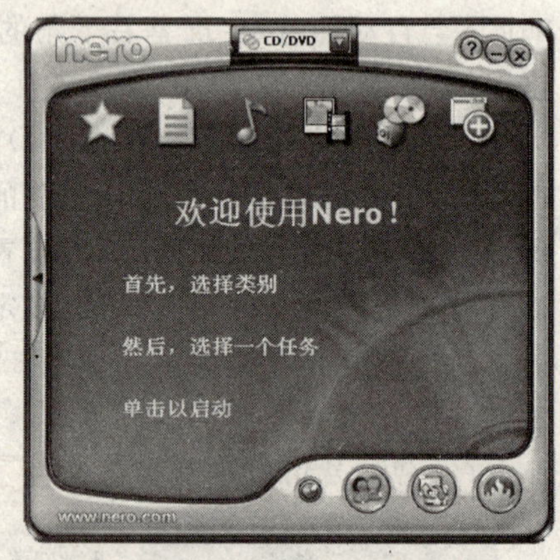

图 8－17　Nero 界面

在 Nero StartSmart 任务目录区有一排图标，这些图标分别是：收藏夹、数据、音频、照片和视频、备份、其他这几个选项。将鼠标指向这些图标，会显示出相应的功能选项。

收藏夹：收藏夹包含常用首选任务。安装 Nero StartSmart 以后，“收藏夹”区域将包含最常用的任务。要添加条目，请选中一个任务，方法是右键单击，然后从快捷菜单中选择命令“添加到收藏夹”。要从收藏夹中删除一个任务，请右键单击该相关任务，然后选择命令“从收藏夹中删除”。

数据：制作数据光盘。此选项包含可以对数据光盘执行的任务，任务根据选择标准模式还是高级模式进行显示。在“标准模式”下，选项有：制作数据光盘；制作数据 DVD；制作音频与数据光盘（仅 CD）；复制光盘；复制 DVD。

在“高级模式”下提供的选项有：制作可引导光盘；制作可引导 DVD；制作 UDF 光盘；制作 UDFDVD；制作 UDF/ISO 光盘；制作混合模式光盘（仅 CD）。

其中制作可引导光盘功能制作的光盘可以启动电脑，取代通常的启动软盘。

UDF 光盘文件系统标准是 1996 年制定的通用光盘文件系统标准，允许在 CD－R/RW 光盘上任意追加数据，为刻录机提供了类似于硬盘的随机读写特性，该标准进行数据刻录时不会出现因为缓存欠载或数据传输速度低于刻录速度而中断刻录过程，使盘片报废。该标准支持 Win 9X/NT、MAC OS 等操作系统，应用已越来越广泛。

音频：音频光盘制作类包含可以对音频光盘执行的任务，任务根据选定的模式进行显示。

在“高级模式”下提供的选项有：制作音频光盘（仅 CD）；播放音频；将 Audio 光盘转换成 Nero Digital Audio；对音频文件进行解码；将音频 CD 转换为音频文件；创建 JukeBox CD（MP3、MP4、WMA）；创建 JukeBox DVD（MP3、MP4、WMA）；制作音频和数据光盘（仅 CD）；创作音轨；复制光盘；制作混合模式光盘；编辑音频；混合音频光盘；记录音频；将录音带转换成光盘（仅 CD）；将 LP 转换成光盘（仅 CD）；ScratBox－混合与组合。

平时要制作可以在 VCD 或者 DVD 播放机播放的 MP3 或者 WMA 光盘就在这里操作。在高级模式下设置还集成了音频编辑、录制、转换等功能。

照片和视频：照片和视频包含可以对照片和视频编辑执行的任务。任务根据选定的模式进行显示。

在“高级模式”下提供的选项有：制作 VCD；制作超级 VCD；制作照片幻灯片（VCD）；制作照片幻灯片（SVCD）；捕获视频；播放视频；制作自己的 DVD 视频；制作或修改视频（VR）；制作照片幻灯片（DVD）；重新编码 DVD 视频；转换 DVD 视频电影到 Nero Digital（TM）；刻录电视节目；查看您的照片；编辑您的照片；制作影片；制作 miniDVD；直接刻录到光盒；制作 DVD 视频文件；看电视。

Nero 7 将软件的功能重点由传统的音频 CD、VCD 制作转移到了 DVD，视频捕获，编辑等 DV 相关功能之上。

备份：这包含与复制和备份有关的任务。

在“高级模式”下提供的选项有：复制整个 DVD 视频；将多个 DVD 视频电影复制成为一个；复制 DVD 视频电影到光盘；复制光盘；复制 DVD；备份文件；恢复备份；时序表备份；将映像刻录到光盘上；备份硬盘驱动器。

其他：其他选项包含与光盘相关的更多任务。

在“高级模式”下提供的选项有：获取系统信息；测试驱动器；擦除光盘；擦除 DVD；制作标签或封面；控制驱动器速度；共享您的音乐、照片和视频；配置刻录权限；Nero ProductSetup；打开项目；浏览媒体收藏集；光盘信息；安装 Disc Image。

如果需要刻录光盘，需要选择相应的选项。我们在这里选择以数据光盘的模式刻录一张 CD 光盘，来了解一下 Nero 在刻录方面简便而又强大的功能。

（1）从程序中或者从桌面打开快捷方式，启动 Nero 主程序。

（2）在“数据”中选择“制作数据光盘”的刻录方式，弹出“Nero Express”窗口，如图 8－18 所示。

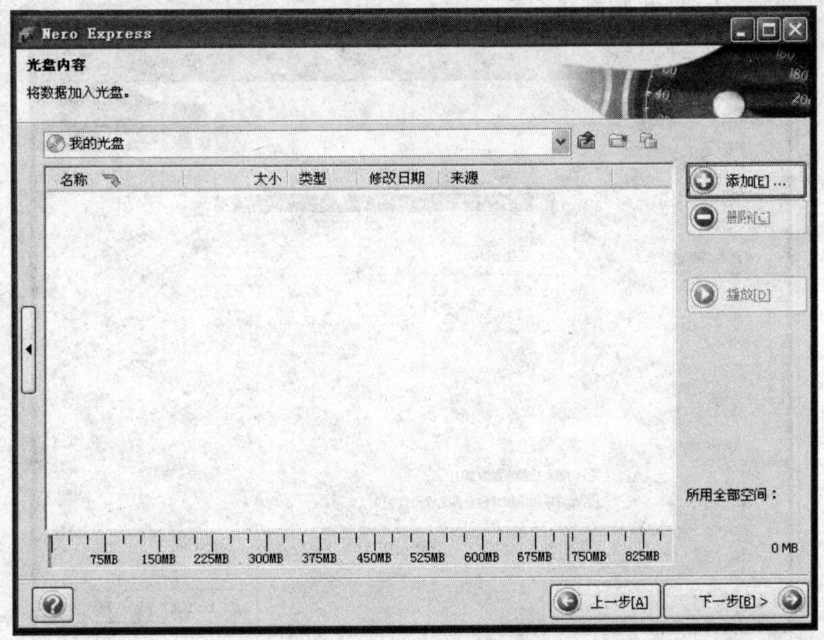

图 8－18　制作数据光盘

(3)在 Nero Express 窗口中单击“添加”按钮，添加要刻录的内容。

(4)可以从不同的文件夹中选择要刻录的内容。如图 8－19 所示，单击窗口右下角的“添加”按钮，可以继续从其他位置添加文件或文件夹。选择完成，点击“已完成”按钮。

(5)返回 Nero Express 窗口，查看选择文件是否正确。如果文件缺少，选择右侧的“添加”按钮，重新选择文件。如果有文件多余，点中此文件，选择右侧的“删除”按钮，将其删除。

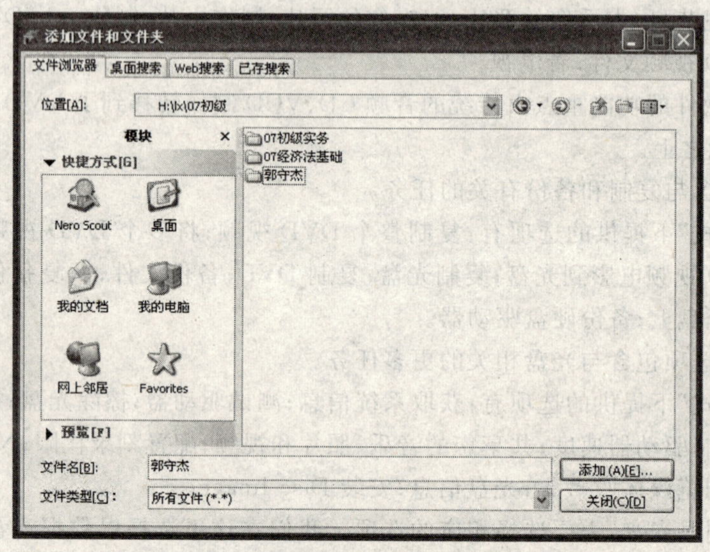

图 8－19 添加文件

(6)确定内容正确以后，点击下一步按钮，弹出如图 8－20 所示窗口，准备刻录前的最后设置。包括刻录机的选择与光盘的名称。在最下方有两个复选框，分别是“刻录后检验光盘数据”和“允许以后添加文件”，默认情况下为选中。确定每一步的选择内容都没有问题，点击右下角的“刻录”按钮，开始刻录。

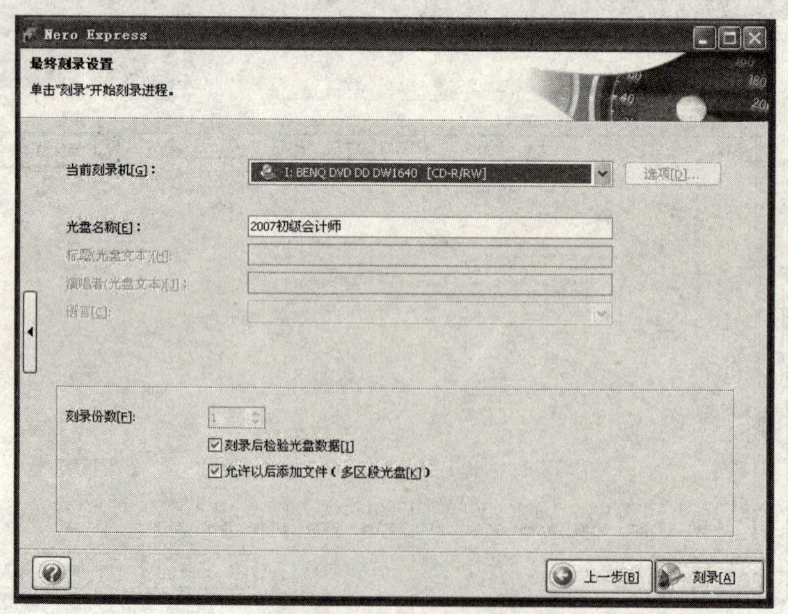

图 8－20 准备刻录

(7)光盘刻录完成以后，Nero 会按照设置的选项方式，检查一遍数据是否正确。正常完成刻录，刻录机自动弹出光盘。刻录的过程如图 8-21 所示。

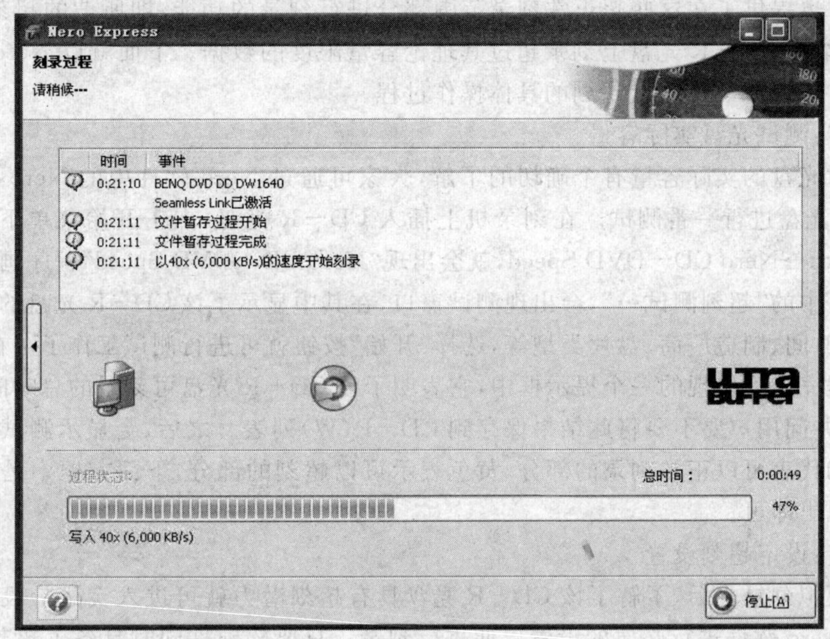

图 8-21　刻录过程

2. 刻录的注意事项

刻录机在工作的过程中要保证不被打扰，这样才能够刻出高质量的光盘。但仅有这些还不够，为了避免刻录失败，要注意以下几个问题：

(1)使用较慢的速度进行刻录，一般控制在 16 速以下；

(2)关闭 BIOS 和 Windows 中的电源管理功能，取消屏幕保护程序；

(3)刻录前关闭所有正在运行的其他程序，不要在计算机上进行任何操作；

(4)尽量使用映像文件进行刻录，不要直接刻录；

(5)不要连续刻录多张光碟，应在刻录完成后等待机件冷却后再刻录下一张；

(6)购买质量好一点的盘片，最好选用品牌的。另外有些盘片质量也没有问题，但可能会与刻录机兼容性不好。

3. 其他刻录模式

Nero 提供了多种光盘刻录的方式，其中使用最广泛的有光盘超刻、制作启动光盘以及光盘加密技术。

(1)光盘超刻

大家在刻录 CD 光盘时，经常会碰到整个文件包大于 700M 的。对这些文件进行光盘刻录时，刻录软件就会提示超过了光盘的可用空间，要插入其他高容量的光盘以继续刻录。这是因为大部分的 CD－W 光盘的容量为 700M，可擦写的 CD－RW 光盘的容量为 650M。其实，如果文件大小超过光盘容量的幅度不大，用户完全可通过超刻来达到刻录这类光盘的目的。

大家知道，从理论上来说，每种类型的 CD－R 及 CD－RW 光盘的容量是固定的。但实际上，光盘的生产厂家在生产过程中，通常会留有一定的余地。在光盘的外缘部分，同样正常地均匀涂抹着光学材料，大多数刻录软件如 Nero、NTI CD DVD－Maker、Platinum 等此类刻录软件也提供了在这些超正常刻录范围部分进行刻录的功能，即所谓的超刻。使用这种功能，就能在 CD－R 光盘上刻录超过其理论容量限度的数据。下面就以 Nero 刻录软件为例，介绍一下 CD－R 光盘超刻的具体操作过程。

第一步：测试光盘实际容量

为了对光盘的实际容量有个确切的了解，大家可通过 Nero 软件中的 Nero CD－DVD Speed 来对光盘进行一番测试。在刻录机上插入 CD－R 光盘，点击开始菜单下的 Nero→Nero Toolkit→Nero CD－DVD Speed，就会出现"Nero CD－DVD Speed"程序画面，点击菜单栏"其他"中的"超刻测试…"，会出现测试窗口，在其中显示了该 CD－R 光盘的基本资料，包括容量、时间、制造厂商、盘片类型等，选择"开始"按钮就可进行测试工作了。在刻录机模拟超刻过程完成后出现的一个提示框中，它表明了该 CD－R 光盘可刻录的总时间比正常多出的时间，并问用户要不要将此结果保存到 CD－R(W)列表。之后，会显示测试结果窗口，其中绿色的代表可以正常刻录的部分，黄色表示可以超刻的部分，下面方框中是具体参数，选"关闭"退出即可。

第二步：设定超刻设置

经过模拟刻录之后，了解了该 CD－R 光盘具有超刻潜力就可进入实战阶段了，这时用户必须对 Nero 软件进行必要的设置以便进行刻录。只要软硬件同时具备了超刻的必要条件，就可以按照如下步骤进行超刻了。

启动刻录软件 Nero，点击菜单栏"文件(F)"下的"设置(F)…"，在出现的"设置"页面中点选"高级属性"标签页，将"允许超刻光盘一次刻录"状态选中，并将下面的 CD 最大容量设定到 85 分钟(85 分钟设定是随机的，一般稍稍超过 Nero CD－DVD Speed 测试结果即可)。

选择过后就可点击"确定"按钮返回刻录软件主界面，再在"新编辑"窗口中选中"结束光盘(不可再写入)(F)"一项，并在"写入方式"栏中将默认的"轨道一次刻录"方式修改成"光盘一次刻录"方式。就可点击"新建"按钮进行超量刻录了。

注意事项：为了保证超刻的成功，刻录机必须具备支持超刻的性能；同时尽量选择具有较好市场口碑的如 SONY 等品牌的 CD－RW 或 CD－R 光盘；在刻录时不要使用刻录机的标称最高写入速度进行，一般使用标称最高写入速度的一半左右进行超刻，如 50、52 速刻录机一般用 24 速进行超刻，32 速刻录机一般用 16 速进行超刻，这样比较容易实现超量刻录。

(2)制作启动光盘

启动光盘的制作可以在系统无法从硬盘启动时，用启动光盘引导启动。下面我们以制作一张含有 Windows XP 安装文件的可启动数据光盘为例，具体的步骤如下：

第一步，打开的"我的电脑"，在某个可用空间比较多的分区中新建一个文件夹，用来保存"Windows XP"安装文件，比如在 D 盘中新建一个名为"Windows XP"的文件夹，并将"Windows XP"安装光盘中所有内容拷贝进去。

第二步，运行 Nero Burning ROM，在"新编辑"窗口左侧依次选择"CD"、"CD－ROM(引导)"，如图 8－22 所示。

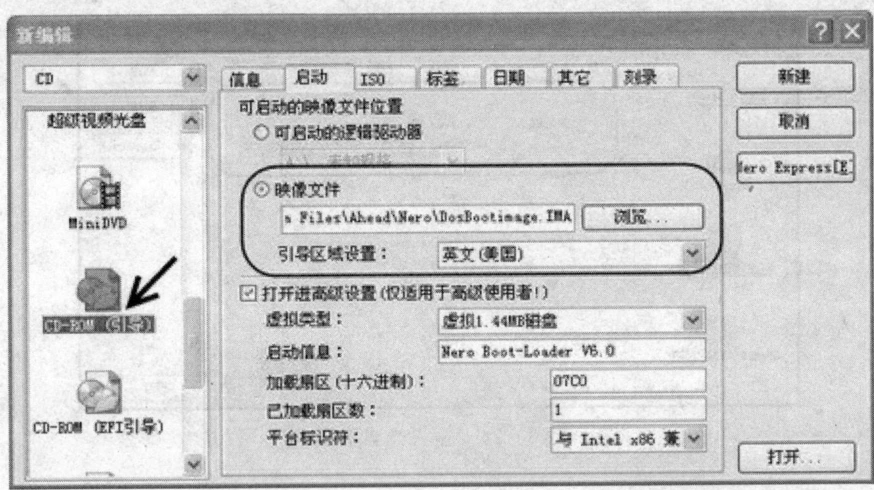

图 8-22　插入映像文件

第三步，选择“启动”选项卡，在可启动的映像文件位置选择“映像文件”项，选择 Nero 自带的映像文件，如果 Nero Burning ROM 安装在 C 盘，映像文件位置就是“C:\Programiles\AheadNero\DosBootimage. IMA”。

第四步，选择“ISO”选项卡，在“文件名长度(ISO)”区域建议设置为“最多为 31 个字符(级别 2)”，如图 8-23 所示。

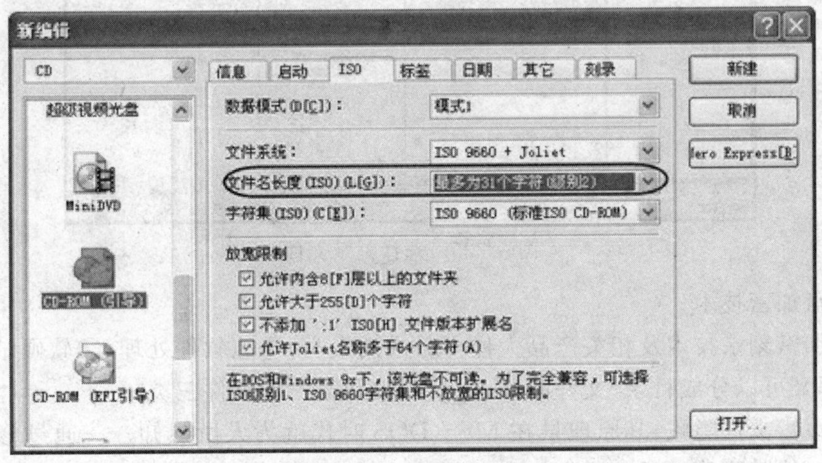

图 8-23　设置文件系统

第五步，选择“标签”选项卡，选中“自动”项，并输入光盘名称，比如 Windows XP，如图 8-24 所示。

第六步，设置完毕后，在“新编辑”窗口中单击“新建”按钮。

第七步，在弹出的窗口中，在右侧的“文件浏览器”窗口中展开上面已经创建并拷贝了 Windows XP 安装文件的“D:\Windows XP”文件夹，并将其中的所有内容拖进左侧的窗口中。如图 8-25 所示。

第八步，将空白的 CD－R 或 CD－RW 刻录光盘放入 CD 中开始刻录。

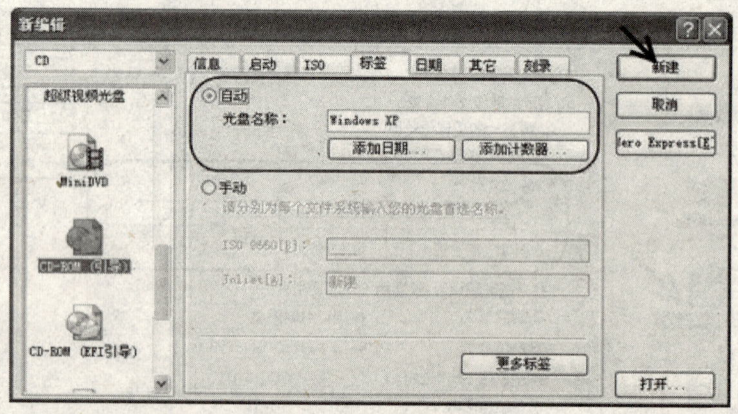

图 8－24　输入光盘名称

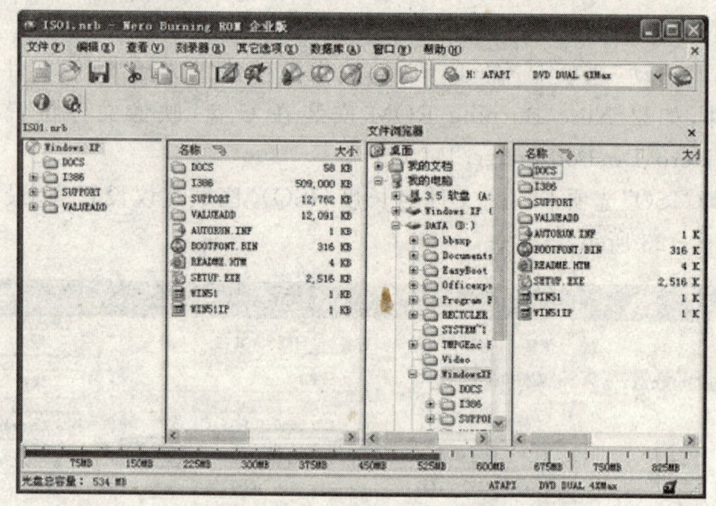

图 8－25　选择刻录文件

(3)光盘加密技术

目前,加密刻录技术及相关产品大体可分成两大类:①纯软件处理;②软硬结合。其中,纯软件处理又可以分成目录/文件隐藏、目录欺骗和第三方软件三类。

所谓目录/文件隐藏,其原理早在 MS－DOS 时代就为人所熟知——通过修改目录/文件属性字节,使其隐藏。只不过由于光盘刻录的特殊过程和 Windows 9X 等系统的磁盘读写特征,使得这一操作的对象变成了欲刻数据的映像文件,即常见刻录工具使用的 .cue、.cif 等文件。具体操作时,通过 Ultraedit、Winhex 等十六进制编辑器分析并定位对应的属性字节,将它改成“04”,存盘后再刻录。

所谓目录欺骗,是利用映像文件的特殊结构,修改其中欲保密目录的实际显示名称,使它与实际操作名称不一致,造成文件访问异常,给人以“该盘有问题”或“系统有问题”的假象,迷惑他人。并且,这种方式常常与目录隐藏结合运用,增强保密效果。

第三方软件加密的基本方式为:对原始数据在刻录之前或者刻录的同时进行重新编码或者加壳处理,将解密程序置于光盘 Autorun 中,只有密码验证通过后,才能看到原始数据。否则,即使能够浏览光盘,所见到的也只是经过处理的“加工品”。目前市面上流行多款加密刻录软件，如CD－protector、SecureBurn和CryptCd等。

至于“软硬结合”，又可分成三类。一类是通过诸如判断主板BIOS、设置硬盘加密点等手段来决定光盘信息是否可用，但这样势必降低光盘的通用性，所刻光盘的实用价值会大打折扣。因此，这类技术对于普通用户来讲，没有太大意义，市面上这类产品也很少。

另一类就是利用“超刻录”，这个内容在前面已经介绍过。

第三类是采用特殊的光轨写入方式，在光盘数据的存放形式上做文章。这种技术常用于实现光盘“防拷贝”。许多正版软件光盘不能复制，即使复制也不能使用就是这个原因。典型代表有：Free Lock、Safedisk等。如Safedisk主要通过验证数字签名、数据防护编码等手段实现光盘“防拷”。

8.4.4　其他刻录软件

1. Easy－CD Pro

这是市面上许多刻录机都自带的软件，它的功能非常强大，而且兼容性是最好的，其标准ISO 9660模式光盘，几乎在所有光盘驱动器（如：CD－ROM、CD－R、CD－R/CD－RW、DVD－ROM）上都可以使用。

其优点如下：

(1)使用正宗的ISO 9660模式，支持CD－R/CD－RW光盘；

(2)兼容市面上所有IDE/SCSI接口刻录机；

(3)安装和刻录过程均十分方便；

(4)功能多用，不仅支持各种形式的光盘对拷（SCSI to SCSI、SCSI to IDE、IDE to IDE、IDE to SCSI），还有音乐CD播放功能；

(5)刻录全过程，有软件帮助指导的，最快只需按几下鼠标就能刻录一张光盘。

2. CD－Marker

购买Sony的光盘刻录机可以免费获得这个软件，虽然它仅支持经Sony认证的产品（主要是Sony的光驱），但其功能十分强大，能够制作不同格式的光盘，包括CD－ROM、CD－ROM XA、声频CD、视频CD、超级CD和混合方式CD。人们熟悉的Windows接口使得CD－ROM制作仅仅简单拖放文件或用鼠标指向并点鼠标操作。简单地从源硬盘或其他媒体拖放文件到你的SONY CD－Maker窗口，几分钟后制作好了自己的CD。SONY CD－Maker有以下优点：

(1)具有32位Window 9X/NT的优势并支持长文件名字；

(2)支持CD格式：CD－ROM、CD－ROMXA、声频CD、视频CD、超级CD和混合式CD；

(3)在Explorer和CD－Maker窗口之间拖放文件创建CD映像；

(4)独有特征：在CD映像中快速搜寻和选择文件、对CD配置的完全控制；

(5)一个CD映像可被用于制作遵守不同文件名限制的多种CD；

(6)容易在CD映像里输入和输出数据区和使用用于记录到不同CD的CD映像；

(7)易于输入和输出CD映像中的数据区并使用该CD映像记录到不同的CD；

(8)利用设置对话框现场调整软件设置使CD记录操作流畅；

(9)读轨道将备份CD－记录器里的光盘轨道到硬盘；

(10)从不同源 CD 将声频信号编辑到一个具有最小硬盘空间要求的 CD－R 光盘；

(11)多数据区/多卷支持；

(12)SCSI－Scan 实用工具，数据区 Explorer 和文件比较实用工具；

(13)单轨道写模式、全盘写模式和数据包记录；

(14)它是为数不多的中文刻录软件之一，即使从未用过 CD－R 的人，也能在几分钟内学会。

3. DirectCD

DirectCD 是 Adaptec 公司推出的刻录软件，其文件系统和 CD－Maker 十分相似，而使用也相当简单。此软件的长处是将 CD－RW 光盘的刻录过程模拟为 copy 软盘，而且它是真正的模拟，能用新资料覆盖原有 CD－RW 上的数据。它的优点如下：

(1)使用打包写入(Packet Writing)方式来刻录，让刻录 CD－R/CD－RW 如用软盘驱动器般简易；

(2)对空白 CD－R/CD－RW 可以进行 format 操作，在格式化后的光盘上进行各种文件操作，包括：copy、delete；

(3)适用范围广，可用于不同品牌的刻录机；

(4)安全性较高，它会锁定刻录机的退盘键 Eject，防止刻录时强行推出造成的驱动器和盘片损坏。

4. CloneCD

CloneCD 是一款功能强大的 CD－Copy 程序。它工作于 Raw 模式，因此它能真实地 1∶1复制 CD，不管是否有保护或加密之类，它仍然忠实地将它复制下来。到目前为止还没有一种软件能像 CloneCD 一样完整地复制 CD。硬体方面支持大部分 ATAPI 界面极少数的 SCSI 界面。CloneCD 的界面如图 8－26 所示。

CloneCD 能以 1∶1 的对烧功能，可以将整个光盘完全对烧，不管光盘是否有“防拷”的保护，让用户在备份各种光盘时，不用考虑设定一些复杂的选项，直接整张给它 Copy 过来就对了。CloneCD 的工作如图 8－27 所示。

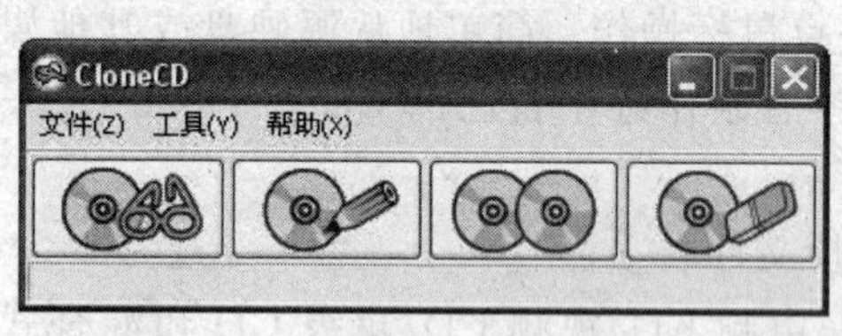

图 8－26 CloneCD 的界面

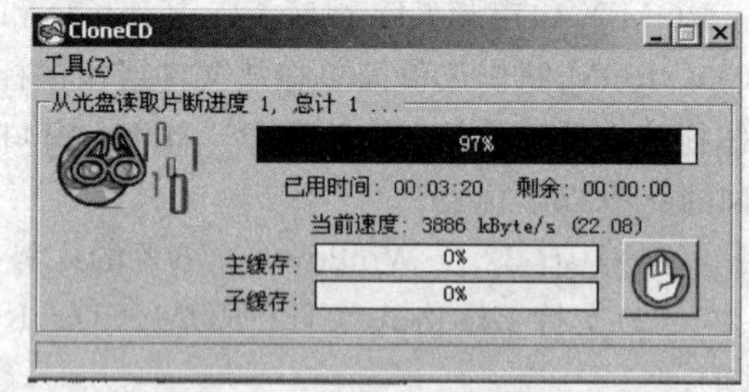

图 8－27 CloneCD 的工作界面

数个版本中间修正许多 Bugs 与支持更多的刻录器，在这版中修正如勾选“Always close last session”会读不到某些片子的问题。

免费版将只支持刻录机的最慢速度，且未注册时你在刻录时的所有设定将不会被储存。刻录时需先将光盘自动安插通知、屏幕保护取消与常驻程序关闭以保刻录正常。CloneCD 也是一种 CD 刻录软件，但是它很特别，因为它是专门复制 CD 用的，号称可以复制任何种类的 CD，包括 Data CD 和 Audio CD!

CloneCD 的试用版有两个限制：

(1)以最低速度刻录及刻录次数限制；

(2)所有的设定和窗口位置都不会保存。

8.5　说明书与包装设计

完整的多媒体作品包括使用说明书、技术说明书以及包装，尤其是多媒体作品作为正式商品发行时，更需要印刷精良的说明书和精美的内外包装。

8.5.1　说明书编写规范

为了使用户轻松了解和掌握多媒体作品的性能和使用方法，需要编写多媒体作品的技术说明书和使用说明书，两种说明书的编写侧重点不同。

技术说明书主要叙述多媒体作品的技术细节，例如媒体数据的文件格式、技术数据、程序编制所采用的技术手段、硬件与软件的环境等。

使用说明书则在如何启动多媒体作品、选择功能、演示控制等方面进行说明，并对版权进行说明、对使用中出现的问题进行解释。

1. 技术说明书

技术说明书用于阐述多媒体作品的技术指标和相应的内容，其中包括：

(1)明确书写各种媒体文件的格式与技术数据。例如声音文件的采样频率、图像文件的分辨率、动画文件的演播参数、整个多媒体作品的总数据量等。

(2)介绍多媒体程序开发环境。譬如，多媒体程序采用 Visual Basic 程序编写，并采用某某公司开发的动画控件等。

(3)阐述多媒体程序的运行环境。运行环境分硬件环境和软件环境两大类，对于软件环境，例如程序运行在 Windows 98/me/2000/XP 环境中、在程序运行中可否允许病毒监控程序同时运行等。对于硬件环境，要清楚写明对计算机 CPU 工作频率、内存容量、存储介质保留空间、声音还原设备指标等的要求等。

(4)写明技术支持的方式。当使用者在技术上发生疑问、遇到问题以及试图提出建议时，应以什么方式与多媒体作者联系，例如国际互联网的网址、联系电话等。

(5)如果委托技术服务公司进行技术服务，应写明技术服务公司的联系办法和服务范围。

(6)在多媒体作品中如果引用了其他公司或个人的作品成果时，应依据著作权法进行相应的解释和说明。

(7)进行版权、使用权、转让权的相关说明。

在编写方面，技术说明书应语言简练，条款清晰，引用的技术数据要准确，不能有虚假之辞。在版权设计上，技术说明书要规整，开本要小。如果多媒体作品的存储介质是光盘，开本与光盘盒一致效果最佳。

技术说明书中如果引用图片，最好采用准确的素描轮廓图形，以避免误解和分辨不清。对于说明书中的字号、字体和颜色，应以清晰、便于阅读为前提，避免字体种类过多，文字颜色变化多端，给人以繁杂、凌乱之感。

在某些场合，技术说明书可简化成一张小卡片，放在光盘盒中，便于阅读和保存。

2. 使用说明书

使用说明书的阅读对象是多媒体作品的直接使用者，主要介绍如何使用多媒体作品。使用说明书的基本内容有：

(1)多媒体作品外包装照片以及标题。

(2)目录。

(3)打开包装、软件安装。

(4)具体操作说明。对启动、功能选择、演示控制等方面进行说明。这部分内容是使用说明书的主要内容，通常占 90%的篇幅；

(5)对使用中出现的问题进行解释。

(6)对于版本更新和修改进行说明。

(7)联系方法。联系方法通常安排在使用说明书的封底。

由于使用者的文化层次不同、年龄层次不同、理解能力不同，因此，使用说明书要注意以下几方面的问题：

(1)语言表达要清晰、简练；

(2)文字准确，说明书中避免出现病句和错别字，多字、漏字现象也应避免；

(3)必要时，安排插图，便于说明；

(4)版式要生动、活泼，富于变化。

如果有条件，使用说明书最好制作成彩色的，封面、封底要精心设计。开本不宜太大，最好与多媒体作品光盘盒的尺寸相当。

8.5.2 包装设计

商品包装反映了社会的发展水平，包装设计总的趋势是由繁到简。在今天这个大量生产和大量销售的时代，现代包装是沟通生产者与消费者的最好桥梁。各式各样的产品，应有不同的包装方法，不同的组合形式和不同的包装材料。包装设计的三原则是醒目、理解、好感。

包装设计的步骤：收集市场上相关产品的包装、收集产品相关的素材、编写产品说明书设计多方案、多风格包装、召集“消费者焦点小组”进行市场调查修改设计、商场测试、定稿、打样。

1. 包装对象

对多媒体作品进行包装主要对象是：光盘、光盘盒以及外包装。

对光盘盒的设计分为三部分：

(1)光盘盒正面。正面是封面，应充分运用平面设计的理念，对其进行精心的设计。

(2)光盘盒两个侧面。侧面通常只有纵向排列的文字，用来书写多媒体作品的名称。

(3)光盘盒背面。背面是封底，通常用来描述多媒体作品的文件清单、软硬件环境要求、应用场合、开发者信息等内容。

外包装设计包括光盘盒的纸封套设计、塑料盒设计、塑料袋图案设计等。当一个多媒体作品要成为真正的商品时，外包装设计必不可少。光盘的正面设计如图 8-28 所示。

2. 光盘盒设计

图8-28 光盘

光盘包装盒分为几类,最普通的光盘盒的尺寸是12cm×12cm的正方形,也有那种大盒,是纸盒,里面可以放光盘塑料盒的那种,最外层的包装的尺寸是14.2cm×12.5cm×1cm。名片光盘放置的盒子尺寸是9.9cm×6.1cm×0.5cm。

光盘包装盒涉及包装容器。针对现有包装盒的盒底中部圆孔具有凸出的多个锁爪的结构,存在着取光盘时不方便的不足,而提出一种结构简单,在爪头向内收起时,另外托盘头将光盘推上去,方便取出光盘的光盘包装盒。所采用技术方案是,盒底的中部圆孔的圆周连有向上翅的四个锁爪一端,锁爪的另一端有呈L形的爪头,两锁爪之间盒底圆孔的圆周连有托盘爪一端,托盘爪的另一端与呈竖直状托盘头相接。

CoverPro是一套容易使用的光盘盒标签制作工具,只需搭配bmp、gif、jpg等影像图档,然后选择所要制作的标签类型,程序即会自动调整影像到适当的尺寸产生光盘盒标签并自定打印尺寸,可制作的有光盘盒标签、VHS录像带标签、磁盘标签以及其他的媒体标签。光盘盒的设计如图8-29所示。

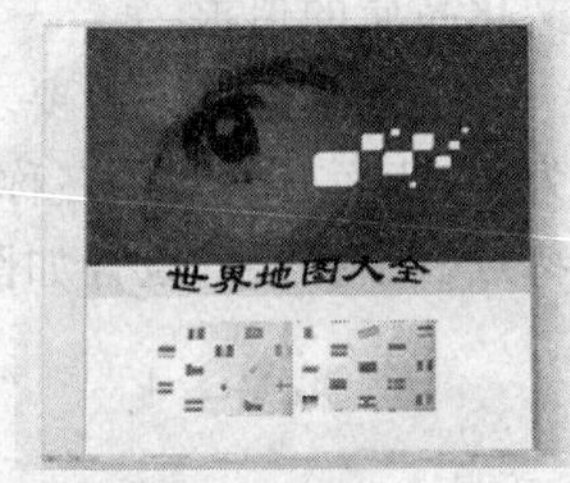

图8-29 光盘盒

Nero中附带有一个小工具——Nero Cover Desinger,用它一样可以打印光盘贴纸。

单击“开始”→“程序”→“Ahead Nero”→“Nero Cover Designer”,就会进入Nero的光盘封面与光盘盒封面设计打印程序的主界面。

在Nero Cover Designer的“新建文档”窗口中,根据需要进行选择。比如我们刻的是12cm的数据盘,那就可以选择“标准”光盘“数据”标签中的“Date_Classic.nct”, 点击“确定”按钮后进入编辑窗口。单击“文件→纸材”,打开“纸材”对话框。点击左边预定义纸材中的项目,在右侧窗口中会对选定纸材进行预览。

现在选中用户自定纸材,按下“添加纸材”按钮,在用户自定纸材中会添加一项“纸材1”(假如原来没添过的话)。选中它,在纸材框架中,可以改变纸材名称,设置标签纸宽度/高度的数值;单击“添加项目→标签1”,在纸材1的左方出现了加号,点击加号,看到展开的项目中已经有“标签”选项;点击“标签”,输入光盘外径与内径的数值,在“位置(X/Y)”设定打印的左边距与上边距。至此,纸材的设置完成。

选中光碟1标签,就会看到一个光盘形状的设计区域。在工具栏的纸材选择列表框中,选择我们刚才设置的纸材。在设计区域中利用左侧的工具箱可以绘制图案或者输入文字;也可以右键单击设计区域,选择右键菜单中的背景属性,点击图像选项卡中的文件按钮,导入一个文件并进行设置。与Photoshop一起使用,可以很容易地做出一张个人影像光盘的标签来。

接下来该把它打出来了。点击“文件”→“打印”,在打印对话框中进行设置,如果只想打印光盘标签,就应该在“元素”选项卡中取消“光碟1”以外其他项目前面的对勾。确定之后,一张精美的光盘标签就从你的打印机中出来了。

Nero Cover Designer除了能打印光盘标签,还能打印光盘盒的封面。

3. 外包装设计

外包装设计包括光盘盒的纸封套设计、手提袋图案设计等。

(1)光盘盒纸封套设计

光盘盒纸封套分敞开式和盒式两种,不论是敞开式还是盒式,都要略大于光盘盒尺寸,否则套中无法插入光盘盒。

(2)手提袋图案设计

手提袋包装不但为购物者提供方便,也可以借机再次推销产品或品牌。设计精美的提袋会令人爱不释手,即使提袋上印有醒目的商标或广告,顾客也会乐于重复使用,这种手提袋已成为目前最有效率而又物美价廉的广告媒体之一。

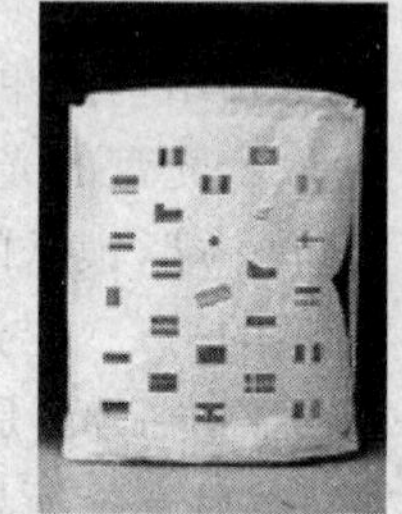

图 8-30　手提袋

对于手提袋的设计要求应简单,提拿结实,相对较低的成本,图案的设计上应追求新颖、单纯,体现自由、前卫的观念,同时发挥促销、传播、展示的各项功能。对手提袋包装的要求主要表现在两个方面:

(1)产品本身具有相对档次和高品质,所以相对要求较高;

(2)就产品本身对其形象的宣传应赋予手袋鲜明的商品个性或企业文化品质的追求。

手提袋设计一般要求简洁大方,手提袋设计印刷过程中正面一般以作品的名称与内容为主,背面有公司的名称、地址、联系电话等。手提袋设计印刷要体现出作品的与众不同的特点。手提袋的设计如图 8-30 所示。

习　题

1. 什么是"刻不死"技术?
2. 图标制作的基本单位是什么?为什么?
3. 技术说明书与使用说明书的作用有哪些?
4. 选择一种刻录软件,将一些你需要经常使用的软件或工具刻录在一张 CD 光盘上。

参考文献

[1]邓振杰．多媒体应用技术基础．北京:人民邮电出版社,2005
[2]张凌雯,兆旭．多媒体技术．大连:大连理工大学出版社,2005
[3]王坤．多媒体技术及应用．北京:中国铁道出版社,2007
[4]赵子江．多媒体技术应用教程．北京:机械工业出版社,2006
[5]邓振杰．多媒体应用技术基础．北京:人民邮电出版社,2005
[6]雷运发．多媒体技术与应用．北京:中国水利水电出版社,2004
[7]张凌雯．多媒体技术．北京:人民邮电出版社,2004
[8]陈明编著．多媒体基础．北京:清华大学出版社,2002
[9]陈洁等编著．多媒体技术与应用．北京:清华大学出版社,2003
[10]林福宗编著．多媒体技术基础．北京:清华大学出版社,2002
[11]曹文君编著．多媒体系统原理及其应用．上海:复旦大学出版社,1999
[12]罗万佰．现代多媒体技术应用教程．北京:高等教育出版社,2004
[13]张虹．计算机网络多媒体技术应用．北京:机械工业出版社,2003
[14]张浩．工业计算机网络与多媒体技术．北京:机械工业出版社,1996